U0286370

乡村人居环境建设 · 乡村景观设计与实践

乡村景观设计

RURAL LANDSCAPE DESIGN

吕勤智　黄焱　著

中国建筑工业出版社

图书在版编目（CIP）数据

乡村景观设计 / 吕勤智，黄焱著 . —北京：中国建筑工业出版社，2020.10（2024.9重印）
ISBN 978-7-112-25406-4

Ⅰ. ①乡… Ⅱ. ①吕… ②黄… Ⅲ. ①乡村—景观设计—研究—中国 Ⅳ. ①TU986.29

中国版本图书馆CIP数据核字（2020）第163736号

　　《乡村景观设计》一书，基于乡村人居环境建设，立足于保护乡村生态环境，传承乡村传统文化，挖掘乡村景观资源，以乡村振兴发展建设为目标，在梳理国内外乡村景观设计与营造发展理论的基础上，系统分析了乡村景观建设中出现的问题和应对策略，着重阐述乡村景观设计原理、乡村景观专项设计方法和操作流程；通过乡村景观设计实践案例分析与研究，将乡村景观设计理论与实践相结合，系统研究和探索了美丽乡村建设中如何高水平、高质量、高品质地实施乡村景观设计与建设实践。

　　本书适用于乡村景观设计、环境设计和乡村旅游规划等建设项目的工作指导与参考；适用于高校环境设计、景观设计专业师生及相关培训人员作为教学参考书。

责任编辑：杨　晓
责任校对：张　颖
装帧设计：赵千慧　邱丽珉

乡村景观设计

吕勤智　黄焱　著

＊

中国建筑工业出版社出版、发行（北京海淀三里河路9号）
各地新华书店、建筑书店经销
北京点击世代文化传媒有限公司制版
北京中科印刷有限公司印刷

＊

开本：880×1230毫米　1/16　印张：16½　字数：572千字
2020年10月第一版　2024年9月第七次印刷
定价：68.00元
ISBN 978-7-112-25406-4
　　　（36353）

前言

    实施乡村振兴战略，是党的十九大作出的重大决策部署，在《中共中央国务院关于实施乡村振兴战略的意见》中明确了新时代下实施乡村振兴战略的重大意义以及实施乡村振兴战略的总体要求，报告中指出要打造人与自然和谐共生发展新格局；繁荣兴盛农村文化，焕发乡风文明新气象；提高农村民生保障水平，塑造美丽乡村新风貌[1]。由于我国农耕文明持续了较长的时间，乡村的历史性老化、自然衰败和损毁现象较为严重，出现了萎缩、凋敝的状况。传统的乡村结构与形态发生了改变，村落景观遭到破坏，出现乡土风貌不协调和传统文化不可持续等突出问题。中国进入 21 世纪以来，面对新型城镇化的进程和使命，迫切需要有针对性地探讨和研究乡村建设的可持续发展理论与方法，以此指导乡村建设的实践。

    在中国城市化进程的背景下，随着城乡发展的不平衡，差距不断拉大，乡村发展正面临着挑战。党的十九大报告提出的"实施乡村振兴战略"是中国决胜全面建成小康社会、全面建设社会主义现代化强国的一项重大战略任务，也是对农业、农村、农民"三农"工作作出的一个新的战略部署和新的要求。中国作为一个农业大国，促进乡村发展对国家的整体发展起到至关重要的推动作用，事关全局，意义重大。2018 年中央发布的 1 号文件《中共中央国务院关于实施乡村振兴战略的意见》，明确强调农业、农村、农民问题是关系国计民生的根本性问题。没有农业农村的现代化，就没有国家的现代化。同时，指出了乡村振兴战略的目标任务：2020 年，制度框架和政策体系基本形成；2035 年，农业农村现代化基本实现；2050 年，农业强、农村美、农民富全面实现提升。乡村振兴战略作为国家战略，是关系全局、决定未来、影响深远的国家总布局，它是国家发展的核心和关键问题。乡村振兴关系到我国是否能从根本上解决城乡差别、乡村发展不平衡、不充分的问题，也关系到中国整体发展是否均衡，是否能实现城乡统筹、城乡农业一体的可持续发展问题。乡村振兴战略提出了总体要求，即坚持农村优先发展，按照实现产业兴旺、生态宜居、乡风文明、治理有效、生活富裕的总要求，推动城乡一体、融合发展，推进农业农村现代化，亿万农民对乡村振兴战略的实施充满期待。

乡村振兴既需要美丽宜人、生态宜居的乡村环境，也要求兴旺发达的乡村产业，还离不开"传承文化，记住乡愁"的乡村内涵，这对乡村景观建设提出了更高的整体性、综合性要求。不仅是视觉上的风景如画，还需相应的空间环境对于产业的支撑，以及提炼与发掘乡村文化内涵，这是进行乡村景观设计与建设实践的出发点和归宿。产业是保持乡村地区活力的重要前提，要保证乡村可持续发展首先要构建乡村的可持续产业体系。农业作为乡村产业体系的基础与核心，是支撑乡村可持续发展的产业综合体系的基础。农业需要与第二、第三产业融合发展，形成新农业综合产业体系，这种体系将拓展农业的多种功能，包括旅游、教育、文化、健康等一些新功能业态，给予人深度体验乡村之美的可能。乡村地区可以根据自身的区位条件、资源禀赋和产业基础，做好自身定位，寻找到一条符合自身条件、具有自身产业优势的发展道路，从而不断改善乡村的经济结构，并形成与之相适应的社会结构与景观格局。观念的转变是实现乡村振兴和发展建设美丽乡村的关键，探索第一、第二、第三产业融合发展，拓展产业新业态，大力发展乡村休闲旅游产业。充分发挥乡村各类物质与非物质资源富集的独特优势，推进产业深度融合。发展乡村旅游，培育宜居宜业特色乡村，努力打造"一村一品"升级版[2]。乡村振兴战略的实施是一个不断积累、不断丰富的过程。无论是"创新、协调、绿色、开放、共享"的"五大"发展理念，还是生产、生活、生态的"三生"共融发展，对于乡村振兴、乡村景观设计都有着良多启迪。通过规划与设计引导乡村建设走上可持续发展道路一直是国家建设管理的基本要求，也是有序开展乡村建设实践的有效途径。规划与设计可以有效保障乡村可持续发展建设工作的开展。乡村规划设计的核心是以人为本，以产业为支撑，以环境为载体，即"生产、生活、生态"的融合。

"美丽乡村"建设已成为中国社会主义新农村建设的代名词，全国各地正在掀起美丽乡村与美丽经济建设的新热潮，农村正逐渐呈现出新的乡村面貌。乡村的"美丽"或者"美好"并不单纯是指一种外在形态的形式感，而是建立在生态美学下的伦理价值与审美价值的统一体。乡村是文化的载体，承载着传承文化历史的功能，而文化内核是乡村存在与发展的思想根基。虽然传统中国乡村文化内核存在着种种不足与缺陷，但其所保留的先民们独特的价值观、思维方式、技能工艺等至今仍给我们诸多启迪。在去芜存菁整体性地挖掘乡村地域文化后应将其有机渗透到当下的乡村生产与生活中去，以活化的方式传承丰富多彩的地域文化，形成历史与当下交融和独特的景观风貌。在乡村活化其地域文化内核的过程中，需结合当今"地域文化再传播与传统文化再定义"的时代背景，同时融入人文关怀和审美价值观教育的理念，以一种生态审美的方式去塑造绿色的、健康的、生态的世界观、伦理观和价值观。只有处理好人文环境与自然环境的和谐，才能促进生态文明下的乡村个性化可持续发展，从而达到自然生态、社会生态和精神生态的和谐与平衡，最终实现人的诗意地栖居。

确立乡村建设中的生态观是指引乡村生态自然环境保护的基础，要尊重自然、顺应自然、保护自然，人和自然和谐相处。要认识到美丽乡村是人和自然和谐相处的乡村，在美丽乡村的建设中必须将创建生态文化放在首位。强调人与自然环境的相互依存、相互促进、共融共处，有效推进自然环境与人文生活的融合发展建设。构建环境友好型的生态乡村，强化尊重自然，注重可持续发展，树立生态美意识，形成在发展中保护生态环境，在保护生态环境中发展乡村经济的生态文明观念。要将生态文明理念根植于乡村振兴的新农村建设中，实现农村环境保护与农村经济和谐发展，以及乡村外在美与内在美的统一，形成人与自然和谐发展的现代化新农村建设的新格局。乡村景观的形象则意味着更鲜活、更生动的存在，能满足人们回归自然的淳朴渴望，给人们以迥异于现状生活的不同体验。作为乡村景观的核心组成部分的农业景观是乡村生产活动的自然产物。在乡村景观中需要从关注原住民的视角，将其视为承载农业价值、生态价值、家园价值与审美价值的场所，并以延展外化的手法向人们展示乡村的真实魅力。

中央决策部署扎实推进社会主义新农村建设任务以来，全国各地美丽乡村建设正如火如荼地开展。浙江省作为我国新农村发展建设的先行区，率先推进美丽乡村建设，已取得丰硕的成果。《浙江省深化美丽乡村建设行动计划》要求以城乡一体化为目标，不断丰富新农村建设内涵，深化新农村建设内容，完善新农村建设体系，打造浙江新农村建设品牌。进一步针对地域资源特色，提出在乡村建设中发展全域旅游为统领，万村景区化工程为基础，打造"诗画浙江"中国最佳旅游目的地，强化旅游产业融合乡村发展，对全省旅游环境建设和推动乡村振兴发展提出了更高的要求。本书试图建立乡村景观设计的基本理论体系和提出乡村景观设计方法，所选择的乡村设计实践案例主要以浙江省的一些风貌保存较完好的乡村为主，也选择了浙北平原上正转型升级寻求突破的乡村，以及皖南美丽乡村建设示范点的乡村，试图尝试对具有代表性的乡村类型进行重点设计和研究，使实践案例具有代表性、示范性和更广泛的借鉴价值。各位有志于"乡村振兴"理想的同仁们，我们任重而道远。

目 录

上篇　乡村景观设计理论

下篇　乡村景观设计实践

上篇

乡村景观设计理论

1 乡村景观设计
基本概念与发展状况解析

1.1 乡村景观设计的相关概念释义

1.1.1 乡村

乡村是指以农业生产生活为基础，以农业经济为主的聚居地，作为人类聚落发展的摇篮古已有之。乡村具有大面积用于农田或者林业用地等，通常有着丰富多样的地貌资源和历史沉淀；乡村具有特定的自然景观和社会经济条件，被认为是人类与周围环境长期作用的产物。

从行政管理的角度来理解，我国的乡村通常是指行政村和自然村。行政村是村民委员会办事机构的所在村庄，一般下辖几个自然村；从经济产业的角度来理解，乡村是指以农业生产为主要生产活动的聚落。由于其生产活动的特殊性，在空间分布上往往呈现出小规模和分散的特点；从地理特征的角度理解，乡村具备开敞的自然景观、丰富的大地肌理和稀疏的聚落分布等特点；从社会文化的角度来理解，乡村是具备某种精神关联的聚落形式。在中国，乡村往往是大家族基于血缘关系聚居而形成的。在这种背景下，中国乡村聚落的社会关系更具有宗族文化的向心力，是一种松散却又紧密的社会关系。从以上对乡村的概念描述中可以看出，乡村是一个复杂而又丰富的概念，在具体情况下，需要对这一概念采取综合理解的态度。

传统意义上的"乡村"是指以农业生产生活为基础的人类聚居地，历史悠久的村落大都有着丰富多样的物质资源和文化沉淀。乡村与城市相比人口稀少，居民点分散，且家族聚居的现象较为明显，地方习俗较浓厚；乡村具有宁静和惬意的自然田园风光，乡村的生态环境是村民生存和发展的基本条件，是其乡村经济发展的基础。乡村时时刻刻都处于自然和人文的动态发展之中，成为一个有机的庞大系统，主要包含着生态、经济和社会等丰富多样的内容。

中国城镇化的不断推进，导致我国乡村中人口劳动力的快速流动，农业产业模式也发生着改变，如今的乡村不仅从事农业生产活动，还从事着部分非农业生产活动。从社会学角度层面来讲，乡村是处于城市与城市之间，以相对独立的身份行使一定的行政组织工作的基层单位，它既包含从事农业生产为主的居民点，又包含乡村以乡村居民点为中心的周边管辖地区。所以，完整的乡村概念可以是以乡村居民点为中心区域并包含周边形成相互联系的区域。在我国，通常将县级以下的农村区域称之为乡村，主要有乡镇、行政村和自然村及其周边附属区域。与城市相比，乡村有着更加完整的生态循环属性，可以实现自给自足的社会经济循环模式。在文化方面由于乡村的生产力较低、社会结构相对单一，所以文化比较保守，但依然作为载体传承着村民的文化观念与传统[3]。

从生态系统的特征来看，与城市相比，乡村仍具有较明显自我循环的自然生态系统特征，以土地为根本基质，并形成一种自然生态环境；在产业结构方面，乡村产业结构以农业为主，随着时代进步逐渐向第一、第二、第三产业协调发展；在人口构成方面，乡村是一种低人口密度的，由一个或者多个家族聚居而自然形成并总体趋向稳定的社会；在社会文化方面，乡村文化受生产力和社会结构的影响和制约，乡土观念在乡村文化中有着极其重要的作用，相对于城市文化来说，乡土文化比较保守传统。

1.1.2 景观

英文 Landscape（景观）一词最初来源于德文 Landschaft，是指某一片乡村土地上的风景或景色。实际上，景观一词最早出现在希伯来文本的《圣经》旧约全书中，最初被用来描写耶路撒冷的瑰丽景色，这里的"景观"含义等同于英语中的"Scenery"，同义于汉语中的"风景""景色"等[4]。更多强调在人类视觉上的美学感受，泛指自然世界中陆地上的景象。

在 17～18 世纪这一时间段中，园林学科的研究者将其诠释为自然世界、人类文明和它们综合于一体共同构成的景象。其中包括人工化的自然和无人类干预的自然景象。在人类社会进入工业文明后，不同领域针对"景观"一词做出不同的诠释，例如在地理学领域中，"景观"一词泛指地表景象，是地表上综合性自然地理区域；在艺术学领域中，"景观"作为艺术家通过艺术手法表达或表现的对象。在文化地理学科中，"景观"被定义为某一特定区域内，由自然景象和人类文明共同构成的综合体；在景观生态学科中，"景观"指代相互作用、相互影响的生态系统，是依托于相似的形式不断重复出现的空间区域，是生态系统中的一种尺度单位。

由此看来不同领域、不同学科对"景观"一词有着不同诠释。当代学术界比较集中的观点认为景观是空间和大地上所有物体的综合反映，一般泛指某一地域的自然景色，也泛指人类通过社会实践创造的人化的景象。在此基础上可把景观分为自然景观和人文景观两大类，景观是自然景观和人文景观的综合体。《辞海》中对景观做出的解释是：①指某地或某种类型的自然景色；②泛指可供观赏的景物。俞孔坚教授在《景观设计：专业学科与教育》一书中指出：景观（Landscape）是指土地及土地上的空间和物体所构成的综合体。它是复杂的自然过程和人类活动在大地上的烙印。景观是多种功能（过程）的载体，因而可被理解和表现为：风景，视觉审美过程的对象；栖居地，人类生活其中的空间和环境；生态系统，一个具有结构和功能、具有内在和外在联系的有机体系；符号，一种记载人类过去、表达希望与理想、赖以认同和寄托的语言和精神空间[5]。

1.1.3 乡村景观

乡村地域范围内的自然、人文、社会及经济等多种现象的综合表现就是我们能够感受到的乡村景观。乡村景观是指除城市景观以外的人类聚居区域景观，由自然环境、人文景观及其中的社会结构所组成，是人与环境长期互动产生的生态综合体[6]。

乡村景观是以乡村聚落景观为核心的景观环境综合体，是在乡村地域范围内，由人类生产生活活动与自然环境相互作用所形成的具有经济、文化、审美、习俗等特定景观行为、形态和内涵的景观类型。

一切景观都与人类的文化有关，这种关联性呈现出直接性或间接性的联系。景观的所有要素都会反映出人类文化的印迹，因为景观在一定程度上受到人类的思想意识和社会实践的影响。乡村景观作为人文景观与自然景观的复合体，有着深深的人类文化印记。以乡村景观为研究对象，可以了解乡村的社会、经济、文化、习俗以及村民的精神风貌和审美倾向。

1.1.4 自然景观

自然景观（Natural Landscape）概念在不同学科中有着不同定义，一般指自然界各要素相互联系、相互作用而形成的景观，它很少受到人类影响或未受到人类影响。

自然景观包括了天然形成的景观及人类作用与土地所产生景观中的自然方面。乡村景观不是单纯的自然景观，它是一种依附于乡村聚落而形成的自然景观与人文景观的复合体。对于自然景观，人对其存在着间接的、偶尔的影响。

构成自然景观主要有四大要素：土、水、植物和动物。

（1）土。自然景观中的"土"可理解为一个复合的概念，它包含了土壤、地形地貌与大地肌理。土壤，指地表土壤，它是自然景观中重要的要素。土壤受到地理条件与地质活动影响，差异巨大。这种差异性对生长在土壤中的植被也有着重要影响，对形成森林、草原、荒漠等形态各异的植被覆盖类型有着重大作用。地形地貌，是自然景观宏观面貌的基础和构成自然景观的基本要素。地形地貌主要分为山地、丘陵、平原、高原、盆地这五种基本类型。不同的地形地貌会形成不同景观格局、动植物分布、水文等不同的景观结构。大地肌理，是指大地地形以及地表按一定规律不断重复的纹理变化。在自然景观中，大地肌理更倾向于受人为因素的影响，而地形地貌则主要受自然因素影响。自然景观中的大地肌理呈现出一种质朴的美感，这种美感是来源于人在土地上生产、生活的过程中对自然的改造。乡村中典型的大地肌理是田野景观，带来质朴的生活气息和乡村感受。

（2）水。水是自然景观中最具活力和灵性的要素之一。它的形态会随地形地貌的不同而产生丰富变化，因此在自然景观中存在的水，会带来生动、丰富的视觉体验。水岸空间在乡村景观中往往是令人心驰神往之所，人们在水边开展各种生产生活活动。从景观效果的角度来看，水岸空间易于成为乡土自然景观的重点，连续的水岸空间则更能成为乡村的景观轴线。水在自然状态下有着自净的能力，这与水生动植物、水流速度、水岸线性质有着紧密的联系。在自然景观环境中，水的自净能力可以化解人与其他生物产生的污染物，保持环境的优美。随着人类发展的影响，混凝土硬质驳岸取代了自然水岸，改变了自然的水纹、水岸物质交流循环。从而产生了一系列水环境问题，使得乡土自然景观不再优美和缺少生机。

（3）植物。植物是体现某一地区气候、水文、地形等自然要素最重要的指标，同时植物也对这些自然要素产生着反作用，它们共同构成了乡土自然景观的基本面貌。由于植物受到气候、水文、地形等自然要素的影响，因而乡土植物的种类与群落结构有着明显的地域性。此外，不同地区对植物的喜好、信仰、经济效益等人文社会层面因素的影响，也会影响到乡村植物的种植。

（4）动物。自然景观中的野生动物是组成乡村自然生态系统的重要部分，有着维持生态系统平衡的重要意义，是乡村自然景观中不可或缺的一环。乡土景观中，不论植物种植如何品种多样，造型如何富于变化，若是少了动物，其美感就要大打折扣了。其根本原因就在于，植物所代表的是静态的美，而动物则会为乡村景观带来动态的美，是一种易于被人感知的生机与活力。

1.1.5　人文景观

人文景观是指在环境中由人的意志、智慧和力量而创造形成的景观。人文景观包括两大方面，一是指人们为了满足人类自身的精神需求，综合运用各种手段，通过在自然景观之上附加人类活动的形态痕迹，集合自然物质和人类文化共同形成的景观，如风景名胜景观、园林公园景观等。二是指依靠人的智慧和创造力综合运用人类文化和技术等方面知识，形成具有文化审美内涵和全新形态面貌，体现人类创造性的景观，如城市景观、建筑景观、公共艺术景观等[7]。

人文景观的产生与发展是人类同特定的地理环境相适应的结果，乡村人文景观是生产生活智慧的结晶，也是传统农耕文化的重要物质载体。

乡村人文景观的主体是人，人不仅是乡土人工景观的创造者，也是它的使用者，表现为人的生产方式与生活方式对乡村人文景观的决定性作用。乡村人文景观主要分为两大类，即乡村生产景观与乡村生活景观。

（1）乡村生产景观。我国是传统农业国家，农业生产是我国传统乡村聚落的主要生产方式，生产景观植根于地域传统的生产方式，以我国传统乡村聚落"小农经济为特征"自给自足的小规模家庭生产方式为主要特征。这种以家庭为单位的小农经济生产方式对我国乡村生产景观的形成有着深远的影响，主要表现为：生产景观通常是农耕活动；乡村生产景观的规模通常较小，在人力所能及的范围内，符合人性化的尺度；乡土生产景观中的材料往往取自当地，易于获得。乡村生产景观是村民在传统农耕生产中对自然适应与改造的结果。生产景观元素主要体现在耕地形态、耕作设施、耕作方式三个方面。耕地形态包括：旱田、水田、梯田、鱼塘、经济林等；耕作设施包括：水车、水渠、草垛、稻草人等；耕作方式包括：轮种、井灌、围垦等。

（2）乡村生活景观。乡村生活景观同样与传统小农经济的生产方式密不可分，人们的生活方式通常与当地的民风民俗有着密切关系。乡村生活景观元素的分类则主要依据人的生活内容，分为乡土建筑、乡土生活用具、乡土生活方式三个主要类型。不同地域的乡村，有着完全不同的乡村生活景观表现形式。其中乡土建筑包括：宗祠、庙宇、民居建筑等；生活用具包括：水井、晒谷场、水池等；乡土生活方式包括：手工编织、水边涮洗、房屋后晒谷等。

1.1.6　乡村生态景观

乡村生态景观是一类综合性系统，强调地表各自然要素与人之间作用、制约所构成的统一整体。生态景观突出自然要素、社会经济要素和人之间的物质迁移和能量转换，以及优化利用和保护等相互作用与联系。强调在关注人地关系的基础上，进行综合分析、整体优化、循环再生，以及合理开发利用自然资源、提高生产力水平、保护与建设生态环境。探求发展与保护、经济与生态之间的矛盾，促进生态经济持续发展的途径和措施。国内外学者在生态景观领域的研究与实践提出了有开创性和前瞻性、符合可持续发展观的生态保护理念与发展建设模式。运用生态系统原理和系统方法，强调人类生态系统内部与外部环境之间的和谐，优化结构、合理利用和保护。人类社会的发展不能以破坏生态环境为代价，遵从生态发展规律是目前的主流生态观。

　　乡村景观的生态建设已成为当下"美丽乡村"建设的第一等要务。一方面，乡村的生态景观建设是一种"回归自然"的美学建设，是人民日益增长的美好生活需要；另一方面，它更应当是一种农村新生产力，依托乡村丰富的自然资源与人文资源，将景观建设与生态农业系统相结合，反哺农业发展，才能实现乡村景观建设的可持续发展[8]。乡村建设要在最大限度保护好原有生态环境的前提下发展乡村经济，要在为当地生物提供原始生态的生存环境中寻找营造丰富植物群落景观多样性的内容与方法；有效保护和利用乡村传统建筑，新建民居建筑控制单体的建设范围与数量、体量，采用本土木材和建筑形制，体现地域特色。倡导使用太阳能、风能等清洁能源。合理保护与利用水资源，运用生态设计的观念与方法进行垃圾的收集与处理等。人们在适应自然环境的同时也深刻影响着周围的环境，这种变化在工业革命以来尤为突出。自然曾被看作与人对立的力量，但在经历一系列环境问题后，人们逐渐认识到自然应该且必须是我们所理解与适应的一种力量。生态文明是一种强调人与人、人与自然、人与社会和谐共处、良性互动和可持续发展的文明形态[9]。

1.1.7　乡村文化景观

　　乡村文化景观是附着在自然环境中的乡村生活文化的复合体，乡村中的生活文化是文化景观的实质。乡村文化景观并不只是乡村建筑、构筑物等物质景观载体，也可以是民俗生活文化活动与场所、古村落等聚落景观。只要在乡村自然基础上经人类文化活动生成的复合体均可以被称为文化景观。乡村文化景观作为一种媒介，不仅展示了独有的地域文化，同时也起到了延续乡村文脉的重要作用。乡村文化景观是伴随着村民的生产和生活发展而自然形成，也是伴随生活的不断变化而不断更新，所以乡村文化景观所传达的信息不仅仅是历史信息，也是社会不断发展变化的乡村文化信息痕迹的展现。乡村文化景观成为一个村庄主要的文化载体，蕴含了大量的文化信息，它的形成也是一个长期的过程，每一时代的人都会对其产生影响，不同地域的乡村文化景观其形成原因往往是各不相同的，它们像活化石一样，讲述着村庄不同时期发生的故事。随着乡村振兴战略的实施，发展乡村经济，开发乡村旅游产业，挖掘乡村文化景观的价值与作用，对地域文化景观系统性的建设要给予高度重视。

　　文化景观这一术语由美国伯克利学派的代表人物索尔（Carl O. Sauer）提出，文化景观是在区域内通过人对自然环境的作用，逐渐出现了具有文化特征的景观。文化生态的演变模式揭示了文化是动因，自然条件是媒介，而文化景观是结果。"附加在自然景观上的人类活动形态即是文化景观。"[10]文化景观作为人类在地表活动的产物，反映了一个区域的文化体系，在现今飞速发展的社会里，它不仅要延续文脉，还要促成有机的文化系统的发展，提升其自身价值。随着文化领域中的隐性因素逐渐得到重视，对文化景观的研究有了更深层次的发展。文化景观是一种文化现象、社会现象，又是一种历史现象，所以文化景观具有复杂的特征性质。文化景观的基本特征表现为文化特征、地域特征、民族特征、时代特征等方面。

1.1.8　乡村旅游景观

乡村旅游景观是指由乡村资源构成具有地域性特征的景物，包括自然景观与人文景观，能够给人最直接真实的感受，是发展乡村旅游的基础。不同的乡村景观面貌会产生不同的景观感受，给旅游者的身心、行为带来不同的影响。在保护的前提下，发展乡村特有的自然和人文景观是乡村旅游建设的基本思路[11]。在乡村振兴和乡村产业发展建设中，以乡村旅游创新发展模式来推动乡村旅游景观的建设。乡村旅游与乡村景观具有密切的关联性，乡村旅游能够推动农村旅游产业结构优化，通过乡村景观多元化发展的理念，强调乡村景观发展与乡村产业、乡村生态环境相结合，促进乡村经济的发展。要制定长远目标和规划，充分利用当地生态条件，遵循"以人为本"的理念，协调历史环境保护、乡村旅游发展和当地居民生活改善三者之间的关系。开发乡村旅游，充分利用乡村景观资源、协调发展乡村人居环境，传承历史文化，保护老街老建筑，以此作为旅游观光的物质载体，利用乡土文化增加旅游项目，有效挖掘地域特色。

1.1.9　可持续发展

随着工业文明的发展，人与自然的矛盾便日益尖锐，到了威胁人类生存和发展的地步。可持续发展正是在人类社会与自然生态环境发生尖锐矛盾、人类社会经济的发展受到严重阻碍和不可持续发展的情况下提出的。可持续发展是全方位考虑人与自然、人与环境协调发展的途径，有利于将人类生存的环境和自然的关系恢复到平衡状态的方式。联合国世界环境与发展委员会（WCED）指出："持续发展是既满足当代人的需要，又不对后代人满足其需要的能力构成危害的发展。"可持续发展战略目标的提出和确立，其核心是处理好保护与发展的关系，敦促各国政府承诺为促进可持续发展而共同行动。可持续发展观得到世界各国政府和各界人士的认同。

可持续发展观与生态观有着内在的本质联系，生态观和可持续发展所要解决的核心问题是共同的，生态观是可持续发展观的重要思想基础。建立在生态科学基础上的可持续发展观能在处理人与自然的矛盾中发挥重要作用。可持续发展观和生态观倡导按人类社会在全球生态系统中的适当地位，按照生态系统的整体运动规律来认识和处理人与自然的关系；可持续发展观力求在当前人与自然关系十分紧张的条件下，寻求人类社会、经济的持续发展的道路。人类社会必须遵循自然生态规律，人类只有在正确的生态观的指导下，按照自然生态规律办事，才有全球的可持续发展。

从中华文化传承与复兴的高度推动乡村风貌的重塑与乡村可持续发展是新时期中国乡村建设的重要内容，对乡村中的物质文化遗产和非物质文化遗产的保护和传承更是一项系统工程，在中国现代化与新型城镇化建设进程中迫切需要转变保护与发展观念，构建乡村传统文化的可持续发展与保护体系，注重乡村的物质文化空间与形态的整体性保护，全方位推动乡村的可持续发展建设。

1.1.10 有机更新

"有机更新"理论是清华大学吴良镛先生在对中西方城市发展历史和城市规划理论充分认识的基础上，结合北京旧城建设情况提出的。他指出："有机更新"就是采用适当的模式、合适的尺度，依据改造的内容与要求，妥善处理当今与未来的关系——使每一片的发展达到相对的完整性，这样集无数相对完整性之和，即能实现整体环境的改善，达到有机更新的目的[12]。"有机更新"理论的核心思想是主张按照历史环境内在的发展规律，按照"循序渐进"的原则达到"有机秩序"。乡村在传承保护历史文化与发展过程中，同样适用有机更新理论。当然与城市有机更新相比较而言是存在差异的，但思想的实质是不变的，即在保留乡村内在精髓的基础上不断地去掉旧的、腐败不适宜的部分，用新的形式加以替换，但这种新的形式应遵循原有的景观意义。

1.1.11 景观设计学

景观设计学（Landscape Architecture）是关于景观的分析、规划布局、设计、改造、管理、保护和恢复的科学和艺术，是一门建立在广泛的自然科学和人文与艺术学科基础上的应用学科。强调对土地的设计，即，通过对有关土地及一切人类户外空间的问题进行科学理性的分析，设计问题的解决方案和解决途径，并监理设计的实现。根据解决问题的性质、内容和尺度的不同，景观设计学包含两个专业方向，即，景观规划（Landscape Planning）和景观设计（Landscape Design）。景观规划是指在较大尺度范围内，基于对自然和人文过程的认识，协调人与自然关系的过程，具体说是为某些使用目的安排最合适的地方和在特定地方安排最恰当的土地利用，而对这个特定地方的设计就是景观设计。景观设计学与建筑学、城市规划、环境艺术、市政工程设计等学科有紧密的联系，而景观设计学所关注的问题是土地和人类户外空间的问题[5]。

1.2 中国乡村景观现状问题与分析

1.2.1 中国城镇化进程高速发展的社会背景

随着社会经济的迅速发展，我国的城镇化建设水平不断提高，据国家统计局发布的数据显示，截至 2018 年末，我国的城镇化率已达到 59.58%，这标志着中国正由一个具有数千年农业文明历史的农业大国向现代化的城市型国家转型。从中国城市化进程的数据中可以看出，乡村人口处于迅速流失的过程中，这意味着在这种宏观背景下，中国广大乡村中的农业生产问题、农村落后问题、农民权利保障与农民收入增长问题逐渐凸显，传统乡村的结构与形态也在发生着多种形式的改变，例如迁村并点、村落空心化、历史风貌遭到破坏等。在这样的背景下，城乡发展均出现了一系列的问题，发展失衡的问题对乡村的影响尤为严重。几十年来，我国二元经济结构矛盾使得乡村的发展已经远远落后于城市发展，并出现了严重的"三农"问题。中国农业大学柯炳生教授针对"三农问题"指出"农业问题"主要是农产品的供给数量和农产品质量（包括质量安全）；"农村问题"主要是农村的社会公共服务（基础设施与社会事业）和生态环境保护问题；"农民问题"主要是与农民利益直接相关的农民的经济收入和各种社会权利问题。这些问题具体体现在农民收入低、增收难、农业发展落后、农村环境失调等方面。

当然，问题的出现也使得我国农业和乡村发展的重要性得到了全社会更加广泛的重视。近年来，中国农村以"新农村"模式开始发展建设。在此过程中，中国政府对如何促进城乡发展一体化建设尤为关注。乡村的环境建设、人口增长以及经济发展正逐步成为新农村建设发展的关注重点。但与此同时，在快速城镇化进程中很多地区出现了乡村景观的城市化、模式化，缺乏当地特色，与其周边环境不相协调等一系列问题。如何处理这类问题需提高到乡村自然与人文景观环境保护和可持续发展的认识高度，要引起乡村建设管理者和景观设计师们的重视。

1.2.2 乡村发展滞后导致传统农耕文明衰败

乡村作为根植于大地上最广泛的文明承载体，包涵了数千年来自然、文脉、地理、历史、精神等方方面面与人息息相关的内容，风俗人情和农耕文明的传承在乡村绵延不息。中国改革开放以来，许多地区快速推进城镇化，一方面这使得中国的资源要素得以在城镇中迅速集中，城镇化步伐飞速迈进；另一方面，乡村大量耕地资源被侵占，农业相对弱化，农村环境遭污染，农民不断边缘化，乡村秩序被扰乱，传统农耕文化受到冲击等。城镇化进程中，一些体现中国农耕文明的传统乡村正在逐渐消失。

由于我国农耕文明持续了较长的时间，村落的历史性老化、自然衰败和损毁现象较为严重，出现了萎缩、凋敝的状况，很多村落已经遭到彻底且不可逆转的毁坏。多年以来城乡二元结构影响了现代乡村的发展，一些不发达地区农村大量劳动力进城务工，乡村出现了空心化现象，导致迁村并点，原有老建筑闲置、废弃和破败，村落传统文化失去活态化传承，传统生活方式和文化逐渐消失。与此同时，发达地区乡村建设发展迅速，富裕起来的村民开始大规模地翻新老屋、建造新房。由于缺乏科学的乡村规划、控制、引导和专业设计，简单套用城市建设的模式，导致建设脱离乡村实际的特色危机问题。在这样大拆大建的浪潮下，很多具有文化价值和意义的乡村聚落、乡土民居建筑永远地消失了。传统的乡村结构与形态发生了改变，村落景观遭到破坏，出现乡土风貌不协调和传统文化不可持续等突出问题。新型城镇化的进程和使命，迫切需要有针对性地探讨和研究乡村建设的可持续发展理论与方法，指导乡村建设的实践，在传承中华民族优秀文化的基础上，建设发展美丽繁荣的现代化新农村[13]。

1.2.3 乡村风貌的城市化现象导致特色消失

目前，我国正以前所未有的广度、深度推进城市化，城乡规模、形态与格局发生巨变。伴随着城乡发展差距的扩大，乡村与城市的形象边界却越来越模糊，越来越多村落的生态环境遭到了破坏，原有的生态平衡被打破，自然风光及人文古迹因不适宜的发展建设而大为失色，甚至出现"城市化"面貌，完全丧失了乡村应有的风貌。乡村原生态的、自然的、广泛的、各具特色的风貌特征日渐淡化，所承载的风俗民情和地域文化特色也逐渐消失。其一是村落形态住区化。乡村之于城市，原本是一种相对松散的组织结构，在选址和建设中更多呈现出依山就势的布局模式。近年来不再遵循传统村落尊重自然、天人合一的布局理念，而为提高安置户数参照城市住宅连排密布式布局；其二是在新居建设中，将乡村传统的经典建筑形式和特色布局形态当作守旧表现，转而争相模仿建造城市别墅和欧式洋楼，乡村建筑既未能延续传统乡土建筑特色，却造就大批低劣丑陋的建筑；其三是建筑材料工业化。现代装饰材料应用的外部负效应在乡村被进一步放大，使村民被动改变传统的材料使用习惯，批量生产的建筑材料和配件在节省村民建房成本的同时，却也抹去乡村民居百花齐放的个性特点；其四是乡村景观城市化。很多乡村规划和建设忽视乡村异质于城市的特点，过于强调提升环境品质的诉求，景观设计营造照搬城市标准，具有乡村特色的池塘、水渠、梯田、菜园等，逐渐变成城市景观常用的乔灌木、绿地和硬质铺装等[14]。在基础设施方面，采用了大量混凝土设施，诸如田间地头的混凝土路面、混凝土浇筑的水渠、混凝土加固的河岸等，强烈冲击了传统的乡村生态景观。许多乡村一味追求"大广场""宽马路"的城市景观形式，乡村建设与城市建设同质化。乡村民居建筑方面，在形式上追求西式风格，拆除原来富有地域特色的古建民居，转而将民居改建为具有现代城市风格的建筑，破坏了村落原有的传统风貌；在传统文化方面，原本依附于田野的本土文化与民俗风物等遭到了现代化与城镇化所带来的外来文化的取代甚至瓦解。

乡村景观作为农耕文化绵延不绝的重要载体是乡村风貌的体现。一些乡村在打造人文景观环境方面，出现了千篇一律、商业化、同质化的现象，究其原因是没有深度研究地域村落本身的人文历史、自然环境，生搬硬套城市建设的方法和形式，没有提炼深层的乡村本土文化，并进行设计二次转化，这些盲目开发建设的现象导致乡村人文景观视觉环境特色遭到破坏。

1.2.4 乡村振兴发展的新机遇与挑战

中国新型城镇化和乡村振兴战略的实施，为乡村发展带来了新机遇，广大乡村已成为我国新型城镇化建设中关注的重点。在人类发展的历史上，乡村一直是悠久而传统的聚居地，记载着农耕文明的历史和文化。中国的乡村是中华文明的摇篮，传承着民族的历史和文化记忆。中国是历史悠久的农业大国，中华文明的核心内容是农耕文明，而真正承载、体现和反映中华农耕文明精髓和内涵的，就是现在还依然幸存的那些传统村落。正确认知传统村落的价值，在目前的形势下尤为重要。未来中华文明及建筑文化的复兴应该去传统村落里取经，因为那里有中华文明及文化的基因[15]。人们崇尚乡村中的自然风貌，陶醉于田园山水，但由于乡村建设的推进缺乏有效的引导与管理，现状的乡村空间营造活动十分随意，人工景观与周边自然环境之间的联系被割

乡村景观设计
乡村

裂，缺乏协调的景观风貌，特色不鲜明。因此，我们希望在乡村景观设计与建设实践中打造能够与周围环境相融合、功能良好且风貌协调统一的乡村景观。

乡村的发展建设要结合地域的自然与人文资源与条件，具有体验性的乡村旅游产业对推进美丽乡村的建设与发展将会发挥重要作用。城市化的快速发展，也必将出现逆城市化的趋势，乡村的绿水青山将成为城市居民思乡和休闲体验追求的生活内容与方式，发展乡村旅游产业，让乡村变得更有魅力。在绿水青山变成金山银山的过程中，城市人得到愉悦，农村人得到收入，农耕文化传统得到传承。具有乡村特色的景观环境营造，为发展乡村旅游产业奠定了基础，也为乡村振兴和美丽乡村建设创造发展的条件与机遇。

1.2.5 乡村景观的保护与可持续发展

乡村景观是伴随着乡村的形成、发展和建设，在自然环境、经济生活、风俗传统、文化观念等要素的综合作用下不断演变，乡村景观是历史的、动态的，反映着不同地域的自然风貌、人居环境，体现着不同时代的田园生活和聚落文化。乡村景观作为村落保护和发展的重要载体，其景观形态产生和形成于生产生活中，具有独特的形式与风貌，在一定层面上代表着一种和谐的人类聚居文化，这种和谐是自然与人文相互作用的结果，是几千年来先民智慧劳动所达到的境界。中国不同地域的乡村在各自的环境条件下因地制宜逐渐形成，具有独特的地貌形态、植被形态、水体形态、村落形态、建筑形态和道路形态等，这些乡村景观形态作为体现传统村落形式特征的重要载体，构成了乡村整体形态的基质和风貌，记载着农耕文明的历程和文化记忆。国家在《关于加强传统村落保护工作的指导意见》中指出传统村落承载着中华传统文化的精粹，是中华民族农耕文明不可再生的文化遗产，其中凝聚着中华民族精神，保留着中华民族文化的多样性，是维系炎黄子孙文化认同感的纽带，是繁荣和发展中华民族文化的根基。同时，该文件明确了保护与发展传统村落的基本原则与任务，帮助指导传统村落的保护、传承和更新工作的开展[16]。

传统村落的形式主要由乡村景观形态展现，基于自然因素的景观形态主要由地貌形态、植被形态、水体形态等构成；基于人文因素的景观形态主要由村落形态、建筑形态、道路形态等构成。依托自然和人文因素构成的景观形态彼此并不是孤立存在的，它们相互作用、渗透和影响，构成相互关联的乡村景观形态体系。景观形态对村落整体的空间布局、生态环境、传统文化的保护与传承起着至关重要的作用，对这一观念的理解和认识有助于建立对传统村落整体性保护与发展建设的意识和观念，以及开展系统性的具体实施和操作。

在当前中国快速城镇化的进程中，乡村景观与乡村文化都受到前所未有的冲击。如果说乡村景观是乡村价值的外在展示，那么，乡村文化则是乡村价值的内在根本。文化提供给人们感知环境、理解世界的种种可能性，是乡村保持其独特魅力、持续发展的核心所在。在人类漫长的历史过程中，人们通过农业实践解决了食物问题，同时也加深了我们对于环境的认识。人们理解了生存环境的本质，继而确定了自己在天地之中的位置。乡村作为地域历史与文化的承载体，凝聚着丰厚的地域人文精神，是人类场所记忆的集中体现。为了保证农业生产的连续性，人们继而形成了有着深层文化内核的乡村生活方式，中国传统村落深受"天人合一""道法自然"等思想影响，强调理解、尊重事物本身的内在秩序，在创造符合人类功能审美要求的外在空间秩序时，同样注重情与境的营造，无论是村落总体布局还是建筑单体要素都要"因任自然"。空间是人行为发生的必要条件，在传统村落环境中，人在与世界的对话中发现天地之"大我"继而理解并欣赏到天地之"大美"。从而使得人类生活与自然生态相协调一致，个体欲望与社会伦理和谐统一[17]。乡村景观的保护与可持续发展是乡村振兴和美丽乡村建设的重要内容，不仅是为了满足乡村景观美化和环境品质提升的要求，更是对乡村价值的再认识和再提升，传承乡村传统特色，构建和谐的人地关系，弘扬乡土文化特色，使乡村景观建设做到传统与现代并存，具有地域特色，成为新时代高品质的生产、生活、生态的乡村景观环境。

1.2.6　农业景观构成乡村风貌的主体地位

　　农业景观是人类在自然的基础上进行的生产活动，形成农田、聚落、建筑等景观面貌。农业景观是乡村景观的重要组成部分，它是农业生产活动的自然产物。在乡村建设中，关于农业景观的规划设计理念是维持其真实性，这种真实性是保持乡村景观具有与时俱进最大活力的源泉，避免将农业景观过度美化，避免制造出"伪自然"和"伪传统"。在农业景观中需要展示出农业价值、生态价值、家园价值与审美价值的魅力。产业是保持乡村地区活力的重要前提，要保证乡村可持续发展首先要构建乡村产业体系，而农业是乡村产业体系中的基础与核心。因此，乡村的可持续发展是以农业为基础的综合体系，需要与第二、第三产业融合发展新农业综合产业体系，这种体系将拓展农业的多种功能，包括旅游、教育、文化、健康这样一些新功能形态。乡村地区可以根据自身的区位条件、资源禀赋、产业基础，做好自身定位，寻找到一条符合自身条件、形成自身产业优势的可持续发展道路，从而不断改善乡村的经济结构、社会结构和乡村景观格局[17]，使农业景观在乡村发展中具有新时代的景观风貌。

　　挖掘和传承丰富多彩的乡村地域性农业景观，将其有机渗透到生产与生活中，一些传统的农业技艺、民风民俗、特色建筑都可以以适当的方式与乡村产业相结合，进行活化传承，以便让更多的村民与游客了解并参与到乡土农耕文化的重建与维护中。此外，在乡村发展中需结合当今时代背景与功能需求来展现农耕文化内核，增强人文关怀和审美价值观教育，以一种生态审美的方式去塑造绿色的、健康的、生态的世界观、伦理观和价值观，处理好人文环境与自然环境的和谐，促进新型城镇化道路下的乡村个性化可持续发展，从而达到自然生态、社会生态和精神生态的和谐与平衡，最终实现人的诗意地栖居。同时还应充分认识并保障村民作为现代人在人生各个阶段所需的生活需要，为村民提供一些现代文化生活服务，如定期举办一些展览，提供一些运动休闲的文化娱乐设施与场地，吸引年轻人回到乡村从事农业工作[18]。总之，农业景观是保持乡村性的基础，要使传统的农业景观与时代发展需求有机结合，在传承与发展中设计和创造新时代的农业景观风貌。

1.2.7　乡村景观与发展乡村旅游产业

　　乡村旅游是指以乡村地理自然环境为依托，以乡村独特的农业生产经营活动、生活形态、乡风民俗、田园山水、聚落空间、乡土建筑、乡土饮食和乡土文化等为旅游资源，进行规划设计和开发利用，形成开展乡村旅游的产品，主要吸引城市居民前来观光、娱乐、休闲、度假和购物的一种新型旅游形式，为乡村社区带来社会、经济和环境效益。乡村旅游是从国外引进的旅游模式，我国各级政府对发展乡村旅游给予大力扶持，对推动乡村旅游产业的快速发展起到了至关重要的作用。从国务院 2016 年中央 1 号文件提出发展中国的乡村旅游产业，强调在发展乡村旅游与休闲农业中强化规划与引导，用奖励代替补贴、先建设后补贴的模式推动建设工作，并设立乡村旅游产业投资基金扶持其发展，到 2017 中央 1 号文件重点提出的推动农业供给侧结构性改革，是发展农村的一个重要思路转变。从对资源保护利用的角度出发，供给侧的改革就是要从以往的过度依赖资源，转变到强调绿色生态可持续的利用与发展，注重满足品质的需求。2009 年 12 月，国务院发布的《关于加快发展旅游业的意见》中提出实施乡村旅游富民工程，开展各具特色的农业观光和体验性旅游活动，把发展乡村旅游作为解决"三农"问题，推进社会主义新农村建设的重要举措[19]。2014 年 8 月，国务院又发布了《关于促进旅游业改革发展的若干意见》，倡导大力推动乡村旅游发展。2016 年"中央 1 号"文件《中共中央国务院关于落实发展新理念加快农业现代化实现全面小康目标的若干意见》中首次明确提出"大力发展休闲农业和乡村旅游"。2017 年"中央 1 号"文件《关于深入推进农业供给侧结构性改革加快培育农业农村发展新动能的若干意见》指出要准确把握目前新阶段下农业的主要矛盾及矛盾的主要方面，积极顺应新形式、新要求，调整工作重心，乡村旅游也需要顺势而为，推动自身的供给侧结构性改革，壮大新产业新业态，拓展农业产业链、价值链，强调要大力发展乡村休闲旅游产业。乡村旅游带来的多重效益成为乡村经济发展新的增长因素和解决"三农"问题的助推力，也促进了乡村产业结构的调整与转型，推动乡村"三产"与"三生"进一步深度融合发展。中国的乡村拥有着与城市不同的自然田园风光、淳朴的乡风民俗等，是乡村旅游区别于城市极具吸引力的"旅游资源"，乡村旅游给传统村落的保护、更新与发展带来了新机遇。

乡村旅游作为活化乡村的重要方法之一，在我国美丽乡村建设进程中，保持着快速发展的局面。传统单一的乡村旅游业态也经历了转型升级，开始呈现出全域化、特色化、精品化的特点，这对传统村落的传承与创新、原真性的保持提出了新的挑战。从近年来中国旅游业统计公报数据来看，国内旅游人数呈现逐年稳步上升的趋势，旅游业已与人们的生产生活息息相关，成为国家持续关注的热点，其中乡村旅游人数也处于持续增长的阶段。目前，到乡村旅游的人数超过国内旅游人数的 1/2。国内旅游收入经历了从平缓增长到快速增长的转变。其中乡村旅游收入虽保持着稳步增长的趋势，但占总收入份额较低，增长空间较大。乡村以其自然的田园风光、独特的乡土文化、原生态的自然环境带给人们与城市及著名风景名胜区不一样的环境、文化及生活体验，乡村旅游越来越受到大众的关注，已成为新常态时期下新的经济增长点，被定位为国家战略性支柱产业，成为旅游经济中持续上涨的中坚力量。随着大众对旅游环境要求的提升，在资源的开发利用上对旅游整体环境的协调性、服务的全面性、景点的独特性、体验的唯一性等方面都提出了更高层次的要求。发展乡村旅游是实现乡村振兴战略和推动农村经济发展的重要组成部分，如何提高乡村旅游品质，使乡村旅游从观光型走向体验型的转变，是提升乡村旅游发展水平的重要标志。高品质的乡村景观环境对推动乡村旅游产业的健康发展将会发挥重要作用[20]。

1.3 乡村景观设计理论的形成与发展

1.3.1 国外乡村景观设计理论

在乡村景观设计理论研究方面，国外发达国家起步较早，而且对乡村景观的研究也不局限于某一个角度和学科，而是注重融合生态学、地理学、美学和社会学等多学科共同发展，从目前国外对乡村景观的研究现状来看，对乡村景观的变化和感知、乡村景观规划与评价、乡村社会、乡村文化等方向以及对动态因子"人"的作用的研究都是学者关注和研究的重点。在研究发展趋势上，国外对乡村景观的研究不断扩展其领域和方法，研究的内容也不断地细化（表1-1）。

表 1-1 国外乡村景观的主要理论研究方向

研究切入点	代表人物	观点/主要研究内容
乡村景观演变的动力机制研究	尼尔森（Nelson）	强调用经济、人口统计学和环境驱动力三维组合的方法重构乡村景观，认为流动人口的力量正在转变着区域的社会文化景观
	伊思堡（Isabl）、塞宾（Sabin）	发现导致乡村景观发生变化的主要动力来自三方面：农业耕作的增强或废弃、城市化对景观构成的改变、地方保护政策的作用
	奥姆斯特德（Olmsted）	设计应基于人类心理学的基本原则之上，才会使景观体验更为深邃
乡村景观与人、文化、建筑等主体相互作用的研究	鲁达（Ruda）	乡村聚落保持可持续发展，必须对传统建筑风貌、当地社区、历史传统及本土文化进行保护
乡村聚落地理研究	伊娃（K Eva）	经济社会转型期的到来引发乡村重构问题
	布朗（L Brown）	对战后社会重建与人口再分布进行研究，关注人文社会发展趋向对乡村聚落的影响作用
景观生态规划格局研究	福曼（Forman）	提出一种基于生态空间理论的集中与分散相结合的最佳生态土地组合与景观规划模型

国际社会对历史文化遗产保护的研究不断进步并发展到一个新领域，国外许多国家很早就对历史古村落的保护有了一定的意识，出台了一系列的政策。很多学者也对古村落的保护和开发进行了讨论和研究，经过一个时期的探索，乡村保护与发展理论逐渐走向成熟，一些国家的古村落保护和开发实践也随之开展。

法国是最早有文物保护意识的国家，在18世纪末法国是欧洲重要的文化与艺术中心，从最初以维奥莱·勒·杜克（Viollet Le DuG）为主的法国建筑保护学派，主张在修复古建筑方面，要完美地修复它，尽管这种完美的状态它曾经没有存在过，并不需要维护它、修缮它、翻新它。接着以拉斯金（John Ruskin）和莫里斯（William Morris）为代表的英国学派否定了维奥莱·勒·杜克的完美修复做法，他们认为古建筑需要加强经常性的维护，从而维持它们原始的风貌。再到以焦万诺尼（Gustavo

Giovannonl）为代表的意大利学派，他们吸取了上述两国学派的理论，认为古城的环境和建筑应该整体和谐统一起来，其每一个部分都应该在一个整体设计下统一（表 1-2）。

表 1-2　国外历史文化遗产保护代表理论研究

学派	代表人物	理论观点
法国学派	维奥莱·勒·杜克（Viollet Le DuG）	主张注重古建筑风格、形式、结构修复，适应当代使用功能需求，使建筑有现代活力
英国学派	拉斯金（John Ruskin）、莫里斯（William Morris）	主张保护古建筑原有风貌，用"保护"代替"修复"，保持建筑的历史面貌
意大利学派	焦万诺尼（Gustavo Giovannonl）	主张古城、环境、建筑的统一保护修复，保护建筑本身和环境之间的历史文脉，修复上要尊重历史建筑的真实性

（1）景观形态学理论

景观形态学的出现是受到形态学的思想启发。形态学（Morphology）一词最早出现在希腊语中，是由形式（Morphe）和逻辑（Logos）组成，从字面上理解，它的含义指代的就是"形式的构成逻辑"[21]。其理论概念是从西方古典哲学及其衍生的经验主义哲学发展而来，包含了两个方面：一方面，它的分析方法强调了从局部到整体、由简单到复杂的研究手法，并由此得出客观结论；另一方面，它认为事物的演变是空间与时间上的相互作用而形成的，而对这二者之间关系的研究则可以找出事物发展的规律[22]。景观形态学的主要代表人物是美国的人文地理学家索尔（Carl Ortwin Sauer）。他在 1925 年发表了《景观形态学》（*The Morphology of Landscape*），并且在文中首次提出了景观形态学的概念，他认为应该用观察地表景观的方法来研究地理特征，强调文化景观的概念，并且将景观作为地表的一个基本单元，同时还说明了景观是由自然要素和人文要素构成的。他主张用"景观形态学"或"文化历史"的方法替代环境决定论，并主张用归纳法来收集某个阶段人类的活动对景观影响的条件，再进行解释和归纳。到了 1927 年，索尔又发表了《文化地理的新进发展》（*Recent Developments in Cultural Geography*）一文，指出历史地理学也许被认为是文化景观所经历的系列变迁，重点分析了文化景观是如何形成叠加在自然景观之上的这种新形式。

1960 年，德裔英籍城市地理学家康恩泽（M.R.G.Conzen）发表了划时代的专著《诺森伯兰郡阿尼克镇：城镇平面分析研究》（*Alnwick, Northumberland: A Study in Town-plan Analysis*），提出了"城市景观"的观点作为研究对象，探讨了城镇空间的三维形态，并为聚落形态学的发展奠定了主要框架[23]。

1981 年凯文·林奇（Kevin.Lynch）发表了《城市形态》（*A Theory of Good City Form*）一书，他从城市的一系列性能指标来评价城市形态价值，并从一些实际的应用方面来进行具体分析（表 1-3）。

（2）乡村保护发展理论

国外针对乡村保护与发展的理论研究主要侧重于运用人类学、文化学、历史学、社会学和现象学等理论方法进行乡土建筑环境保护方面的交叉研究。德国的研究主要以生态、环境与景观理论为特色；法国重视历史文化、社会经济对村落的影响，也开创了以合同形式约束景观建设的新途径；英国侧重对乡村历史、村落地理、乡村产业发展和乡村特色等理论体系的研究；美国的村落研究带有明显的实用性质，并通过乡村规划的建设实践进行理论体系的建构[24]（表1-4）。

表1-3 国外景观形态学相关理论研究

代表人物	时间	著作	观点/主要研究内容
科尔（J.G.Kohl）	1841年	《交通和人类聚居区对地形的依赖关系》	明确了地形对于聚落形态和交通路径的重要作用
西谛（C.Sitte）	1889年	《根据艺术原则建设城市》	从艺术的角度和原则出发来研究城市形态
弗瑞兹（J.Fritz）	1894年	《德国城镇设施》	从城镇平面结构分析城镇布局并且总结其中的规律，以此研究城镇形态的其他方面
吕特（O.Schluter）	1899年	《城镇平面布局》	标志着城市形态学作为一门学科的形成
	1919年	《人文地理学在地理科学中的地位》	提出聚落形态的构成要素，并将其作为聚落景观的主要研究对象
波贝克（Bobek）	1927年	《城市地理学的若干基本问题》	如果在不顾创造"形态"的动力来源的情况下，只将注意力集中在城市景观的形态上，那是不符合逻辑的。强调调查研究的作用
索尔（C.O.Sauer）	1925年	《景观形态学》	首次在文中提出了景观形态学的理论概念，认为应该用观察地表景观的方法来研究地理特征，强调了文化景观的价值与意义，并说明了景观形态是在自然和人文要素影响下形成的
	1927年	《文化地理的新进发展》	文化景观是经历了一系列变迁附加在自然景观上的人类活动形态。涉及对旧有文化的重构
康泽恩（M.R.G.Conzen）	1960年	《诺森伯兰郡阿尼克镇:城镇平面分析研究》	提出了利用平面分析的方法来研究城镇。从地理学角度为聚落形态学的发展奠定了基本框架
凯文·林奇（Kevin Lynch）	1981年	《城市形态》	从城市的一系列性能指标来评价城市形态的价值

表1-4 国外乡村保护与发展的代表理论研究

作者	著作/研究	观点/主要研究内容
萨利赫（Saleh）	沙特阿拉伯南部乡土村落中村落形态变迁研究	论述了心理学、人类学等学科结合建筑学理论，综合考虑生态、经济、社会和文化等影响因素指导传统村落建筑的更新建设方法
原广司	《世界聚落的教示100》	对世界范围内典型村落进行了多角度和多方位的研究和介绍

作者	著作／研究	观点／主要研究内容
藤井明	《聚落探访》	阐述对传统聚落内部空间的布置、领域划分；分析聚落空间秩序、聚落的社会结构、宗族制度、居民信仰等方面内容
进士五十八、铃木诚、一场博幸	《乡土景观设计手法》	介绍了营造具有地域性、乡土性和舒适性景观的技术与设计方法
约翰·布林克霍夫·杰克逊（John Brinckerhoff Jackson）	《发现乡土景观》	提出乡土景观是生活在土地上的人们无意识地、不自觉地、无休止地、耐心地适应环境和冲突的产物的概念
兰德尔·阿伦特（Randall Arendt）	《乡村设计——保持小城镇的特征》《十字路口、乡村居民点、村庄与小镇——传统街坊的设计特征》《国外乡村设计》	针对小城镇和乡村居民点自然与文化保护规划与设计，如何保持乡土特色景观

（3）环境心理学理论

对于乡村景观设计研究的另一个重要切入点是环境心理学。这是由于环境心理学是研究环境与人的心理和行为之间的关系，乡村景观设计与环境心理学紧密相关。

环境心理学起源、发展于西方国家，发展至今已相对成熟。西班牙的恩力克波尔（Enrich Pol）将环境心理学的发展划分为"环境心理学的起源—美国转型—建筑心理学—可持续的环境心理学"四个阶段。

环境心理学的研究领域可划分为七个部分：①人对环境的感知与评价；②环境研究中个体认知、动机因素以及社会因素的影响；③环境危险知觉与生活质量；④可持续发展行为与生活方式；⑤改变非可持续发展行为模式的方法；⑥公共政策制定与决策；⑦个体与生物、生态环境系统的关系——环境保护心理学[25]。在这些内容中，个体对环境的感知、觉察及反应对我们环境设计研究具有重要的指导意义（表1-5）。

表1-5　国外环境心理学中文版主要专著

作者	时间	著作	观点／主要研究内容
相马一郎、佐古顺彦	1986年	《环境心理学》	结合理论实践介绍环境心理学的研究方法、环境与人的关系、高密度居住空间对人的影响等问题
保罗·贝尔（Paul A.Bell）等	2009年	《环境心理学》（第五版）	系统地阐述了环境心理学理论，对西方研究现状进行较全面的介绍
琳达·斯特格（Linda Steg）等	2016年	《环境心理学导论》	阐述环境状况对人们的经历、生活和行为的正面和负面的影响，以及通过改变环境来改善生活的途径

（4）乡土建筑理论

国外对乡土建筑保护性开发的相关研究早在 19 世纪便开始发展起来，与城市相比，乡土建筑具有明显的"历史文化性"。20 世纪 60 年代，西方建筑学者开始注重乡村民居建筑研究，其中以阿摩斯·拉普卜特（Amos Rapoport）所著的《宅形与文化》（*House Form and Culture*）作为正式标志，使乡土建筑的研究开始受到重视并成为一门学科。除此之外，《没有建筑师的建筑》（*Architecture without Architects*）等著作也阐述了西方学者研究传统村落和乡土建筑的视角和方法。国外学者在研究乡土建筑的保护与发展时，更多的是针对某个地区而做的案例研究（表 1-6）。

表 1-6　国外乡土建筑的代表理论研究

作者	时间	著作	主要研究内容
伯纳德·鲁道夫斯基（Bernard Rudofsky）	1964 年	《没有建筑师的建筑》	以 150 多幅不同风格的传统村落和民居照片向世界展示了建筑的乡土性，具有自然、本土、田园诗等重要特点
保罗·奥利弗（Paul Oliver）	1997 年	《世界风土建筑百科全书》	以环境和文化为依据，系统地对风土建筑进行收集、整理、识别和分类等基础研究，为以问题为导向的理论研究奠定了基础
阿摩斯·拉普卜特（Amos Rapoport）	1969 年	《宅形与文化》	运用对乡土建筑与聚落多年来的研究成果，探究促成这些民间居住建筑形态及可识别特征的作用力
	2003 年	《文化特性与建筑设计》	将乡土建筑在西方开创为一个独立学科。对建筑设计领域内的文化主题进行探讨，指出设计要以所在环境的文化特性研究为基础
理查森·维基（Richardson Vicky）	2004 年	《新乡土建筑》	对新乡土建筑的形式、材料和构建等方面进行现代性和传统性的诠释
伊丽莎白（L. Elizabeth）亚当斯（C. Adams）	2005 年	《新乡土建筑：当代天然建造方法》	基于生态学设计原理阐述了传统的与现代的天然建筑方法

（5）视知觉理论

1912 年，格式塔心理学理论产生于德国，是影响较大的心理学派之一。格式塔强调"形"的完整性，因此也被称作完形理论。其核心内容即视知觉原理，主要包括整体性原则、图底关系和组织原则。格式塔心理学流派通过不断地对视知觉进行试验总结，归纳出若干组织原则，如接近原则、相似原则、完形原则、封闭原则[26]。目前视知觉理论在艺术设计、建筑设计、室内设计、景观设计等综合环境设计领域都有相应的研究成果（表 1-7）。

我们在日常观察周围环境的过程中，首先感知的是一个整体环境。并以此调动我们身体的各个器官感受周围的环境特性，其中视觉是最为全面及最快速的感知方式。关于视觉环境整体性原则的把握，"格式塔"学派理论家认为，在一个整体图式中，各个不同要素究竟是什么样的完全取决于这个要素在整体图式中所处的位置以及起到的作用[27]。同时，在任何一个环境中不论其大小，都存在一个环境特性的整

表 1-7　视知觉在设计领域理论研究

作者	时间	著作	主要研究内容
鲁道夫·阿恩海姆（Rudolf Arnheim）	20 世纪后半叶	《艺术与视知觉》《走向艺术心理学》	系统阐释"完形心理美学"，将格式塔理论引入审美心理学研究领域
	1977 年	《建筑形式的视觉动力》	充分分析了设计中的秩序和无秩序、视觉符号的本质以及实用功能与知觉表现之间的关系
贝尔·西蒙（Bell Simon）	2004 年	《景观的视觉设计要素》	通过景观构成要素在空间里组合的变化来体现景观空间的情感与空间形态

体图式及视觉动力场。整体图式是环境中各个要素组成的，包括要素的位置、重力、大小、形状等，各个要素之间相互作用并达到平衡状态，形成整体图式环境特性；在整体空间情境中，物体各要素之间相互作用产生作用力，简单的点线面、颜色或者空白空间都能产生力，各要素的力相互平衡，最后形成一个稳定的视觉动力场。在视觉环境设计中，我们需要根据视知觉的整体图式及视觉动力来把握设计的整体性，构建符合乡村特性的环境特色空间。

（6）景观设计学理论

景观设计学理论基于景观设计实践与教育的发展，形成关于景观的分析、布局、设计、改造、管理、保护和恢复等方面的现代景观设计理论体系。景观设计是涉及科学与艺术的一门交叉性学科，与规划、建筑、设计艺术、植物学和生态学等专业都有着密切的关系。国外学者对景观设计及其理论的研究较为系统全面，关于景观设计的定义与含义有如下阐述（表 1-8）。

表 1-8　国外景观设计学的定义与研究

代表人物	国家	景观设计定义
爱德华·威尔森（Edward O. Wilson）	美国	景观规划设计不但能实现经济效益和美观，同时也能很好地保护生物多样性
哈伯德（H.V.Hubbard）、金保尔（Theodora Kintball）	美国	景观设计的功能是创造并保护人类居住环境与乡村自然景色中的美景。接触自然景观是人类道德、健康和幸福必不可少的。基于视觉美学角度指出景观设计学是一门艺术。有益于健康的景观设计要重视提高城市居民的舒适性、便捷性
盖瑞特·埃克博（Garrett Eckbo）	美国	景观设计偏重于用地规划，强调人与自然间的关系；强调人与文脉的联系，以及人与户外三度空间的定量与定性间的关系
诺曼·纽顿（Norman T.Newton）	美国	景观设计是一门安排大地及其上的空间和物体，来为人创造安全、高效、健康和舒适环境的艺术与科学
劳瑞·奥林（Laurrie Olin）	美国	景观既不是城市设计的调味品，也不是设计物的装饰，景观是一个地区的基本结构

（7）人文景观理论

人文景观从不同学科角度出发给出的定义有所不同。对于人文景观的定义最早是由美国地理学家索尔（Carl Ortwin Sauer）基于人文地理学提出，他在 1925 年发表的著作《景观形态学》（*The Morphology of Landscape*）中将景观分为由自然与文化要素两部分组成的基本单元，更多被称为文化景观；索尔认为人类的行为活动对景观产生了不同程度的影响变化，而人类社会发展的同时与自然景观相互影响、相互作用从而产生了文化景观；旅游学角度认为人文景观是文化旅游的载体，其定义的人文景观对象主要为建筑、园林、宗教、民俗等具有历史文化资源的媒介物；生态景观学中的人文景观则是从人文精神出发，强调人与生态发展的相互关系，包括交通设施、能源发展、人口数量、历史文化、民俗宗教等综合因素，最终形成生态和谐的人文环境；环境心理学认为人文景观是地方认同感的情感表达，"地方"包括空间地理、社会文化及人文等内涵，"认同感"是指个体对于特定社会群体的归属感，在此概念中的人文景观包括了个体对环境的认知、记忆、价值观等情感要素。总结分析以上各学科对人文景观概念的释义可知，人文景观与人的生产生活密不可分，与自然景观相互影响、相互作用，是特定时间、特定区域的社会环境的情感价值、地域文化的展现。人文景观从表现形式上可分为物质形态与非物质形态两大类：物质形态主要包括建筑、文化遗产、古迹等，非物质形态主要为民俗宗教、传统工艺、风俗节庆等（表 1-9）。

表 1-9　国外人文景观理论的定义与研究 [28]

代表人物	国家	观点 / 主要研究内容
拉采尔（F.Raatzel）	德国	最先系统地阐述了文化景观的概念，将人文景观称为历史景观。提出对田地、村落、城镇和道路等进行分类，从而得知它们的分布、联系和历史渊源
施吕特尔（O.Schluter）	德国	提出文化景观论，认为文化景观是地面上可以感觉到的人文现象的形态。并提出了文化景观与自然景观的区别，要求将文化景观当作从自然景观演化来的现象进行研究
索尔（C.O.Sauer）	美国	将景观定义为："由包括自然的和文化的显著联系形成而构成的一个地区"。认为文化景观是特定时间内形成、具有区域基本特征、在自然与人文因素综合作用下形成的复合体
惠特尔西（Whittlesey）	美国	提出"相继占用"的概念，主张用一个地区在历史上所留下来的不同文化特征，来说明地区文化景观的历史演变
戈特芒（J.Gottmann）	法国	提出要通过一个区域的景象来辨识区域，而这种景象除去有形的文化景观外，还应该包括无形的文化景观

1.3.2　中国乡村景观设计理论

中国对乡村景观的研究开始于 20 世纪 80 年代，相较于发达国家来说起步较晚，是一个比较新的领域。涉及乡村景观设计的不同领域的学者们曾先后引进了包括法国、荷兰、日本、韩国等发达国家的一些先进理论研究成果和经验，结合自己的实践探索，不断地完善我国的乡村景观理论体系，主要研究的内容有：乡村景观分类、乡村景观评价、乡村景观规划设计、乡村景观旅游、乡村人类聚居环境、乡村景观园林、乡村农业景观、乡村聚落景观等方面，其中的研究热点多集中于景观生态学、乡村聚落环境、乡村旅游等方面。

在20世纪80年代末期，我国的乡村景观规划设计才有了初步的发展，各类学者提出了一些颇具创新性的见解，对乡村景观规划设计的概念与原则进行了相关探讨，同时认为当前的中国正处于由传统乡村向现代乡村的转变之中，各类问题层出不穷，需应用多学科的理论与方法，加以合理解决。这些都为乡村景观规划设计提供了有价值的指导和参考。但总体来看，我国乡村景观研究仍处于起步阶段。未来的发展需充分借鉴国外经验并根据中国的实际情况，结合不同的学科来保护乡村环境、传承乡土文化、合理利用乡村资源、强化乡村风貌、发展乡村经济等。

最初的起步阶段，中国的乡村景观与乡村地理学领域关系密切，将乡村景观作为乡村地理学领域的一部分来看待和研究，随着国家对农村问题的实质性关注，继而随着风景园林学这一学科研究的不断深入，乡村景观与其快速交叉和融合。其后，国土资源、景观生态学、城乡规划以及土地的综合利用等研究方向也快速与乡村景观相结合，相关领域的学者和专家的探索与研究也正在不断深入。乡村景观研究就是在这个大背景下产生并发展成一门独立的学科，乡村景观研究在风景园林学、聚落地理学、地理学与城市规划学、生态学与景观生态学、文化学中的文化遗产学等领域展开了广泛的研究（表1-10）。

表1-10　国内文化景观背景下乡村景观相关文献研究一览

学科领域	研究方向	代表人物	相关理论文献	观点/主要研究内容
风景园林学	乡土景观	俞孔坚	《论乡土景观及其对现代景观设计的意义》《回到土地》	探讨乡土景观的含义及对现代景观设计的意义，追求建设真正"中国"而"现代"的景观
聚落地理学	传统聚落与文化景观	金其铭	《农村聚落地理研究——以江苏省为例》《我国农村聚落地理研究历史及近今趋向》	对传统聚落、聚落地理和文化景观的研究，阐述了农村聚落和文化景观研究的意义
地理学与城市规划学	古村落形成机理	陆林	《徽州古村落的演化过程及其机理》《徽州古村落的景观特征及机理研究》	从文化景观的角度审视徽州古村落的基本特征及形成机理，有助于理解中国历史文化在徽州的体现
	古村落空间特征	刘沛林	《中国古村落景观的空间意象研究》《古村落——独特的人居文化空间》	对中国古村落景观的多维空间立体图像作了初步研究，并对不同地域古村落景观意象的差异作了比较
	古镇保护	阮仪三	《江南水乡古镇的保护与合理发展》《再论江南水乡古镇的保护与合理发展》	回顾和分析江南水乡古镇保护实践的历程，总结经验教训以对当前历史城镇的保护与发展有所启示
生态学与景观生态学	地方文化景观	王云才	《传统地域文化景观研究进展与展望》《论中国乡村景观及乡村景观规划》	在探讨传统地域文化景观存在主要矛盾与问题的基础上，提出了传统地域文化景观研究的发展趋势

学科领域	研究方向	代表人物	相关理论文献	观点/主要研究内容
文化学分支文化遗产学	文化景观遗产保护	单霁翔	《城市文化遗产保护与文化城市建设》《从"文化景观"到"文化景观遗产"》	开创性地提出了八种"文化景观遗产建设观",强调文化景观的保护也应进行跨学科和时空的探索
	工业遗产与文化遗产	高玮	《基于文化景观视野下的工业遗产整合》《工业遗产改造中的文化景观整合与表达》	在对工业遗产进行改造的文化景观整合过程中,研究其工业遗产的展现方式与历史传承

在乡村景观规划设计理论研究方面,国内学者进行了有益的探索,同济大学刘滨谊教授的《中国乡村景观园林初探》在乡村空间研究方面,提出乡村景观中的研究对象是发生在乡村空间地域内的一种景观空间,并且这种景观空间与人类通过某种方式紧密地连接在一起,这种方式可以是社会经济、人文习俗、精神审美等,且呈现出一种聚居的形态特征[29]。

天津大学教授彭一刚院士在《传统村镇聚落景观分析》中认为由建筑与景观环境构成的乡村聚落既是一个社会共同体,又是一个历史发展的过程[30]。北京大学俞孔坚教授提出:"景观设计学的起源,即'生存的艺术',一种土地设计与监护,并与治国之道相结合的艺术"[31]。关注农村建筑与景观环境设计,正是解决和调整农村"土地与人"的关系,保护好人类赖以生存的生产和生活环境。乡村景观环境设计是科学、艺术与技术完美结合的生存环境的设计,因此其重要意义在于关爱人类、关爱生命、保护和维系好农村生态环境,使乡村能够可持续性发展,造福我们的子孙后代(表1-11)。

表1-11　国内乡村景观规划设计主要著作与文献

作者	时间	著作/论文	观点/主要研究内容
俞孔坚	1998年	《景观:文化、生态与感知》	介定了景观规划设计学领域相关概念,并讨论了中国人的理想景观与生态经验的理论,提出了景观安全格局理论和方法,概述了中国人的景观感知和审美心理
王云才	2003年	《现代乡村景观旅游规划设计》	研究了景观科学的理论与方法,对乡村景观旅游规划设计研究的背景、意义、现状与发展趋势,以及乡村景观要素、类型与区域组合等方面进行了论述
刘黎明	2003年	《乡村景观规划》	论述了景观、乡村景观和乡村景观规划的基本内涵,及其与土地、土地利用、土地利用规划之间的相互关系,分析了乡村景观的形成因素及其对景观整体的影响作用等
刘滨谊	2002年	《论中国乡村景观评价的理论基础与指标体系》	系统探讨了乡村景观规划的概念、原则和意义,并在此基础上进一步探讨了现阶段我国乡村景观规划的核心内容
	2005年	《关于中国目前乡村景观规划与建设的思考》	

作者	时间	著作／论文	观点／主要研究内容
陈威	2007 年	《景观新农村：乡村景观规划理论与方法》	通过对乡村景观规划理论和方法的研究，以求保护乡村景观的完整性和地方文化特色，挖掘乡村景观资源的经济价值，改善和恢复乡村良好的生态环境
郑健雄、郭焕成、林铭昌、陈田	2009 年	《乡村旅游发展规划与景观设计》	收录了中国大陆和台湾地区有关学者对乡村旅游研究的最新成果，主要论述了休闲观光与现代生活、乡村旅游与乡村休闲、区域旅游与生态旅游
顾小玲	2011 年	《新农村景观设计艺术》	对如何正确引导农村建设发展、保护乡土文化和发挥农村自然景观资源，提出了许多合理化的建议，从美学角度出发阐述新农村景观设计的基本理论
齐康	2014 年	《地区的现代的新农村》	从新农村研究、地区的现代的新农村以及新型城镇化与新农村三部分的探索，清晰地阐述了中国的城市、乡镇和农村的发展历程、现状和特点，以及农村的真正需求

早期一些建筑领域及规划领域的学者从村落的整体规划、村落的建筑改造设计、区域风貌的整改、乡村聚落景观、民居改造等角度进行研究，内容包括古村落中民居建筑的调研与资料整理、历史文化村镇形成的历史演变过程及旅游开发策略等。还有一部分国内的学者针对古村落研究结合其他领域的理论进行探索，例如运用社会学、考古学、环境生态学、心理学、美学、行为学、空间句法原理、文化学、民俗学等多种理论与方法，针对古村镇空间的形态演变、传统聚落空间的现实意义、古村落的共性与个性等多方面内容进行研究。以下将结合不同学科针对古村落的研究成果进行分类归纳：

（1）古村落相关的价值与特征研究。在这一研究领域中，学者将人文地理学中的学科分支——文化地理学的相关概念引入古村落研究中，并探讨古村落文化景观的重要性；部分学者认为关于古村落的保护应将古村落中的历史建筑保护转移到以聚落为核心的整体古村落风貌保护中；还有学者论述古村落保护与发展的关系；从生态旅游的角度探索古村落的价值与特色；从旅游资源的角度分析古村落价值；从古村落发展与保护中出现的矛盾着手，探讨传统物质条件与现代生活的矛盾，论述商业化与古村落原真性的矛盾；探索如何以动态的保护方式维护古村落原有风貌等。

（2）古村落保护与原住居民的关系研究。在这一方面中，相关学者的研究主要针对旅游开发与当地居民认知的潜在关系；社会整体意识的转变对古村落原住居民的影响；通过成立保护社区实现对当地居民保护意识和思想上的转变等。

（3）古村落旅游开发与保护策略研究。总结古村落旅游开发对古村落原真性的影响；古村落旅游资源的整理与分类；以旅游开发为基础的古村落可持续发展策略研究等。

（4）古村落中建筑文化、历史文化研究。在这一研究方面，重点是关于建筑文化的研究从局限于民居研究发展为整体环境的研究；重新解读古建筑与古村落建筑外环境的关系、古村落建筑与人居空间的关系等。关于历史文化的研究多从历史发展的角度探讨古村落的形成过程；历史与古村落政治、经济、文化的关系；从精神层面研究古村落历史文化中可延续的文化，包括物质文化和精神文化等方面。

（5）古村落社会结构研究。从社会学、民族学、人类学三个研究领域对古村落社会结构进行解读和探究。

历史文化村镇作为古村落最精华的代表，针对其研究保护与发展的相关理论与实践成果众多，国内研究的内容与国外遗产保护发展研究的进程相似，都是从单体建筑的保护到历史街区的保护，最终发展成为历史聚落及聚落外周边环境的保护这一过程。但我国目前对历史文化村镇这一领域的研究，还是过多地注重物质文化遗产的保护，而轻视了对历史文化村镇非物质文化遗产的保护、发展和传承，学术领域有必要加强对历史文化村镇在非物质文化方面的研究。总结已有的研究成果，针对历史文化村镇主要从以下几个方面进行探究：

（1）历史文化村镇中的当地建筑研究。这种具备地域文化的遗存物是当地民俗文化最好的呈现物，是居民通过对地域自然环境的改造形成的社会产物，代表这一地域的社会文化和发展历程，具备研究和探索价值。

（2）历史文化村镇中的文物古迹研究。文物古迹是承载非物质文化的、传达地域历史、展现民族信息的重要承载物，不仅具有极高的历史文化价值，同时具有一定的科学研究价值。

（3）历史文化村镇中的街巷空间和村落形态研究。街巷空间是历史文化村镇最具特征的公共空间，承载了深厚的物质文化和非物质文化，是当地居民日常生活、商业往来、休闲娱乐的载体。

（4）历史文化村镇中的农耕文化和民俗文化研究。农耕文化是中国村镇形成的重要前提，是孕育古村落文化的根源，对历史文化村镇中农耕文化的挖掘和探究是研究古村落保护的核心。民俗文化是历史文化村镇非物质文化遗产中重要的组成部分。民俗文化是当地居民在历史发展进程中日常生活的结晶。

（5）历史文化村镇中原住民对其地域的认知度研究。村镇的居住者对自己居住已久的古村落产生了情感和思想意识，这些对历史文化村镇保护有着承前启后的作用（表1-12）。

表1-12　国内传统村落保护相关理论研究

相关理论	代表人物	著作/论文	观点/主要研究内容
聚落景观方面	彭一刚	1992年，《传统村镇聚落景观分析》	从聚落景观与人的生活联系方面，把聚落景观分为若干种构成要素进行分析研究
	陈志华	2004年，《楠溪江上游古村落》；2015年，《楠溪江中游古村落》	对浙江省瓯江支流楠溪江上游古村落进行研究，通过对住宅、宗祠、庙宇、戏台等各类建筑与遗址的研究，探讨民间传统的地域文化特征
	王浩、唐晓岚、孙新旺、王婧	2008年，《村落景观的特色与整合》	从村落建筑及景观元素的角度，分析风景区中普通村落的景观构成，研究它与整个风景区的关系以及与整个风景区旅游业发展的关系
	周庆华	2009年，《黄土高原·河谷中的聚落：陕北地区人居环境空间形态模式研究》	概括了聚落形态和当地人的生活模式，并总结了其中的演变规律，提出了人居环境空间形态演化的适宜模式

相关理论	代表人物	著作/论文	观点/主要研究内容
聚落空间形态方面研究	戴志坚	2003年,《闽台民居建筑的渊源与形态》	从聚落形态学的"原型"理论出发,通过大量的历史材料和逻辑论证,解读了民居建筑的渊源和形态形成的关系
	段进	2006年,《世界文化遗产西递古村落空间解析》	以空间研究为主题,借鉴形态学和类型学的理论与方法对古村落空间的形成原因、构成方式和空间效果进行了全面的解构和分析
	李立	2007年,《乡村聚落:形态、类型与演变》	以江南地区乡村聚落形态的演化作为研究的主线,从内部经济、社会、文化等要素和外部的区域背景两方面分析其演进脉络和机制
	蔡凌	2007年,《侗族聚居区的传统村落与建筑》	以侗族聚居区为对象,综合研究这一区域的村落和建筑的特点、区域文化特征及其分区方法
	王昀	2009年,《传统聚落结构中的空间概念》	通过将聚落的各项指标进行定量化、类型化,从一个全新的视角分析了聚落的空间结构
	田银生、唐晔、李颖怡	2011年,《传统村落的形式和意义》	把传统村落看作一个完整的人居环境实体,着力分析其建构、维系、使用和发展所涉及的四个层面,试图全面解析传统村落特有的建设形式和使用方式
	韩雷	2018年,《双重视域下中国传统民居空间认同研究》	对古村落居住主体的民居空间认同进行研究,随后从民间信仰视域探讨传统民居文化遗产保护等问题
景观形态学	吴家骅	1999年,《景观形态学:景观美学比较研究》	系统地罗列了景观形态学的理论体系,并对其进行详细的解析,尝试将景观设计与美学联系在一起
社会生态学	韩荡、王仰麟	1999年,《区域持续农业的景观生态研究》	认为因涉及问题的宏观空间性、关联性及综合性特点,使农业景观的生态规划与设计成为景观生态学的重要应用领域
	刘黎明	2003年,《乡村景观规划》	为社会创造一个可持续发展的乡村整体生态系统
景观生态学	谢花林	2008年,《土地利用生态安全格局研究进展》	认为乡村景观是指乡村地域范围内不同土地单元镶嵌而成的斑块,这些斑块兼具经济、社会、生态和美学价值
乡村空间	刘滨谊、陈威	2000年,《中国乡村景观园林初探》	乡村景观所涉及的对象是在乡村地域范围内与人类聚居活动有关的景观空间
人文地理学	王云才、石忆邵、陈田	2009年,《传统地域文化景观研究进展与展望》	强调建设实现乡村景观美景、稳定、可达、相容和可居的协调发展的人居环境

相关理论	代表人物	著作/论文	观点/主要研究内容
人文地理学	楼庆西	2012年,《乡土景观十讲》	人文要素和乡土建筑,天地、山水、植物共同组成一种景观,一种富有文化底蕴的景观,称之为"乡土文化景观"
	刘沛林、董双双	1998年,《中国古村落景观的空间意象研究》	引入"意象"的概念,借助从感觉形式研究聚落空间形象的方法,对中国古村落景观的多维空间立体图像作了初步研究
乡村社会学	费孝通	1985年,《乡土中国》	阐述了国内乡土社会传统文化和社会结构理论
	李守经	2000年,《农村社会学》	运用社会学基本理论,结合中国农村实际,在农村社会结构发展上,进行本土化的系统研究

　　针对历史文化遗产我国建筑和规划学者对物质文化保护方面的研究成果较多。2003年10月,联合国教科文组织第32届大会通过了具有里程碑意义的《保护非物质文化遗产公约》,明确界定了"非物质文化遗产"(Intangible Cultural Heritage)的概念与内容。此后我国人类学、社会学和民俗学以及规划学等相关学者对非物质文化保护方面作了较多研究,取得了一些重要的研究成果(表1-13)。

表1-13　国内历史文化遗产保护代表理论研究

研究方向	代表人物	著作/论文	观点/主要研究内容
物质文化研究	阮仪三	《护城纪实》《历史环境保护的理论与实践》	对我国历史文化名城保护进行全面系统的研究,从保护现状、保护分级与范围、遗产保护的原真性等方面进行了多角度深入的探讨
	张松	《历史文化名城保护制度建设再议》《历史文化名城保护的制度特征与现实挑战》	认为历史城镇的保护应尊重过去,又要结合未来发展,延续城镇历史环境的特征与个性,防止城镇的衰老和衰败
	赵中枢、胡敏	《历史文化街区保护的再探索》《加强城乡聚落体系的整体性保护》	倡导遵循遗产保护国际宪章,重视文化遗产的整体性保护,强调保护方法的多样性
	苏勤、林炳耀	《基于文化地理学对历史文化名城保护的理论思考》	提出在历史文化名城保护中文化景观是基础,文化系统是核心,文化生态是关键
	刘沛林	《论"中国历史文化名村"保护制度的建立》	具体分析历史文化名村的确认条件、保护内容、原则、方式、措施及开发方向等
非物质文化研究	贺学君	《关于非物质文化遗产保护的理论思考》《非物质文化遗产"保护"的本质与原则》	对非物质文化遗产的定义与特征及其保护的本质、原则、主体、价值等方面进行分析和研究

研究方向	代表人物	著作 / 论文	观点 / 主要研究内容
非物质文化研究	黄涛	《论非物质文化遗产的保护主体》	认为非物质文化遗产在根本上是民众生活的一部分，非物质文化遗产的传承与弘扬必须遵照民众的固有方式与传统
	辛儒、孔旭红、邵凤芝	《非物质文化遗产保护背景下的地域文化保护与利用——以方言为例》	对非物质文化遗产的保护和利用之间的关系进行了探讨，强调要注重保护非物质文化遗产的地域文化多样性
	曹诗图、鲁莉	《非物质文化遗产旅游开发探析》	对我国非物质文化遗产保护的观念、内容和方法等问题进行探讨，结合旅游开发，提出对非物质文化保护和发展的对策

我国在环境心理学领域的研究是从引进国外学者的理论书籍起步的，应用研究主要体现在室内外空间、尺度、场所环境氛围营造等方面。该领域的学者专家借鉴国外优秀理论书籍进行翻译并研究，使我国在环境心理学理论研究方面有了进一步发展。目前，我国在环境心理学领域的研究主要集中在六个方面：①环境心理学相关理论在建筑、设计中的应用；②环境心理学学科基础理论探讨；③环境因素对个体的影响；④环境认知；⑤环境问题对个体的影响；⑥环境问题的对策研究。在建筑与设计应用研究方面关注的主题大多集中在建筑与城市规划领域（表 1-14），但是在乡村景观设计方面的应用研究还较少。

表 1-14　国内环境心理学相关理论研究

作者	时间	著作 / 论文	观点 / 主要研究内容
罗卿平	1989 年	《视知觉组织与空间环境》	将视知觉原理用于室内设计；倡导以人为中心，设计应更具体、更直观、更容易被人解读
林玉莲、胡正凡	2000 年	《环境心理学》	阐述环境心理学的基本理论，用实例探讨应用问题
俞国良	2000 年	《环境心理学》	系统研究环境与人的心理和行为的关系，倡导保护和利用环境
徐磊青、杨公侠	2002 年	《环境心理学》	从实证主义的观点论述环境心理学在环境设计等方面的应用
顾大庆	2002 年	《设计与视知觉》	基于对视觉思维的整体观和科学研究，提出了一种综合的视觉训练模式
易芳	2004 年	《生态心理学的理论审视》	对广义上的环境心理学进行多角度的解读分析，体现环境心理学研究领域的广泛性、繁杂性、时代性
秦晓利	2006 年	《生态心理学》	介绍了生态心理学生成的背景、原理和实践应用方法等内容

作者	时间	著作/论文	观点/主要研究内容
陈宇	2006年	《城市景观的视觉评价》	研究了城市景观视觉评价的方法和视觉景观的主观感知和客观视景的描述方法
杨至德	2011年	《风景与园林设计原理》	提出"景观知觉"概念，从视知觉角度阐释景观空间序列
苏彦捷	2016年	《环境心理学》	围绕空间与环境问题，介绍了领地与个人空间、密度与拥挤，以及地方依恋等内容
胡正凡	2018年	《环境——行为研究及其设计应用》	在阐述基本理论和研究成果的基础上，结合实例探讨了这一交叉领域在相关专业中的应用

　　国内学者在景观设计理论方面的探索和研究对指导中国乡村景观建设实践起到积极的推动作用，主要理论研究成果涉及乡村景观设计的各个方面。在聚落景观方面主要有彭一刚在1992年出版的《传统村镇聚落景观分析》一书，此书将不同地区传统聚落景观的形成做了全面的对比，同时将聚落景观拆分成若干种构成要素，从美学角度来深度分析，并表明村镇聚落的景观不仅受到自然的影响作用，更与人的行为方式密切相关。近年来，中国在景观审美要素和审美意识方面的研究主要是吴家骅在1999年出版的《景观形态学：景观美学比较研究》一书，此书系统地总结了景观形态学的理论和概念，并对其进行详细的解析，尝试将景观设计与美学联系在一起[32]（表1-15）。

表1-15　国内景观设计学在乡村环境设计中的理论研究

作者	时间	著作/论文	观点/主要研究内容
彭一刚	1992年	《传统村镇聚落景观分析》	阐述了传统村镇的形成过程，自然因素、社会因素对聚落景观形态形成的作用与影响，以及基于美学对聚落形态的分析等系统性内容
吴家骅	1999年	《景观生态学：景观美学比较研究》	梳理了景观形态学的基本理论构架，对概念和体系范畴进行详细的解析，将景观设计与美学相联系构建跨学科的研究系统
俞孔坚、李迪华、韩西丽、栾博	2006年	《新农村建设规划与城市扩张的景观安全格局途径》	强调乡土景观保护的重要性，探讨了新农村景观建设中出现的共性问题
马金祥、刘杰	2010年	《乡村景观设计中的空间形态组织》	提出塑造乡村旅游景观空间的适宜性形态组织，建构乡村景观的空间特色和精神意义
刘森林	2011年	《中华聚落——村落市镇景观艺术》	系统阐述了村落景观的概念、类型、结构、形态、特征等基本理论；对村落建构系统、聚落模式以及景观构成等方面进行了理论联系实际的探讨
孙炜玮	2014年	《乡村景观营建的整体方法研究——以浙江为例》	从内容的系统性、过程的控制性、格局的生态性、利益的共生性等方面系统构建乡村景观营建的整体方法

1.4 乡村景观建设管理法规与建设实践

1.4.1 国外乡村景观建设管理法规与建设实践

欧美的发达国家在 20 世纪初就展开了乡村景观规划与设计领域的研究与实践活动，美国、荷兰、法国、德国、英国等国家均设置了完备的管理机构与相应的研究机构，对于乡村景观规划设计基本形成较系统的理论和方法体系，在乡村和乡村景观的保护与发展方面树立了标杆。在霍华德"田园城市"、道萨迪亚斯"人类聚居学"等理论影响下，欧洲即开始开展现代农村建设运动，通过环境整治与基础服务设施建设，改善农村风貌与生活环境。

荷兰在 20 世纪 20 年代颁布了《乡村土地开发法案》，该法案促使了乡村土地从早期的单一注重农业发展向户外休闲、景观保护等功能转变；20 世纪 50 年代，荷兰政府颁布《土地整理法》，明确政府在乡村治理中所遵循的各项职责和乡村发展的基本策略。在此之后通过的《空间规划法》对乡村社会的农地整理进行了详细的规定，明确乡村的每一块土地使用都必须符合法案条文。1949 年英国颁发了《1949 年国家公园与乡村通道法》，内容包括将乡村景观纳入"国家公园"之中，并以立法的形式对特殊的乡村景观和历史名胜予以保护等。由于英国对乡村景观的大力保护，也使得乡村经济有了较快的发展。20 世纪六七十年代，英国城市居民开始热衷回归乡村，为此英国颁布实施《英格兰和威尔士乡村保护法》，加大了对乡村田园景观的保护力度，支持建设乡村公园。2000 年，政府出台"英格兰乡村发展计划"，创建有活力和特色的乡村社区，鼓励乡村采取多样化的特色发展模式。德国《土地整理法》制定了对村镇整体规划的具体要求，强调在提高农业生产活动整体效率的同时，对乡村生态自然环境进行有效保护，这项法规对于德国乡村景观环境建设发展起到了巨大的推进作用。随着城镇化的持续推进，德国乡村景观的特色也出现逐渐丧失等问题。在 20 世纪 70 年代，德国的各个州制订并出台了相关的法律和法规，如《自然与环境保护法》等，加强在乡村建设中对乡村景观环境的有效保护。至此，德国乡村景观环境设计和建设工作逐步进入有序发展的轨道，各地区的乡村风貌呈现出丰富的地域特征。在亚洲，韩国于 20 世纪 70 年代展开了针对乡村的乡村景观美化行动来加速和完善乡村的建筑与景观环境发展建设，平衡了乡村土地与城市土地之间的矛盾关系，对韩国农村地区的土地保护和人与自然的和谐发展起到了非常积极的作用。日本也在 90 年代举办了"美丽的日本乡村景观竞赛"，促进了日本乡村景观的发展。这些法规的颁布和实践经验对乡村景观的规划和设计起了很大的推动作用。丹麦 1992 年开始实施的《规划法》明确指出"保证所有的规划在土地利用和配置方面综合社会利益并有利于保护自然和环境，实现包括人居条件、野生动物和植物保护等社会各方面的可持续发展"。与此同时，丹麦政府还设立了一系列空间规划相关法案，在空间规划编制程序方面也十分严谨，既尽可能地保证各方利益，也为规划实施提供了良好的基础。

发达国家相较于发展中国家来说，城镇化起步较早，其乡村景观的设计和规划程度也较高。发达国家在 20 世纪 50 年代专门设置了研究机构并开展乡村景观规划与设计实践，形成了完整的理论和方法体系。欧洲国家前期对于乡村景观的研究大多以社会经济的视角来展开，探究乡村景观的发展演变，而在 20 世纪 90 年代开始转向关于土地的综合利用层面，以此来研究欧洲地区关于乡村景观的变化，近年来主要是在实践和空间维度来探讨欧洲各国家乡村景观的过去和未来的战略发展。在亚洲地区的韩国和日本，伴随着城市化进程的急速推进，日本和韩国乡村的各种问题也相继出现。它们充分借鉴发达国家的经验，不断注重对农业和乡村景观的深入研究与规划设计建设实践，保护乡村建筑环境和特色景观，以此实现乡村的可持续发展[33]。20 世纪 70 年代的日本，兴起了一项振兴农村的活动——造町运动，造町运动对促进日本乡村经济的发展、改善衰败的农村环境起到决定性的作用，之后的20 年间又发起了"一村一品"和"日本美丽乡村景观竞赛"运动，极大地激发了农民对于乡村景观和土地的热爱及建设，并推动了乡村经济的全面发展。韩国从 1970年开始发起"新村运动"，通过修缮住房、绿化道路、改善卫生条件等措施提升农村环境，促使乡村在这场运动中得到发展，农村经济快速提高，也导致了韩国国民经济的持续稳定增长以及城乡差距的缩小[34]。

综上所述，这些国家普遍重视对乡村环境、乡村景观法律法规的编制及在其指导下的建设工作，形成了完整的理论和方法体系，设置了专门的研究机构，为推动农业与乡村景观规划、解决乡村城镇化与传统乡村景观保护之间的冲突起了积极的作用。德国的《土地法》明确了村镇的相关规划要求，有力推动了乡村景观的建设和农村生态环境的保护，使乡村面貌不断得到改善。法国颁布的《自然保育法》使乡村更新能在完善的法令控制下进行。韩国、日本在城市化高速发展的过程中，借鉴欧洲经验，注重农业或乡村景观规划与建设的研究，指导农村传统建筑与景观环境的保护与可持续发展建设。这些经验与建设案例对目前中国面临的乡村环境建设与可持续发展具有示范和借鉴作用（表 1-16）。

表 1-16　国外乡村景观的政策法规及主要内容

地区	时间	法规文件	主要内容
荷兰	1924 年	《土地重划法案》	为促进农业发展，倡导有效地改善土地利用，极大地改变了乡村地区的景观特征，形成突出农业生产的景观风貌
德国	1950 年	《土地整理法》	明确提出扩大农场规模，提高农业劳动生产率，推动乡村景观的建设和农村生态环境的改善等相关规划要求
德国	1974 年	《德国乡村景观的发展》	阐述了乡村景观中人与环境和人与文化之间的关系，这对未来乡村景观建设具有重要的实践指导作用
英国	1947 年	《城乡规划法》	制定了规划法的全新原则，确定了土地开发许可制度，中央土地委员会负责收取开发费用，这意味着私有土地开发权的国有化
英国	1949 年	《1949 年国家公园与乡村通道法》	将乡村景观纳入"国家公园"之中，并以立法的形式对特殊的乡村景观和历史名胜予以保护
日本	1957 年	《自然公园法》	对生态保护提出了法规要求
日本	1987 年	《村落地区整治建设法》	以法规形式促进乡村发展与建设管理

地区	时间	法规文件	主要内容
加拿大	1998 年	《加拿大农村协作伙伴计划》	加强对农村基础设施建设、公共事务治理以及村民就业与教育问题的解决力度。提出以协作伙伴关系的方式，提升乡村社会的活力，推动乡村建设发展
欧盟	2000 年	《欧洲景观公约》	以自然因素、人为因素及相互作用结果为特征的条约，对推动生态保护发挥了重要作用
巴西	2000 年	《自然保护区系统法令》	明确国家公园的管理制度，合理利用保护区自然资源的开发和采用，考虑当地传统群体的条件和需要
美国	1964 年	《野地法案》	强调乡村景观的重要性，制定了保护乡村景观的法令
美国	1969 年	《国家环境政策法》	确立了国家环境保护目标，实现了利用环境资源利益的最大化

　　针对古村落的研究发达国家从不同的研究领域呈多元化发展趋势，西方在旅游发展视角下注重探索乡村传统文化的原真性，思考传统文化在经济发展中的社会影响和关系；在社会学视角下研讨社区参与的重要性；在生态视角下注重在保持传统文化下的可持续发展道路；在管理视角下探讨政府参与程度范围与古村落良性发展的关系等。

　　欧美等发达国家对于建筑遗产的保护不仅得到政府部门的重视，更有来自社会的普遍关注。19 世纪的前半叶多数欧洲国家相继成立了专业机构和出台相关法律规章，培养专家与技工开展建筑遗产保护的实施工作。近些年来，随着相关学术研究的深入，各国普遍认为建筑遗产涵盖的内容不应只局限于具有历史价值、艺术价值、科学价值以及纪念意义和文化认同作用的著名宗教建筑、公共建筑及其他古文化遗址范围内，还应包括代表各种历史风格的建筑群、乡土建筑等更为广泛的内容（表 1-17）。

表 1-17　国外关于乡土建筑遗产保护的相关政策法规

时间	国际宪章、建议	主要内容
1975 年	《关于历史性小城镇保护的国际研讨会决议》	强调了对乡土建筑和历史环境保护的重要性，指出遗产保护领域内的乡土建筑要进行整体保护
1979 年	《巴拉宪章》	界定了改造和再利用的概念，强调"对某一场所进行调整时要容纳新功能"
1982 年	《关于小聚落再生的宣言》	对如何保护历史村落的文化遗产提出措施和建议。认为乡村聚落和小城镇的建筑遗产及环境是不可再生的资源
1999 年	《关于乡土建筑遗产的宪章》	认为乡土性的保护要通过维持和保存有典型特征的建筑群、村落来实现。乡土建筑、建筑群和村落的保护应尊重文化价值和传统特色

在乡村风貌和传统民居建筑保护方面，国外针对历史文化村镇保护与发展的研究进程比我国要提早很多，相关的理论与保护实践已较成熟。整体的发展历程经历萌芽、提出、发展、完善等四个阶段。法国在早期的《风景名胜地保护法》中已将村落作为重点保护对象。随后在《国际古迹保护与修复宪章》中明确指出乡村环境在文化古迹保护中的重要性。联合国教科文组织和国际古迹遗址理事会在《内罗毕建议》中指出乡村环境保护中所要保护的对象和具体内容。在 20 世纪 80 年代后期，国际古迹遗址理事会针对乡村聚落和城镇小聚落的内容进行具体的阐述。通过对各国历史聚落的保护研究、实践成果的总结，随后制定了针对历史环境保护的《华盛顿宪章》。在众多开展历史城镇、古村落保护的国家中，目前美国、英国、法国、日本等国家保护措施和政策较成熟。从建立遗产登录制度、相关保护协会的成立到资金保障的提出，各方面工作全面而具体。20 世纪 80 年代，美国为保护小城镇中的历史聚落成立"国家主要街道中心"。法国政府规定和划定的历史保护区和景观遗产保护区中大部分的区域分布在村镇中。日本通过颁布相应的保护法规对历史文化村镇的保护起到行之有效的作用。

1964 年 5 月，在威尼斯通过的《保护文物建设及历史地段的国际宪章》又称《威尼斯宪章》，在其定义中指出"历史古迹不仅包括单个建筑物，而且包括能从中找出一种独特的文明、一种有意义的发展或一个历史事件见证的城市或乡村环境"，其中"乡村环境"的提出引发国外学者开始关注历史文化村镇的保护，同时保护"较为朴实的艺术品"的提出则使更多的学者将保护的目光投向了乡土建筑遗产。到了 1987 年 10 月在华盛顿通过了《保护历史城镇与城区宪章》，又称《华盛顿宪章》，主要目的是保护历史城镇和其他历史城区，其中首次提出了保护规划的概念，要求列入各级城市和地区规划。1994 年到 2007 年，相继出台了《关于原真性的奈良文件》《保护乡土建筑遗产的宪章》《欧洲风景公约》《关于解释文化遗产地的宪章》《保护历史城市景观宣言》和《北京文件——关于东亚地区文物建筑保护与修复》等文件和公约，明确了乡土建筑的保护和修复不仅需要社区、政府、规划师、建筑师和众多学科专家的共同关注，为了在新的形势下协调保护与发展，提供新的途径，更要综合考虑文化多样性、景观完整性以及与可持续发展之间的关系，才能在这一过程中关注并实现文化遗产的原真性（表 1-18）。

表 1-18　国外传统村落与文化遗产保护相关法规政策 [35]

时间	国家	政策法规	主要内容
20 世纪 30 年代	希腊	《雅典宪章》	强调古文物建筑保护相关问题，要求在城市发展过程中应注意保护名胜古迹及古建筑
1935 年	美国	《罗伊里奇协定》	明确了要保护任何处境危险的、国家的和私人所有的不可移动纪念物
1954 年	荷兰	《武装冲突下文化财产保护公约》	探讨了如何在国际武装冲突的背景下保护和尊重文化遗产
20 世纪 60 年代	意大利	《威尼斯宪章》	保护历史遗迹的"原真性"，并且强调保护历史文物的美学价值
1972 年	法国	《保护世界文化和自然遗产公约》	公约制定了文化和自然遗产的保护措施及条款，以便突出历史文物保护的普遍性和永久性

时间	国家	政策法规	主要内容
1987 年	美国	《保护历史城镇与城区宪章》	宪章中明确了保护历史城镇和城区的原则、目标和方法，促进私人生活与社会生活的协调发展
1994 年	国际古遗址理事会	《关于原真性的奈良文件》	重新定义了文化遗产保护的"原真性"原则；将保护的范围扩展到非物质的层面
1999 年	墨西哥	《保护乡土建筑遗产的宪章》	特别指出乡土文化遗产保护工作必须由多方面的监督、组织和规划同步进行
2000 年	欧洲	《欧洲风景公约》	将"普通"景观与"特殊"景观同等对待，强调了自然或人文价值景观同等重要
2004 年	国际古遗址理事会	《关于解释文化遗产地的宪章》	特别关注了文化遗产的保护要保证其完整性和原真性
2005 年	联合国教科文组织	《保护历史城市景观宣言》	明确了历史文化景观和城市可持续发展之间的联动性
2007 年	中国	《北京文件——关于东亚地区文物建筑保护与修复》	强调了文物建筑的保护和修复手段应该具备多样性

实践研究方面，目前国外有很多在古村镇文化遗产保护和传承上值得借鉴的优秀案例。如日本岐埠县白川乡的合掌村，英国的约克小镇、斯特拉福德小镇，匈牙利的鸦石村等具有深厚历史的古村落。这些村落延续了各自的历史文化背景，并相应地提出了具有针对性的传统文化保护手段，开发传统文化资源，将乡村旅游景观与农业发展相结合，并与相关企业联合建立自然环境保护基地，使得当地文化能够得到传承。这些案例都对我国正在进行的传统村落保护与发展的建设工作具有良好的启示作用（表 1-19）。

表 1-19　国外传统村落实践研究

名称	国家	主要特色
Prairie Crossing 生态村	美国	将美学上的享受和实用性相结合，改造对土地的利用具有重要意义；希望居住在这块土地上的人们可以享受到美丽的乡村景观
斯特拉福德小镇	英国	最大限度地保护历史遗产的同时不完全排斥现代建筑与生活方式的介入，划定核心保护范围，采用类似"空间镶嵌"的发展模式适应乡村旅游开发
约克小镇	英国	在文化遗产保护和利用上，建立多方面的合作联动机制，发挥政府、民间团体和民众的共同作用，注重历史遗存与时代发展的有机结合，约克小镇是古镇保护的典范
海伊小镇	英国	小镇有着明确的保护区的范围，规划局和当地居民都有责任保护好原有的历史风貌和建筑特色，以防止在发展过程中遭到破坏
水上伯顿小镇	英国	绝大部分村落都保留了较为完整的格局，建筑结合环境进行整体保护，建筑色调有着和谐统一的基调，建筑形态保留着丰富的细节变化

名称	国家	主要特色
霍拉肖维采古村落	捷克	完整地保留了 18～19 世纪以来的本土建筑风貌，尤其对建筑群及乡村环境氛围特色进行了完整保护，是乡村环境整体性保护的典范
荷兰风车村	荷兰	保持原住居民生活的开放式乡村博物馆，是保护被工业文明破坏了的村落文化记忆和体现生活多样性的典型范例
蒙克斯戈德生态村	丹麦	运用生态设计方法，实现水及废弃物的循环利用、绿色节能交通模式、有机建筑材料的使用、社区社会交往的加强和社区管理的公众参与等
莱尔古村落	丹麦	乡村建设中强调将现代居民住宅、农场及保留的古迹做到浑然一体，突出了历史与现代的完美融合
韦亚恩乡村	德国	梳理了村庄整体环境的脉络，对耕地、历史建筑保护区建设进行统一规划，并在建设中全面保护传统村落的景观风貌
鸦石村	匈牙利	村庄首批列入世界文化遗产名录，将文化遗产进行分级，进行活态保护，提升开发价值，促进当地经济发展
英格堡小镇	瑞士	塑造具有自然属性的特色景观，并有效地融入居民活动的场所；合理地运用、保护原生态的景观元素，优化人居环境品质
明治村	日本	整个村庄是一座品味明治时代文化与生活的户外博物馆，保持了本民族的特色，将外来文化融化在本地风俗中；保护被工业文明破坏了的村落的文化记忆和多样性
足助乡	日本	修复自然农田景观，保护更新传统老街，发展民间手工艺，创建民艺博物馆等，注重保护利用乡村自然和人文景观资源发展乡村旅游产业
富良野村	日本	以农企合作模式种植和经营花卉和蔬果，挖掘本地农耕资源开发旅游项目，以此发展乡土旅游经济
合掌村	日本	保护乡村的历史文化风貌，自发形成了村落保护协会并制定保护原则，以此进行景观规划设计，使之成为展现当地风貌的民俗博物馆式的乡村
古川町小镇	日本	提出了社区营造的理念，居民成为景观环境的营造主体，参与到整个保护发展的行动中来，提升了乡村的个性与特色，成为著名的历史文化古村落保护的典范

1.4.2　中国乡村景观建设管理法规与建设实践

中国快速发展的城市化进程为城镇发展带来了繁荣，乡村逐渐成为城市居民旅游休闲的目的地。"美丽乡村"建设进一步推动了乡村生态文明和新农村建设，为全面建设宜居、宜业、宜游的新时代乡村奠定了基础，使乡村逐渐走进人们的视野，乡村旅游成为发展乡村经济的重要支柱产业。乡村景观环境建设是发展乡村旅游产业和提升乡村居民生活环境品质的重要方面，也是加快城乡一体化进程的重要组成部分。近年来我国相继出台一系列政策和法规促进乡村景观设计和建设发展工作。相关的法规政策如表 1-20 所示。

表 1-20　国内景观规划与管理相关法规政策

时间	政策法规	主要内容
1989 年	《中华人民共和国环境保护法》	提出城乡建设应当结合当地自然环境的特点，保护植被、水域和自然景观，提高农村环境保护公共服务水平，推动农村环境综合整治
2006 年	《风景名胜区管理暂行条例》	景区及外围保护地带内的各项建设，要与景观相协调，不得有建设性地破坏景观、污染环境、妨碍游览设施等现象
2007 年	《中华人民共和国城乡规划法》	提出城乡规划应当遵循城乡统筹、合理布局、先规划后建设的原则，合理利用资源，改善生态环境
2015 年	《关于落实发展新理念加快农业现代化实现全面小康目标的若干意见》	提出加强乡村生态环境和文化遗存保护，发展具有历史记忆、地域特点、民族风情的特色小镇，建设一村一品、一村一景、一村一韵的魅力村庄和宜游宜养的森林景区
2016 年	《关于组织开展国家现代农业庄园创建工作的通知》	明确提出国家现代农业庄园应具有优质的、可供休闲度假的特色自然或人文资源，基本功能齐全，基础设施完善、先进实用，各种设施的安全与卫生符合相应的国家标准
2016 年	《关于推进农村一二三产业融合发展的指导意见》	提出积极发展多种形式的农家乐，提升管理水平和服务质量，加强农村传统文化保护，合理开发农业文化遗产，建设一批具有历史、地域、民族特点的特色旅游村镇和乡村旅游示范村

　　我国对于乡村景观建设管理法规方面的建设工作是在历史文化遗产保护的体系下演变和发展的，初期多以"古镇""古村落""传统村镇"及"传统聚落"等提出保护与建设要求。在 20 世纪 90 年代开始逐步完善了建设和管理体系，乡村发展建设问题受到学术界的重视。直到 2002 年《中华人民共和国文物保护法》的出台，正式提出"历史文化村镇"的概念。具体相关的法规政策的提出和发展历程如表 1-21 所示。

表 1-21　国内历史文化遗产保护相关法规政策

时间	政策法规	主要内容
1961 年	《文物保护管理暂行条例》	提出国家保护文物的范围，公布首批全国重点文物保护单位，制定了文物保护管理制度
1963 年	《文物保护单位保护管理暂行办法》	明确文物保护单位要进行的工作和文物保护范围为安全保护区，开始重视整体环境保护
1963 年	《革命纪念建筑、历史纪念建筑、古建筑、石窟寺修缮暂行管理办法》	对革命纪念建筑、历史纪念建筑、古建筑、石窟寺的修缮工程进行分类，按照实际情况对建筑物进行修缮
1964 年	《古遗址、古墓葬调查、发掘暂行管理办法》	提出对古遗址、古墓葬进行调查、挖掘，以及对出土文物和标本等的处置作出了具体规定

时间	政策法规	主要内容
1982 年	《中华人民共和国文物保护法》	中国第一部文物保护法颁布，提出国家保护文物的范围以及针对不同类型历史文物保护工作的具体措施
2000 年	《中国文物古迹保护准则》	界定了文物古迹的定义、保护的宗旨及文物古迹价值的内涵，对现有保护理论观念进行了阐述
2003 年	《中华人民共和国文物保护法实施条例》	明确文物保护单位的事业性收入用途范围，制定文物保护的科学技术研究规划和有效措施
2005 年	《国务院关于加强文化遗产保护的通知》	充分认识保护文化遗产的重要性和紧迫性，将非物质文化遗产纳入我国文化遗产保护体系
2011 年	《中华人民共和国非物质文化遗产法》	强调对属于非物质文化遗产的保护要注重真实性、整体性和传承性

中国在乡村景观建设领域的系统性发展始于 20 世纪 80 年代，自 1978 年中央出台了《关于加快农业发展若干问题的决定（草案）》以来，我国逐渐开始对"三农"问题高度关注，强调了我国在社会主义现代化初期阶段"三农"问题所占有的重要地位。我国乡村研究从无到有，迅速发展，取得了丰硕成果，整体水平处于起步阶段。为了改善城市和乡村发展的失衡性问题，促进中国乡村的良性发展，国家明确提出了统筹城乡经济社会发展的战略思路，合理统筹城乡发展，将城市和乡村有机结合，统一协调，全面考虑，促进共同进步。党中央相继提出大力完善城镇化的健康发展体系机制，坚持走具有中国特色的新型城镇化道路，推进以人为核心的城镇化，协调推动城市和农村共同发展，城镇融合发展要以产业为支撑，并以此推动新型城镇化和新农村建设的协调发展。《国家新型城镇化规划（2014-2020 年）》强调要坚持按照自然规律和城乡空间发展差异化原则，科学规划县域及村镇体系，合理统筹安排农村基础设施建设及社会主义事业发展，建设乡村美好幸福生活家园（表 1-22）。

表 1-22　国内有关乡村发展的政策法规标准及主要内容

时间	法规文件	主要内容
1979 年	《中共中央关于加快农业发展若干问题的决定（草案）》	该决定统一了对我国农业问题的认识，提出发展农业生产力的具体政策和措施，以及明确实现农业现代化的部署工作
1986 年	《中华人民共和国土地管理法》	明确了土地的所有权和使用权，提出了土地利用的整体规划要求，加强了土地管理，坚持土地公有制不动摇
1987 年	《村民委员会组织法》	全面规定了基层自治组织与村规民约的关系，提出村民委员会是村民自我管理、自我教育、自我服务的基层群众性自治组织，促进了社会主义新农村建设

时间	法规文件	主要内容
2002 年	《中华人民共和国农村土地承包法》	提出国家实行农村土地承包经营制度，赋予农民长期而有保障的土地使用权，维护农村土地承包当事人的合法权益，并规定了发包方的权利和义务
2004 年以来	中央"1号文件"	表明了国家对"三农"工作的高度关注，强调了"三农"问题在中国社会主义现代化时期"重中之重"的地位。明确提出发展方向、目标和要求
2012 年	《少数民族特色村寨保护与发展规划纲要》	提出了关于少数民族特色村寨保护和发展的指导思想、基本原则、扶持对象和发展目标。并把民族团结的内容纳入村规民约、文明家庭和文明村民评选标准
2015 年	《关于加大改革创新力度加快农业现代化建设的若干意见》	指出要加快完善农业农村法律体系，运用法治思维和方式做好"三农"工作。同时结合实际，发挥乡规民约的积极作用，把法治建设和道德建设紧密结合起来
2018 年	《美丽乡村建设评价》	明确提出了美丽乡村建设评价的基本要求和评价指标以及评价程序，为我国美丽乡村建设评价作出了具体的规范，使乡村建设有了明确的目标

我国传统村落保护的制度从 20 世纪 80 年代颁布的《文物保护法》开始，其后出台了诸如《第一批历史文化名镇（村）评选办法》《城乡规划法》《非物质文化遗产法》《传统村落评价认定指标体系（试行）》等一系列法律法规政策，这也意味着我国不仅越来越重视传统村落的保护力度，而且对传统村落的保护范围也在逐步扩展（表 1-23）。

表 1-23 国内传统村落保护相关政策法规

时间	相关法规	主要内容
1982 年	《中华人民共和国文物保护法》	加强对文物的保护，继承中华民族优秀的历史文化遗产，明确保护的内容、原则、要求与责任
1986 年	《国务院批转建设部、文化部关于公布第二批国家历史文化名城名单报告的通知》	首次提出对一些文物古迹比较集中或能较完整地体现出某一历史时期的传统风貌和地方民族特色的镇、村寨进行保护
2002 年	《关于全国历史文化名镇（名村）申报评选工作的通知》	为更好地保护、集成和发扬我国优秀历史文化建筑遗产，弘扬民族传统和地方特色，提出了在全国分批次对历史文化名镇（名村）进行评选
2007 年	《中华人民共和国城乡规划法》	制定了实施城乡规划和规划实施的法则，强调加强城乡规划管理，协调城乡空间布局，改善人居环境，促进城乡经济社会全面协调可持续发展

时间	相关法规	主要内容
2008 年	《历史文化名城名镇名村保护条例》	加强对历史文化名城、名镇、名村的保护与管理。制定了历史文化名城、名镇、名村的申报、审批、规划、保护条例，使历史文化名镇（名村）的保护形成一套完整的体系
2009 年	《关于开展全国特色景观旅游名镇（村）示范工作的通知》	提出了发展村镇旅游，保护和利用村镇特色景观资源，推进新农村建设的指导思想，总体工作安排以及名镇申报程序等条例。从旅游的角度来全面促进名镇（村）的保护和发展
2012 年	《关于开展传统村落调查的通知》	提出对形成较早、拥有较丰富的传统资源，具有一定历史、文化、科学、艺术、社会、经济价值的传统村落应予以保护，并制定了符合调查的具体条件
2013 年	《中共中央、国务院关于加快发展现代农业，进一步增强农村发展活力的若干意见》	针对具有历史文化价值的传统村落进一步解放和发展农村社会生产力，对巩固和发展农村大好形势制定了专项规划措施
2014 年	《关于切实加强中国传统村落保护的指导意见》	在传统村落保护工作中，禁止盲目建设，过度开发，具体提出了指导思想、基本原则、主要目标及任务要求等相关措施

　　20 世纪 80 年代末，保护传统村落成为实现中国社会全面发展的重要工作内容之一。政府全面展开传统村落保护工作，将村落中的重要历史古建筑群列为全国重点文物保护单位进行重点保护。2000 年，皖南地区古村落西递和宏村分别申报成为世界文化遗产；2002 年，《中华人民共和国文物保护法》明确提出要对"保存文物特别丰富并且具有重大历史价值或者革命纪念意义的城镇、街道、村庄"进行保护，让传统聚落的保护工作首次有法可依；2003 年，政府公布了第一批"中国历史文化名镇（村）"名录，使我国"名城、名镇、名村"的梯级保护制度初步形成。在乡村景观保护发展中，强调对乡村文化乡土性、原真性及多样性的保护，强调传统村落保护和可持续发展对社会发展进程的重要意义和作用。关注传统村落在现代社会中的可持续发展问题，挖掘和发挥传统农耕文化的经济价值作用是推动乡村生存发展的根本出路。

　　在乡村景观保护和发展建设实践方面，我国有一些村镇已经率先进行了探索和实验，并得到了较好的影响和效果，为我国村镇的发展建设树立了样板（表 1-24）。

表 1-24　国内传统古村落保护与发展建设相关实践研究案例

名称	地点	主要内容
琉璃渠村	北京市	入选北京首批市级传统村落名录和第三批中国历史文化名村，素有"琉璃之乡"的美誉。村内有保存完整的明清时期古建筑等丰富的历史文化资源，发展乡村休闲旅游产业，打造成具有传统文化特色的休闲度假村庄
皇城村	山西省晋城市	充分利用传统文化遗产优势，整体规划乡村发展。1998 年开始打造"皇城相府"旅游品牌，发展乡村旅游和休闲农业，盘活已有文物资源，推动旅游产业化。先后获国家 5A 级景区、中国历史文化名村、中国传统村落等称号

名称	地点	主要内容
袁家村	陕西省咸阳市	2007年村集体投入资金，建立一座占地110亩，集娱乐、观光、休闲、餐饮于一体的关中印象体验地，主要旅游点有村史博物馆、唐保宁寺和40户农家乐等。被誉为"陕西的丽江"，被评为国家4A级旅游景区
小店河村	河南省卫辉市	整个村落为清代民居建筑群所构成，受到整体保护，是研究清代民居建筑文化和民俗文化的宝贵资源。2000年被河南省人民政府认定为重点文物保护单位。该村是中国首批传统村落，豫北地区规模最大和原有风貌最完整的清代民居建筑群
雄村	安徽省黄山市	借助自然优势与雄厚的历史文化资源，在尊重历史文化的基础上，大力保护历史文化遗迹，成为一座以教育发达、人才辈出著称的全国历史文化古村落
宏村	安徽省黄山市	最具代表性的皖南徽派民居村落，现有完好保存的明清民居建筑群，被誉为"画中的村庄"。被列入世界文化遗产名录、国家级历史文化村、5A级景区
西递村	安徽省黄山市	最具有代表性和古民居特色的乡村旅游景点，现有的明清建筑是中国徽派建筑的典型代表。被列入世界文化遗产名录、国家级历史文化村、5A级景区、全国旅游标准化示范单位
塔川村	安徽省黄山市	利用自然优势，开发旅游资源，其中木坑竹海因获得国际金奖的摄影作品《翠竹堆青》及拍摄荣获奥斯卡奖的华语巨片《卧虎藏龙》而蜚声海内外，是打造具有民俗特色的美丽乡村
唐模村	安徽省黄山市	村庄文化底蕴十分浓厚，拥有独特的人文特色和古园林特色景观，注重开发和保护历史文化资源，被游人誉为"中国水口园林第一村"美誉
呈坎村	安徽省黄山市	注重综合开发和保护村庄乡土遗产。村内古建筑群被列为国家级文物修缮样板工程及传统村落整体保护利用综合试点项目，呈坎村被称为美丽的自然风光与徽派文化艺术结合的典范
诸葛村	浙江省金华市	由陈志华教授率团队为诸葛村制定了全国第一个古村落保护规划，并制定出恢复上塘原貌的修复计划。经过保护性的开发建设，在1996年被列为全国重点文物保护单位，全国首批特色旅游名村
苍坡村	浙江省温州市	具有千年历史的苍坡古村是楠溪江畔的著名古村落之一，保留着耕读文化的古老遗存。村庄独特的古村人文风光得到较好的保护，成为中国古村落旅游产品中的经典
黄林村	浙江省瑞安市	当地拥有古建筑最多、保存最完整的村庄之一。以清代民居古建筑为主的综合文化体系，兼具古建筑村落、自然生态村落和民俗特色村落的特色
乌镇	浙江省嘉兴市	保护开发从整体规划到局部细节控制保持了江南水乡特有的风貌，运用从重点保护区域开始慢慢辐射到周边区域的开发形式，带动整个历史街区传统文化资源的保护和发展
文村	浙江省杭州市	由普利策建筑奖获得者王澍主持设计的农居群落，从规划设计到改造建设，整整花了三年。该村庄用更加符合中国传统营造的方式进行更新设计与建设，形成了传统与现代融合的乡村新风貌
马岭脚村	浙江省金华市	由吴国平团队历时三年打造的极具中国传统特色的古村落更新改造项目，对拥有悠久历史的老宅群运用传统与现代相结合的方法，经过传统与现代设计元素的有机结合，呈现出现代酒店的奢华和乡村传统桃花源般的隐逸效果

名称	地点	主要内容
东梓关村	浙江省杭州市	绿城设计团队对该村的更新改造运用了现代设计的手法，将江南建筑的诗情画意特征有机地结合在新建筑的营造中。经过两年时间设计和建造形成了新杭派民居的特色乡村
半山村	浙江省台州市	由浙江工业大学小城镇协同创新中心进行全方位规划、设计与指导营建，兼具保护与更新相结合的中国传统村落，保持了生态自然与人文传统风貌，同时进行了现代设计理念和生活方式的融入，使乡村保护性的改造建设体现出传统与现代结合的特色
嵩口镇	福建省福州市	利用地域文化资源优势，保存相对完整的历史遗迹和非物质文化遗产，以传统建筑和传统手工艺创建地域文化品牌，打造历史文化名镇
培田村	福建省龙岩市	村中居民建筑呈现出精湛的技艺，是客家建筑文化的经典之作，人称"福建民居第一村""中国南方庄园"，有"民间故宫"之美誉。由于村庄较好地保护了这些文化遗产，荣获"中国历史文化名镇（村）"的称号
洪坑村	福建省宁德市	有着丰富的历史人文资源，现有明、清时代建造规模较大的土楼，其中振成楼、福裕楼、奎聚楼于 2001 年 5 月被国务院公布为全国重点文物保护单位，成为发展乡村旅游的重要观光景点
田螺坑村	福建省漳州市	科学规划乡村发展，利用历史人文资源，保护传统民居建筑和传统民俗取得成效，2001 年 5 月被列入国家重点文物保护单位。2003 年被国家建设部授予第一批中国历史文化名村称号
寺登村	云南省大理市	"茶马古道"上的千年古村落，保留有传统的山乡古集风貌。由中国和瑞士有关机构联合实施对村内濒危建筑遗产进行抢救性保护和修复，共同完成了对该村的复兴工程。寺登村被授予第一批中国传统村落和中国美丽休闲乡村称号
鹏城村	广东省深圳市	历史悠久，人文荟萃。历史环境保护较好，文物古迹众多。当地政府对村庄进行科学规划，保护和发展并进，大力发展乡村旅游产业。2001 年被国务院公布为重点文物保护单位，2003 年被评为第一批中国历史文化名村
南社村	广东省东莞市	村内现保存大量相对完整的明清时期古建筑，是乡村发展的历史见证，也是发展乡村特色旅游文化产业的载体资源。该村荣获"全国重点文物保护单位""中国历史文化名村""广东最美丽乡村"等称号

　　我国乡村旅游最早始于 20 世纪 50 年代，1987 年《成都日报》报道了成都郫县友爱村徐家大院徐纪元接待了首批来自成都市的游客，并把这种乡村旅游形式以"农家乐"来命名，标志着我国现代意义上乡村旅游的正式开端。我国乡村旅游分为四个发展阶段，即 20 世纪 80 年代至 1997 年的初期发展阶段，1998 年至 2005 年政府推动下的快速发展阶段，2005 年底至 2012 年的规范化发展阶段和 2013 年至目前资本推动的高速发展阶段。我国关于乡村旅游的相关研究起始于 20 世纪 90 年代初期，研究内容主要以介绍国外的乡村旅游发展为主，到 90 年代末期，对乡村旅游内容的研究开始涉及管理、产品、营销和规划等诸多方面，在这一阶段对乡村旅游发展的现状、存在的问题和应对策略等方面进行了初步总结。进入 21 世纪后乡村发展受到广泛的关注，对乡村旅游的研究开始逐渐增多。

　　中国各地的乡村旅游由于起步早晚的不同，地域性资源不同，以及在社会、经济发展水平等方面也有所不同，乡村旅游的发展呈现不均衡的发展状态。我国城镇化进程速度加快，城市人口增长，乡村旅游的市场需求越来越强劲。因此，我国乡村旅游在今后相当长的一段时期仍将保持全面快速发展的局面。随着乡村旅游逐渐呈现出全域化、特色化、精品化的特点，新产品、新业态、新模式层出不穷。乡村旅游传统业态正逐渐向新业态转变，呈现出多样化、精品化、特色化、可持续化等特点。乡村建设离不开国家政策的扶持与规范。自 2004 年以来，中央 1 号文件多次关注"三农"问题。在利用乡村自然与人文资源发展乡村旅游产业方面，2016 年颁布的中央 1 号文件中首次明确提出"大力发展休闲农业和乡村旅游"，这标志着发展乡村旅游已经上升到国家战略层面。鼓励乡村旅游发展政策和法规已陆续颁布，对发展乡村旅游产业起到巨大的推动作用，我国乡村旅游发展的黄金期已经来到（表 1-25）。

表 1-25　近几年来我国发展乡村旅游的相关政策法规

时间	政策法规	主要内容
2013 年	《中共中央、国务院关于加快发展现代农业进一步增强农村发展活力的若干意见》	创造良好的政策与法律环境，采取奖励等多种措施，扶持联户经营、专业大户、家庭农场。加大专业大户、家庭农场经营者培训力度，提高他们的经营管理技能
2013 年	《国民旅游休闲纲要》	鼓励开展城市周边乡村度假，积极发展自行车旅游、体育健身旅游、自驾车旅游、医疗养生旅游、温泉冰雪旅游、游轮游艇旅游等旅游休闲产品，弘扬优秀传统文化
2013 年	《农业部国家旅游局关于继续开展全国休闲农业与乡村旅游示范县、示范点创建活动的通知》	坚持"农旅结合、以农促旅、以旅强农"方针，创新机制、强化服务、规范管理、培育品牌，形成"政府引导、社会参与、农民主体、市场运作"的乡村旅游和休闲农业的发展新格局，推动我国休闲农业与乡村旅游的健康发展
2014 年	《国务院关于促进旅游业改革发展的若干意见》	依托当地区位条件、资源特色和市场需求，挖掘文化内涵，发挥生态优势，突出乡村特点，开发一批形式多样、特色鲜明的乡村旅游产品
2015 年	《中共中央国务院关于落实发展新理念加快农业现代化实现全面小康目标的若干意见》	首次明确提出"大力发展休闲农业和乡村旅游"，完善农业产业链与农民的利益联结机制，着力构建现代农业产业体系、生产体系、经营体系，促进农村第一、第二、第三产业深度融合发展
2016 年	《关于深入推进农业供给侧结构性改革加快培育农业农村发展新动能的若干意见》	准确把握目前新阶段下农业的主要矛盾及矛盾的主要方面，积极顺应新形式新要求，调整工作重心，壮大新产业、新业态，拓展农业产业链、价值链，强调要大力发展乡村休闲旅游产业

我国落实乡土建筑的保护工作只有短短几十年的时间，对乡土建筑的保护经历了由点及面的过程，从最初只关注建筑单体扩大到乡村聚落，从单纯地关注建筑形式扩展到功能内涵、聚落形态等。但关于乡土建筑环境更新的学术研究和理论实践还处于相对滞后的状态。20 世纪 80 年代从我国第三批全国重点文物保护单位名单中，

首次出现乡土建筑到第四批全国重点文物保护单位中出现了一些传统乡村聚落，其后价值极高的乡土建筑不断涌现在第五批、第六批的文保单位名单中[36]，体现我国对乡土建筑保护的高度重视。20世纪90年代以前，我国对列入文物保护单位的乡土建筑采取单一的保护形式，一般采取博物馆式的保护模式，但随着认识的提高、研究的深入，对乡土建筑的研究视角也从局部转向整体，不再局限于建筑本身，开始关注对乡村聚落整体环境的保护和再利用。

针对乡土建筑景观环境保护与更新的研究可追溯到20世纪30年代，营造学社开始对西南地区传统民居进行调查，这标志着我国针对乡土建筑的研究正式开始。乡土建筑的系统性研究起始于刘志平先生和刘敦桢先生为领军人物对川、滇等地传统民居进行的科研工作。1944年，梁思成先生编写的《中国建筑史》中也用分区研究的方法对晚期传统民居进行了梳理。20世纪50年代刘敦桢先生所著的《中国住宅概说》一书中，论述了我国传统民居的发展历程，罗列了主要的民居类型[37]。60年代国内学者开始全国范围内的传统民居调查，内容涵盖民居结构、形制以及装饰艺术等，对乡土民居进行了较为系统的梳理。到了80年代，各大高校建筑专业的师生对我国乡土建筑开展了一系列实地调研工作，有效地推进了我国乡土建筑的研究与保护工作，使更多的人逐渐认识到乡土建筑存在的重要性，也逐渐关注起乡土建筑物质载体外的乡土文化内涵、人文社会环境以及建筑与自然历史环境的关系等方面内容。到了20世纪90年代，研究范围由建筑单体扩大到一个区域，标志着乡土建筑研究提升至新的阶段。2005年12月，《国务院关于加强乡土建筑保护的通知》第一次将乡土建筑遗产保护纳入国家政府保护行为，第一次将乡土建筑遗产纳入全国普查工作中，2008年国务院实施了《历史文化名城名镇名村保护条例》，把历史文化村镇和乡土建筑遗产的保护管理纳入法制轨道（表1-26）。

表1-26　我国关于乡土建筑遗产保护的相关政策法规

时间	政策法规	主要内容
2005年	《关于加强文化遗产保护的通知》	明确提出把保护优秀的乡土建筑等文化遗产作为乡镇发展战略的重要内容
2005年	《中共中央国务院关于推进社会主义新农村建设的若干意见》	进一步提出要保护有历史文化价值的古村落和古民宅
2013年	《村庄整治规划编制办法》	提出在乡土建筑保护方面，以采取保护性整治的形式为主，要求保留独特性的村落空间布局结构、传统的民居建筑风貌以及丰富有特色的建筑结构、材料，尽最大限度做好传统历史文化的传承和延续

当前，在乡村振兴战略的推动下，全国范围的美丽乡村建设，在发展乡村旅游产业中，对乡土建筑环境保护与更新，以及再利用是最有效的方式之一。国内对乡土建筑环境的保护更新与再利用还处在探索发展过程中，还没有形成一整套系统的理论体系和方法，仍需要在实践中探索和总结经验。

浙江省作为我国新农村发展建设的先行区，在全域范围内推进美丽乡村建设，结合不同村庄的资源条件，进行各具特色的乡村建设发展的实践。浙江省在乡村振兴战略的引领下，在"美丽乡村"新农村建设中勇于探索和实践，在乡村景观建设方面出台了一系列的指导性文件，《中共浙江省委关于建设美丽浙江创造美好生活的决定（2014-2020）》进一步强调要积极推进美丽中国建设在浙江省的实践，加快各项生态文明制度建设，努力走向社会主义生态文明新时代，做出关于建设美丽浙江、创造美好生活的决定;《中共浙江省委、浙江省人民政府关于全面推进社会主义新农村建设的决定》从战略和全局的高度要求深刻认识全面推进社会主义新农村建设的重大意义，要把农业、农村和农民问题放在核心位置，切实将社会主义新农村的各项建设任务着力落实，全面推进现代化建设和小康社会在农村的实现。在建设实践中乡村产业由单一产业（农业）向第二、第三产业发展，形成以现代农业为主的乡村发展模式、以工商业为支柱产业的乡村发展模式、以生态保护为主的乡村发展模式和以旅游文化产业为主的乡村发展模式等多种发展模式。广大农村因地制宜建立有机更新、可持续发展的乡村设计与建设体系，不断探索适合各自发展方向的乡村环境建设实践。浙江省还下发了《加强村庄规划设计和农房设计工作的若干意见》，并出台了《浙江省村庄规划编制导则》与《浙江省村庄设计导则》等政策文件。《浙江省村庄规划编制导则》要求依据镇（乡）域村庄布点规划并结合村庄实际，明确村庄产业发展要求，确定村庄发展目标、发展规模与发展方向，合理布局各类用地，完善公共服务设施与基础设施，落实自然生态资源和历史文化遗产保护、防灾减灾等具体安排，加强景观风貌特色控制与村庄设计引导;《浙江省村庄设计导则》则涵盖总体设计、建筑设计、环境设计、生态设计及村庄基础设施设计五个层面。

在总体设计层面，要求尊重自然、顺应自然，充分考虑当地的山形水势和风俗文化，积极利用村庄的自然地形地貌和历史文化资源，塑造富有乡土特色的村庄风貌。让村庄融入大自然，让村民望得见山、看得见水、记得住乡愁。而在环境设计层面要求以人为本、生态优先，兼顾经济性和景观效果，突出浙江乡村风貌，建设人与自然和谐的生态家园。延续原有乡村风貌;兼顾经济与美观，节能环保;优先使用乡土材料及旧材料的更新利用。村庄整体环境应适应当地的地形地貌，反映出不同的地域特色;注重人文景观的保护，传承地方文脉。为了改善城市和乡村发展的失衡性问题，促进中国乡村的良性发展，响应国家明确提出的统筹城乡经济社会发展的战略思路，我国各地方政府相继出台了一系列政策与技术标准，旨在促进乡村保护和建设（表 1-27）。

表 1-27　我国关于美丽乡村和振兴发展的地方性相关政策法规

时间	政策法规	主要内容
2007 年	《云南省村庄规划编制办法（试行）》	提出编制村庄规划，应当以科学发展观为指导，坚持城乡统筹原则，并规定了云南省村庄规划编制的具体内容，提高村庄规划质量
2012 年	《浙江省历史文化名城名镇名村保护条例》	提出了浙江省加强历史文化名城、街区、名镇、名村的保护与管理办法，明确了浙江省各级政府保护古村落的工作以及申报历史文化名城的条件
2012 年	《安徽省森林村庄建设技术导则》	规定了安徽省森林村庄的规划设计等技术要点，提出村庄绿化的主要目的是改善村庄环境，建立健全村庄生态保护体系，保障村庄生态安全，同时提高村庄土地利用效率，发展林业产业
2012 年	《安徽省美好乡村建设规划（2012-2020 年）》	明确了安徽省美丽乡村建设的主要任务是完善基本乡村公共服务及支农服务功能，配置各项基本公共服务和基础设施，吸引人口向中心村集聚

时间	政策法规	主要内容
2014 年	浙江省《美丽乡村建设规范》	制定美丽乡村建设的地方标准，规定村庄建设生态环境、经济发展、社会事业发展、精神文明建设等常态化建设管理等方面的要求
2014 年	《中共云南省委 云南省人民政府关于推进美丽乡村建设的若干意见》	提出了云南省推进美丽乡村建设指导思想、主要目标和基本原则，并明确了其重点任务，进一步改善农村人居环境，推进美丽乡村建设
2015 年	《浙江省人民政府办公厅关于进一步加强村庄规划设计和农房设计工作的若干意见》	提出要建立健全具有浙江特色的"村庄布点规划—村庄规划（设计）—农房设计"规划设计层级体系。围绕村庄规划的实施落地开展村庄设计，按照村庄设计确定的风貌特色要求进行农房设计
2015 年	《浙江省村庄规划编制导则》	指出了浙江省镇（乡）域村庄布点规划的主要任务、规划内容和成果要求，提出了村庄规划要遵循"完善体系、突出重点，增强实用、分类指导，简洁易行、便于操作"的指导思想
2015 年	《浙江省村庄设计导则》	明确了浙江省村庄的建筑、环境与生态、村庄基础设施等设计的具体规定，规范了营造乡村风貌，彰显乡村特色等浙江省乡村设计工作的具体要求
2016 年	《浙江省人民政府办公厅关于加强传统村落保护发展的指导意见》	提出全面加强传统村落文化遗产保护，合理利用，适度开发，努力实现传统村落活态保护、活态传承、活态发展的指导思想。明确了浙江省古村落保护的重点任务和措施
2017 年	贵州省《乡村建设规划许可实施办法》	针对新型农业经营主体、乡村公共设施、公益事业和民宅建设，加强乡村建设规划管理，规范乡村建设规划许可证申办程序
2018 年	浙江省《全面实施乡村振兴战略 高水平推进农业农村现代化行动计划（2018-2022）》	提出实施新时代美丽乡村建设行动，强化乡村规划设计引领和村庄特色风貌引导，全域提升农村人居环境质量，加快农村基础设施提档升级，全面打造人与自然和谐共生新格局，系统推进农村生态保护和修复
2018 年	《上海市农村人居环境整治实施方案（2018-2020 年）》	实施"两个美"工程，提升村容村貌水平，引导村民修补残墙断壁，形成优美整洁的村宅面貌，营造田园乡土气息，体现乡情乡韵。加强对村民建房风貌的引导和管控，彰显传统建筑文化元素和时代特色
2018 年	《安徽省国土资源厅关于服务乡村振兴战略的若干意见》	提出因地制宜编制村土地利用规划，统筹村庄建设、产业发展、基础设施建设、生态保护等用地需求，编制村土地利用规划，细化土地用途管制，助推美丽乡村建设
2018 年	《江苏省乡村振兴战略实施规划（2018-2022 年）》	实施美丽宜居乡村建设工程。强化规划引领，统筹城乡发展和农村生产生活生态，推进特色田园乡村建设，提升乡村风貌，持续改善和提升乡村人居环境

时间	政策法规	主要内容
2018 年	《浙江省乡村振兴战略规划（2018-2022 年）》	提出四步走阶段，以城乡融合发展为主线，以新时代美丽乡村建设为目标，努力率先实现农业农村现代化，跻身国际先进水平，打造现代版"富春山居图"
2019 年	《农业农村部广东省人民政府共同推进广东乡村振兴战略实施 2019 年度工作要点》	提出推进农村人居环境整治，全省所有行政村完成环境基础整治任务。加快补齐基础设施和公共服务短板，推进完成乡镇和建制村"畅返不畅"路段整治和连接农场、林场、现代农业产业园区、旅游景点的农村公路改造
2019 年	中共福建省委福建省人民政府印发《关于坚持农业农村优先发展做好"三农"工作的实施意见》	提升乡村规划建设水平，强化乡村生态资源环境保护，严守生态保护红线，启动建设生态保护红线监管体系，构建人与自然和谐共生的美丽乡村
2019 年	《福建省住房和城乡建设厅关于做好 2019 年美丽乡村及特色景观带建设有关事项的通知》	强调美丽乡村建设要突出农房整治、农村公厕新建改造、农村生活垃圾治理、农村生活污水治理四项工作重点，并同步推进村庄房前屋后及杆线整治，补助资金
2019 年	海南省《乡村民宿管理办法》	规范了乡村民宿经营行为，提高管理和服务水平，维护经营和消费者合法权益，促进乡村民宿业的健康持续发展

2 乡村景观设计原理

2.1 乡村景观设计特征

2.1.1 地域性

乡村景观的地域性是受乡村所在地的自然和人文资源因素影响形成的特有的乡村景观风貌。在乡村景观设计中需针对所在地域的自然与人文特点、地方材料与技术以及居民特点，针对性地呈现当地特有的景观形态与风格特征。

2.1.2 乡土性

乡村景观作为乡村聚落自然与人文的载体，是具有历史以及发展方向的有机生命体。乡土性在中国尤显重要，因为它深刻反映着源于漫长的农耕社会中形成的乡土社会及所建立的乡土关系。因此在乡村景观设计中需要考虑融入这种自然与人文有机结合的历史脉络与发展轨迹的乡土性。

2.1.3 社会性

乡村是村民们进行各种社会活动的场所，因此在乡村景观设计中要考虑空间领域的社会化因素，形成一些有益于构成社会交往的空间场所，使得村民的社会行为发生时，能产生明显的集体感、归属感、安全感等社会性的心理作用。

2.1.4 实用性

传统乡村景观的形成并非是当地居民刻意为之的，其产生与发展的推动力都与乡村聚落居民的实际需求息息相关。乡村景观营造的一个重要依据，即是否满足村民生活与生产的需要。这种需要不仅包含了生活和生产两个方面的需求，同时也包含了由此形成的人的生活习惯与精神文化等方面的实用性需求的相关内容。

2.1.5 审美性

审美体验是现代乡村景观营造提升的重要内容，对美的感知是一个综合的体验过程，审美引导着人对乡村的感受与理解。在进行乡村景观设计时，需要思考如何建设具有"审美意味"的乡村，如何营造具有审美意味的形式，通过感知与体验向人们展现乡村的本质与内涵，通过审美体验为人们所认知、感受和领悟。

2.2 乡村景观设计要素

构成乡村景观设计的四大要素：空间要素、功能要素、文化要素、生态要素。

2.2.1 空间要素

乡村景观的空间是由物质要素限定而成，需要通过人的感知而认知其存在，空间要素可以承载人们的日常生活行为，使得人在其中产生印象与情感。空间又是由形式和功能、意识和精神构成。空间的形式由"点""线""面"的结构元素组成丰富的空间形态。

乡村景观空间要素中的"点"指形态独立集中、规模较小的单体或空间节点，如古树、古桥、古井、古亭、石碑、古塔和牌楼，以及一栋独立的老房子、院落、菜园等，"点"能产生强烈的视觉张力和向心力，增强空间中乡村景观的标志性呈现效果，在乡村景观空间整合中构成认知与丰富乡土景观的整体面貌。

乡村景观空间要素中的"线"指形态连续、狭长的带状形态和空间，承担着按一定属性路径串联、组合各个景观"点"元素的作用。如沿着聚落建筑、植物林地、庄稼地、溪流河边、山脚等形成的边界、道路等线性空间。边界将连片建筑组成村落，农林作物连接成大片耕地和林地，呈现出乡村中的线性景观，又可以围合形成不同类型的开放空间。

乡村景观空间要素中的"面"指多个"点"形态聚集的组合性形态空间，具有体现规模性、整体性景观的作用。如连续性建筑立面形成的侧界面，空间的底界面形成的地面、屋面、水面等具有一定范围、规模、体量的面状景观组合形态体。乡村景观中的"面"空间是村民用于生产和生活的场所，构成乡村田野和居住村落的生产与生活行为的载体空间，它是乡村最具有代表性的空间要素。

我国幅员辽阔，各地的资源不尽相同，土质和田野类型各异，存在丰富的材质与形式，地区间不同的地理气候，以及生产生活的风俗传统等地方差异，都会使乡村中的空间要素呈现出千姿百态多样化的特征，由此也必将产生丰富的乡村景观面貌。

2.2.2 功能要素

乡村景观的功能要素主要指空间要素范围内所承载的功用性内容，也就是乡村景观具有的能力和作用，以及产生的效能。乡村景观的功能分为两类，一类是以使用功能为主要目的的景观，这类景观载体的使用功能是通过一定模式的行为，实现通过功能所实现的目的，如乡村里的建筑、宅院、街巷、道路、古桥等，这些构筑物和场所是构成乡村功能性要素景观的主要方面；第二类是以审美功能为主要目的的景观，这类景观元素载体是通过对自然景观和人文景观的欣赏与品味，实现满足人的精神感觉、主观意识有关的功能目的。在乡村景观设计与营建中具有承载人的审美观赏行为的作用，如乡村的水塘、花园、菜园、田野、丛林、江河、山野等场所是构成乡村审美性要素景观的主要方面。

具有使用功能的乡村景观建设是乡村发展建设的基础和基本要求，新农村建设就是要以提高乡村居民生活品质为目标，缩小城乡差别，通过现代理念和科学技术成果运用在乡村建设中，努力建设具有现代生活水准的新时代美丽乡村，使生活在乡村的人同样能够享受到当代科学技术发展带给人们在生活方面的便利和品质。

具有审美功能的乡村景观建设是乡村发展到高级阶段的目标和追求。在乡村振兴战略和美丽乡村建设的目标引领下，乡村景观建设需站在环境美学的基础之上，依托自然与人文双重条件塑造乡村景观才会体现出乡村景观的审美价值。具有审美功能的景观建设一方面提升乡村生活的品位；另一方面从发展乡村旅游产业的角度，创造具有审美价值的乡村景观，满足乡村旅游者的审美体验，使他们从乡村景观中去了解和认知农耕文化、农业文明，感受和体验乡村地域性的独特美感和魅力。我国的环境美学家陈望衡曾指出："环境美可以分成宜居、利居和乐居三个层次，宜居重在生存，利居重在发展，而乐居重文化品位、重环境魅力、重生活品质、重情感归依。"[38] 具有审美功能的乡村景观建设正是乡村向追求文化品位方向发展的重要步骤。

2.2.3　文化要素

乡村景观的文化要素主要是指村落居民的日常行为与节日活动，以及与之相关联的历史文化传承。文化要素的外在表现主要体现在反映村民精神生活世界的民风民俗、宗教信仰、风水观念等方面。文化要素决定了乡村景观的"气质"，对物质性的乡村景观形态起到了十分重要的影响作用。

对乡村景观的文化要素的认识与理解，有助于在营建乡村景观的建设过程中不被乡村聚落中物质化的表象所迷惑，而使之深入当地人的精神文化世界，捕捉到乡村文化的本质，使所营建的乡村景观贴合乡村实际，符合当地文化背景。文化要素主要包括乡村的民俗文化、礼教文化、宗教文化、风水文化等。

民俗文化作为一种世代相传的文化现象，能够体现村民与生产和生活的密切关系，民俗文化又会对人的生活行为进行规范和约束。中国传统社会的社会基础是农耕生产，这就使得中国传统社会自上而下形成了以农耕生产为核心的一系列传统民俗，逐渐成为中国传统民俗文化的重要组成部分。此外，中国传统民俗还涉及日常生活的方方面面。婚嫁、丧葬、建房、祭祖等，均发展成了具有中国特色且相对稳定的民风民俗。中国幅员辽阔，横跨多种自然地理风貌，居住在这片广袤土地上的民族多达五十六个之多，这也使得中国的民俗文化呈现出纷繁复杂、种类各异、各具特色的现象。

礼教文化意为礼仪教化，是中国传统文化的重要组成部分。礼教文化源于儒家思想的兴起，儒家思想讲究人伦，它是对于人与人之间长幼尊卑的等级关系的体现，由此产生忠、孝、节、义等体现中华民族美德的文化传统。中国的乡村由于社会发展相对滞后的原因，村落居民往往对这种传统的礼教文化有着不同于城市居民的体悟，礼教文化在我国广大乡村保持得更加完整和系统。

宗教文化在乡村景观中的影响主要体现在村民的信仰活动和村落建筑群中的宗教建筑方面。目前中国的村落保存有大量的各具特色的宗教性建筑，这为村落乡土景观增添了一份别样的风采。这些宗教性建筑包括普遍存在的佛教、道教的庙宇、道观，在信仰伊斯兰教的地区存在的清真寺，以及为数不多的天主教、基督教的教堂、礼拜堂等。目前宗教信仰在中国的农村里占有一席之地，主要体现在对自然的崇拜和对祖先的崇拜。在少数民族地区，仍存在着图腾崇拜。

风水文化是村民在长时间对自然进行观察、选择、改造的过程中，对于居住环境从实用、健康、安全的需求目的出发考量，逐渐发展为对人的心理、精神层面上需要的满足与要求的把控。风水文化实质上是人与自然关系的协调与适应。长期以来乡村在村落选址、建房造院的实践中，总结出了一套系统性的适应自然的方法与思想，这就是风水学说的源起。由此我们可以看出，风水学说的产生与发展，与农耕时代生产力水平较低、自给自足的小农经济形态有着密切的联系，也成为乡村文化要素的有机组成部分。

2.2.4　生态要素

自然生态是乡村景观的基础与大背景。人类适应自然，改造自然，因地制宜，就地取材，形成了乡村景观的基本形态，使得各地区的乡土景观呈现出显著的地方性特点。影响乡村景观的自然生态要素主要是地理形态、气候、水系、植物等。

地理形态是构成乡村景观最基本的要素之一，它们决定了景观的规模与面貌。我国幅员辽阔，南北方、东西部地理形态差异巨大，有复杂多样的地形，造就了千姿百态的乡村地理形态；气候差异是影响各地乡村景观差异性的另一项重要因素。中国拥有多个气候带，分别是热带、亚热带、暖温带、中温带、寒温带和高原气候带。不同气候带内的气温、降水、风力等条件差异巨大，导致了处在不同气候带中的人们形成了截然不同的生产生活方式，同时也造成体现气候影响下形态各异的乡村景观形态；水是乡村景观的灵魂。我国水资源和水系景观形态丰富，多姿多彩，主要存在以下几种类型：河流、湖泊、池塘、瀑布、湿地、温泉等。村落选址通常会靠近水域，方便农业生产与日常生活。在缺少水资源的地区，会通过人工挖掘形成的蓄水塘、灌溉渠、坎儿井等水利设施。无论是自然形成还是人工挖掘的水系，均会为乡村景观带来或宁静、或活泼、或充满生活气息的景观氛围；乡土植物因不同的气候、土壤条件使植物生长的种类、形态各异。乡土植物不仅仅指自然界中自然生长的植物，也包括了人为种植的经济作物、用以美化村落景观的植被。因此，乡土植物不仅仅是乡土景观的背景与陪衬，更有其实际的经济价值，甚至很多种植在历史古村中的古树，因为其历史悠久、保护得当，成为乡村中的景观标志，见证村庄发展的历史。

2.3 乡村景观设计原则

2.3.1 以人为本原则

乡村景观是展现乡村生产生活的景观，人是乡村景观中最为关键的主体。从使用者的角度来考量乡村景观的设计与营建，首先要考虑村民的使用需要与心理需要。在满足使用需要方面，要对村落整体的空间结构层次、景观的布局、交通流线的组织有整体性的把握，以满足村民对生产生活的需要；在满足心理需要方面，要尊重当地的传统历史文化，吸收、发展、弘扬其中优秀的部分，在文化层面上通过乡土景观重塑乡村的乡土意境，强化村落的地域特征，突出村落的可识别性，增强村民对本村落的认同感与归属感。

2.3.2 生态优先原则

自然生态环境是孕育乡村的摇篮，乡村聚落与自然生态环境的联系紧密，这决定了乡村的乡土景观设计与营建必须遵循生态系统的平衡和自然资源的再生循环规律。乡土景观是乡村的生长点，坚持生态规律优先、生态资本优先和生态效益优先的基本原则，保护自然生态环境作为营建乡土景观最重要的方法与内容。生态优先具有基础性、前提性地位，它是引领乡村景观环境建设活动健康发展的重要前提。遵循生态系统的平衡和自然资源的再生循环规律。作为人类生存发展直接支撑系统的水圈、大气圈、土壤圈、生物圈具有不断自我平衡和自然进化的地球生态系统的自循环作用，乡村景观的设计与营造正是要顺应这种自然生态的规律。

2.3.3 因地制宜原则

因地制宜是在营建乡土景观的过程中根据各地的具体情况，制定适宜当地的景观设计与营建办法。中国乡村自然环境与人文环境的多样性，决定了在营建乡土景观的过程中必须要遵循因地制宜的原则，对不同地域的村落采取不同的设计方案。这样才能确保乡土景观保有明确的地域特征与可识别性。强调因地制宜不仅体现在不同地域之间的景观差异，在同一地域内，也应当根据对象的实际情况予以区别对待。乡土景观归根结底是植根于乡村聚落而产生的一种居住性景观，将乡村景观与设计对象的生态环境、历史文化遗产、经济发展方式、居民生活方式有机地结合起来，以达到避免出现千村一面现象，乡土景观与村落居民和谐共存的目的。

2.3.4 设计引领原则

设计引领是针对乡村景观长远发展而提出的一个重要营建原则。设计引领包括两方面内容，一是针对乡村发展进行长远规划与顶层设计，用规划蓝图规范和引导乡村景观建设的方向，使建设工作有目标，有方向、有步骤地有序开展建设实施工作；二是发挥设计在乡村景观建设中对村民的引领作用，村民作为乡村的主体，对当地的自然环境、人文历史背景、居民需求的了解都有着深刻的认识与基本诉求，发自内心地希望世代生活的村庄建设得更加美好。这就要求设计师以专业的水准和要求引导村民参与到乡村景观营建过程中来，逐步提高村民对当地风土人情的审美认知，提升村民对保护历史文化遗产的责任感，加强村民对乡土景观营造相关知识与技术的理解，要促使村民不仅作为乡村景观的使用者，更能成为乡村景观的创造者，提高村民对乡土景观的认识高度，使村民具有参与乡土景观建设与维护的能力和积极性，使乡村景观在之后的使用过程中，得到保护、延续并有机更新与发展。

2.4 乡村景观设计的三种基本类型

2.4.1 保护型乡村景观设计

乡村景观设计是以乡村景观为对象的设计实践活动。保护型乡村景观设计主要是针对具有悠久历史和乡村历史风貌保护良好的传统村落的景观设计。传统村落是指在漫长的村落发展中形成具有较高的历史、文化、科学、艺术、社会、经济价值等拥有物质形态和非物质形态文化遗产的村落。

传统村落承载着中华传统文化的精华，是农耕文明不可再生的文化遗产。结合住房和城乡建设部印发的《传统村落评价认定指标体系（试行）》(建村 [2012]125 号)，我国启动了对全国传统村落进行全方位的调查，截止到 2019 年现已公布了 5 批次传统村落保护名录，已有 6819 个传统村落被纳入保护范畴内。《传统村落评价认定指标体系（试行）》的运用，建立与完善了传统村落的档案信息，为传统村落的保护、传承与更新工作提供了更为科学的依据，传统村落保护与建设工作已在全国各地有序地展开。

保护性建设工作的开展，要严格按照《住房城乡建设部文化部国家文物局关于做好中国传统村落保护项目实施工作的意见》逐步做好规划实施准备，挂牌保护文化遗产；严格执行乡村建设规划许可制度；确定驻村专家和村级联络员；建立本地传统建筑工匠队伍；稳妥开展传统建筑保护修缮；加强公共设施和公共环境整治项目管控；严格控制旅游和商业开发项目；建立专家巡查督导机制；探索多渠道、多类型的支持措施；完善组织和人员保障；加强项目实施的检查与监督等方面的工作。以此作为保护型乡村景观设计的基础，防止出现盲目建设、过度开发、改造失当等修建性破坏现象，积极稳妥推进中国传统村落保护项目的实施。保护型乡村的景观设计要根据保护发展规划确定的乡村传统格局、建筑风格、外观形象、建筑材料、色彩等要求进行景观保护设计与建设工作。对重要节点和传统建筑的修缮改造方案要严格把控，传统建筑的修缮应采用传统工艺并由传统建筑工匠承担，传统民居的外观改造要运用传统工艺、使用乡土材料，要保持村落整体景观节点的传统风貌[39]。

2.4.2 资源型乡村景观设计

资源型乡村景观设计包括对具有开发利用潜力的乡村自然与人文资源进行景观营造的设计，也包括对运用具有地域性特征的乡村材料进行景观营造的设计两大方面。资源型乡村景观建设强调对乡村具有的山地、水体、林地、田园、建筑、历史和民俗等自然与人文资源条件的再认识与深入挖掘，突出创新意识，结合乡村旅游发展建设高品质景观环境。

第一，挖掘乡村自然与人文资源开发建设的景观环境设计。在开发利用自然资源的景观设计与建设方面，要在"两山"理论指导下，遵循"绿水青山就是金山银山"的价值理念，深入挖掘乡村未被有效利用的自然景观资源进行开发建设，打造有益于发展乡村旅游产业的景观环境；在开发利用人文资源的景观设计与建设方面，挖掘乡村文化遗产资源中的景观价值。人文景观由此产生的环境效益、社会效益和经济效益，对发展乡村旅游经济和传播乡村文化将发挥积极的作用。在资源型乡村景观设计与建设中要坚持资源开发与环境保护相协调，防止过度开发造成对环境的破坏；自然与人文资源开发利用有机结合，形成优势互补、协调发展的格局，强调景观营造遵循可持续发展的乡村建设与发展道路。

第二，运用地域性材料进行景观设计与营造。我国幅员辽阔，自然与人文资源丰富，乡村的发展建设与当地的资源有着密不可分的联系。充分挖掘和利用当地材料资源进行乡村景观设计与建设是设计师运用的重要方法。乡土植物、当地出产的石头、木材等乡土建材是地域特色和文化的记载，积淀了深厚的文化底蕴，具有鲜明的地域特征。不同地区都有其盛产的地方材料及相应的使用方式，从而形成各地域不同特色的乡土景观风貌。乡土材料蕴涵当地的文化意义和地域精神，最能创造地域特色景观，使景观设计作品更显特色。因地制宜，采用当地材料激活地域文化信息。利用当地材料可以降低成本，节约经费，同时也能凸显个性和地域特色，独具风采，从而营造浓郁的乡土气息。在乡村景观氛的营造上，使得景观融入乡村大环境之中，更好地体现景观与乡村环境的和谐关系。

2.4.3 更新型乡村景观设计

更新型乡村景观主要体现在两个方面：

第一，是再利用性的乡村景观设计与建设。再利用是循环经济的重要理念与内容，在乡村景观设计与建设中主要指对乡村中废弃的建筑空间、建筑材料和对当地特有的建设原材料，在乡村设计与建设中进行有效利用和废物再生利用。更新与再利用这种类型的乡村建设占大多数，是普遍应用的乡村景观设计方法与营造建设的内容。随着社会的发展，乡村遗留许多废弃的房屋、院落、农具、场地、建筑和农用材料等，对这些废弃资源的有效利用是现代乡村建设的重要方面，也是营造有特色乡村景观的有效方法和手段。这一类型主要针对非传统村落型的乡村景观设计与建设，着重挖掘出乡村有价值的自然与人文资源特色，将这些有农耕文化特质的村落文化遗产结合现代设计理念与方法，努力打造具有乡村文化韵味和现代生活品质的乡村景观环境。

第二，是更新性的乡村景观设计与建设。更新就是除旧布新，更加强调乡村建设的时代性和创新性。在乡村景观设计与营造中运用现代的景观设计手法重构乡村景观，彰显时代感而又不失地域乡村文化特色，是一种创新的景观营造手段。通过对特定乡村的环境、空间进行色彩、形状、肌理的不同组合运用，使设计师的设计想象力体现出景观设计的文化和内涵，运用现代科学技术促使乡村景观设计的创新和发展，满足现代乡村对未来发展的追求与渴望。随着乡村的蓬勃发展，近年来围绕现代乡村景观设计的思考和实践受到越来越多的关注，与时代发展相统一的乡村建设在景观设计中显得尤为重要。当不同区域运用雷同的标准化手段，构筑出千篇一律的乡村景观，人们对此望而生厌时，具有地方乡土特色和时代气息的乡村设计方法和建设目标成为时代发展的趋势和引领当代乡村建设的方向。

更新型乡村景观设计的核心是充分发挥设计者的创造力，利用人类已有的相关科技成果在新的乡村景观建设中进行创新构思，设计出具有科学性、创造性、新颖性及实用性的新型乡村景观，体现新时代的乡村文化和乡村生活方式，营造与时代发展同步、满足新时代乡村人们的物质与文化需求的新型乡村环境。

2.5 乡村景观活态传承的理念与方法

2.5.1 乡村景观活态传承的理念

在乡村景观保护与发展建设的过程中，倡导对乡村传统文化"活态传承"的理念与方法，尤其对传统村落保护与整体性的可持续发展将会起到积极的促进作用。传统村落"活态"的传承方式相对于"静态"的传承方式具有本质上的区别。活态传承的外延在当下可以进一步深化与拓宽，我们可以将"活态传承"从广义和狭义两个方面进行理解和认识。狭义的"活态传承"是指在非物质文化遗产生成发展的环境当中以传人人的方式进行保护和传承，强调非物质文化与文化技艺传承人的关系，使非物质文化遗产得以传承与发扬光大 [40]；广义上的"活态传承"是指在人类发展的不同阶段，以满足人的生产生活需求为目的，在与时俱进理念的指导下，对文化遗产运用保护与可持续发展的传承方式。广义上的活态传承可以是针对物质与非物质两方面的文化遗产的融合性传承，具有整体性、有机性、动态性、时代性的特质，强调在物质与非物质领域的深度和广度上拓展活态传承的内涵和方式，打破单一形式的界限。

2.5.2 乡村景观活态传承的方法

乡村景观的活态传承可以从宏观、中观和微观三个方面认识与理解，以此深化和推进传统村落的保护向可持续发展建设的目标迈进。

（1）宏观层面的活态传承

运用村庄规划设计的方法将具有物质文化属性的地形地貌形态、村落肌理形态、河湖水系形态、农田植物形态、景观视廊形态等宏观层面的传统村落景观形态领域，与具有非物质文化属性的自然观、宗教、艺术、哲学等精神文化相互联系与作用，构成宏观层面的有机整体，实现乡村传统文化的活态传承。

（2）中观层面的活态传承

运用对村庄建筑风貌保护、街巷活力复兴、场所环境体验等专项设计方法将具有物质文化属性的民居建筑形态、街路骨架形态、空间场所形态等中观层面的传统村落景观形态领域，与具有非物质属性的自然观、文化习俗、传统技艺、实践经验等精神文化相互联系与作用，构成中观层面的有机整体，实现乡村传统文化的活态传承。

（3）微观层面的活态传承

运用对乡村传统器物的保护、更新与再利用的设计方法结合民宿生活文化活动，将具有物质属性的人居场所中的家具、农具、工艺品等生活器物和装饰纹样形态等微观层面的传统村落景观形态领域，与具有非物质属性的生活方式、技艺方法、礼仪活动、实践经验等精神文化相互联系与作用，构成微观层面的有机整体，实现乡村传统文化的活态传承。

以上三个层面的乡村景观活态传承的有机构成具有共同体的特征，体现出物质形态与精神文化的一体性和关联性，所以传统村落的景观保护与发展，不只是外在物质形态的保护和延续，更是由表及里整体性保护的发展。乡村景观作为农耕文明宝贵的文化资源和传统文化的重要组成部分，要以整体性保护与发展建设为切入点。在保护与发展方面要秉承有机融合、活态传承发展的原则与规律，充分认识保持景观形态原真性的生命基因是可持续发展的基础。从宏观、中观和微观三方面入手进行整体性的活态传承保护与发展建设，整合乡村物质与非物质文化传统资源，系统性地保护具有乡土特色的景观形态特征与文化风貌，在乡村经济发展与产业转型升级中能够创造新时代的价值。

2.6 乡村景观特色营造的三种路径

2.6.1 营造乡土意境

营造乡土意境就是注重发挥乡村传统文化元素价值的作用。乡土意境是由乡土环境中的各种自然要素和人文要素所共同作用而形成的场所氛围与景象，带给人们一种具有诗情画意般的视觉与心理的感受与体验。乡村聚落经过长时间的历史发展，形成了一系列具有地方特色的民俗文化，这些民俗文化是当地居民生产、生活方式的积淀。随着社会的发展和进步，乡村居民的生产、生活方式发生了巨大的转变，随之也产生了民俗文化逐渐被新文化和外来文化代替和被当地人所遗忘的现象。伴随着乡村发展对追求文化传承和向高品质建设的新要求，在营建乡土景观的过程中，强调尊重保护村落优秀的传统民俗生活文化，注重发展乡村传统文化价值的作用，注重营造乡村独特的民俗文化氛围与意境，将具有地方韵味的生产生活方式和场景

乡村景观设计

作为文化遗产继承和发扬光大的重要内容，在乡村建设发展中尊重和保护这些宝贵的民俗文化，将其传承和有机融合在新农村建设的景观营建中，以此弘扬优秀的乡村特色传统，提升乡村文化品质。

2.6.2　融合乡土资源

融合乡土资源就是强调因地制宜合理协调人与自然的生态关系。营建乡村景观的乡土资源主要包括地形地貌、水系和植物。乡村的地形地貌是决定村落空间形态、生活质量的一个重要影响因素。乡村景观营造强调适应地形的变化，满足村落发展的需要，最低限度改变地形地貌；满足村民日常生产、生活和村落发展需要，以合理利用自然条件为前提，对地形地貌进行必要的完善；充分挖掘原有地形地貌的潜力与特点，强化给人带来的心理感受。

水是传统村落的灵魂，为满足乡村发展的需要，从实用性的角度来考量，利用好乡村原有的生活水系，保持乡土水系的生机，做符合生态规律的水系梳理。水的流动特性，在景观中起着引导、串联各个景观空间的作用。连续的水域空间，在乡土景观的营建中起到增强空间连续性的重要作用，将会为乡土景观带来生机与活力。

乡土植物群落在原生环境有着高度的稳定性，是乡土传统延续至今的纽带和重要元素。乡土植物具有显著的地域性，是体现乡土景观特色与差异的标志。植物对本地自然环境有着极强的适应性，使得乡土植物有着便于获取且养护成本较低的特点。注重乡土植物的配置是乡土景观营建中展现地域特色的重要内容和手段。在配置乡土植物的过程中，应当遵循模拟自然群落生长方式的栽种形式，合理搭配乔木、灌木、草地，采用自然式的种植方法，营造质朴的乡村生活气质和地域性特色景观。

2.6.3　运用乡土材料

乡土材料的使用对于乡村景观空间和乡土景观意境营造，以及协调乡土景观与自然生态环境的关系具有不可替代的作用。乡村景观建设倡导就地取材与有机更新，在传统乡村聚落环境中，石、土、草、竹子、木材等自然原生材料的运用已有悠久的历史，这些材料来自于自然，又能回归于自然，不会给自然生态环境造成破坏，还具有价格低廉和易于获取的特点。乡土材料运用得恰当同样可以获得现代、时尚、高雅的品质。比照现代材料的规整、光滑与精致，乡土材料粗糙与朴拙的质感更能营造出充满田园气质、乡土韵味的时尚景观风貌。在乡村景观营建的过程中，对乡土材料的使用主要遵循两条原则：一是就地取材，营造乡土景观气质。可以根据不同村落的当地实际资源情况，挖掘本土常见的植物、石料、泥土等作为主要材料，通过当地本土加工与建造技术对景观构筑物进行施工制作。以这种方式营造的乡土景观，不会因材料而与周边自然生态环境产生割裂感，有利于凸显地方特色，营造出地方风貌与村落自然资源相融合的乡土景观气质。二是有机更新，恢复村落原有风貌。目前我国大量乡村建设普遍都存在现代材料滥用的现象，导致了村容村貌与周边自然环境严重脱节的问题。运用乡土材料与现代材料相结合的方式进行有机更新，营造和保护乡村聚落特有的风貌。

乡村特色景观如果能够从理念上和方法上按照营造乡土意境、融合乡土资源和运用乡土材料三方面开展对乡村景观的保护利用和发展建设工作，我们的乡村将会营造出与自然生态和谐共生的乡土景观风貌。

2.7 乡村景观形态保护与发展建设的三个层面

乡村景观形态是自然形态和人文形态的复合体，作为人类聚居环境的基本背景，本质上是自然和人文相融合的有机体。景观形态强调综合体现村落外在的形式和内在的文化特征。外在的形态由景观元素构成，内在文化特征由形成乡村逻辑关系和人文情感构成，通过理性、感性和形象思维的有机活动将景观形态呈现出来，反映了景观形态从视觉现象到文化本质的相互联系，呈现出乡村景观形态的有机秩序。基于中国传统村落评价认定指标体系和传统村落保护发展规划编制基本要求中，强调以景观形态作为乡村整体性保护与发展建设的切入点，构建全方位的景观形态保护与发展思路，建立宏观、中观、微观三个层面的景观形态保护与发展建设实施体系。

2.7.1 宏观层面

乡村宏观层面的景观形态与村落选址有密切关系，村落在营建形成过程中强调与自然的有机融合，顺应山水地形，形成丰富多变的村落风貌形态。反映出不同地理环境因素的影响和作用，由此产生了具有突出地域性特色的乡村风貌。村落整体风貌与景观形态保护，主要包括：地形地貌形态、村落肌理形态、河湖水系形态、农田植物形态、景观视廊形态等内容。我国乡村的人居环境大多融合在自然山水之中，体现了人与自然和谐关系的文化特征。与自然环境相融合的村落选址与布局具有内在的逻辑与情感特质，建造中遵循了整体性、有机性、多样性原则，符合自然与生态伦理的规律。针对乡村宏观层面的景观形态保护发展规划设计与建设，不能只从关注外在的形式入手，更要由表及里地结合外在和内在两方面的生成关系，进行感性与理性相结合的分析研究，制定保护村落传统格局与整体风貌的发展规划，以此实施建设工作。

2.7.2 中观层面

乡村中观层面的景观形态与村落所在地的自然资源条件同样密不可分，不同地区的气候、地貌、土壤、植被、河流等自然条件不尽相同，必然形成各具风貌特色的景观形态，表现出与自然相结合的特征。村落各类构筑物的风貌与景观形态保护，主要包括：民居建筑形态、街路骨架形态、空间场所形态等与人居生活环境密切相关的乡村聚落形态内容。其中，尤其在民居建筑形态方面体现得极为突出。中观层面的景观形态营建强调以宜居为原则，因地制宜，就地取材，满足人的生活与传统审美需求，形成以顺应自然为主旨的建设观念和方法。

2.7.3　微观层面

乡村人居生活器物与式样的保护主要是人居行为场所中的家具、农具、工艺品等生活器物和装饰纹样形态。乡村中这些与人的生活劳动密切联系的小尺度、实用性的器物和传统装饰，具有丰富多彩的物体形态和式样，是维系乡村文化活态传承的基础，他们是人们在一定的生产和生活过程中形成对所居住环境适应性的体现，并作用于人的行为方式，潜移默化地影响着乡村景观形态的产生，这些生活器物实现人与人、人与物之间的情感交流。人是乡村生活的主体，乡村文化的传承在于人与村落的一体性，人的行为构成乡村文化延续的核心。微观层面的景观形态保护与发展建设，重要的是将器物与生活文化有机结合，把相关的器物与场所联系在一起，使生活器物的形态与装饰在乡村生活中得到传承和保护。

2.8　乡村景观设计项目实施

科学有序的设计项目实施是完成乡村景观建设工程的基础，虽然不同乡村的基础和条件会形成不一样的设计方案与操作方法，乡村景观设计项目实施的基本流程与内容概括为：项目策划→项目任务→项目设计→项目监制四大方面工作。

2.8.1　项目策划

项目策划是在村镇上位规划和乡村发展建设目标任务的基础上进行具体建设项目实施的第一步工作。在深入实地考察调研的基础上，充分考虑乡村发展中重点解决的问题以及村民意愿，再在此基础上探讨如何发掘、利用、保护乡村自然与人文特色资源，确定可实施的、接地气的和有创意的乡村景观设计目标。根据乡村所具有的区域资源环境、产业发展基础，结合地域文化、生态环境等基础条件，明确乡村总体定位、发展路径、风貌主题，构建乡村特色风貌的景观体系。

设计定位需立足区域发展、城乡统筹发展的视角，整合村庄、生态、文化、产业、景观等多种要素，保护乡村生态环境，传承历史文化，促进乡村产业融合，提升公共服务设施及环境基础设施建设水平，提高乡村人居环境品质，促进乡村可持续发展。全面挖掘村庄价值与特色，探索乡村传统建筑有机更新模式，建设可持续发展型的新型乡村，促进村庄更新转型与健康发展。针对地方特点，确定乡村发展路径、定位、目标和主题。运用有机更新和可持续发展的理念，突出以村庄发展为核心，以提升村民生活品质为目的，推动村庄的建设发展。经过系统研究形成指导乡村规划、项目设计的策划报告，为规划和设计单位完成规划和设计方案，明确目标、任务和具体要求。

2.8.2　项目任务

项目任务通常以文本形成《任务书》，主要作用是作为招标文件编制和提供给设计单位，明确设计任务要求。项目设计任务书可委托工程咨询单位或由建设单位主管部门组织专业人员进行编制。《任务书》是对项目设计策划工作要点，通过系统地分析得出的决策性文件，是建设单位阐述开发建设目标与规划设计工作方向的主要信息传递手段，更是指导设计师进行项目设计的主要依据。

乡村景观设计项目的设计任务书是在前期策划和可行性研究报告的基础上形成的，应全面准确地反映策划结论的主要信息点，进一步对设计提出系统性、超前性和可行性的要求，由此形成乡村景观设计遵循的指导性文件。《任务书》对工程项目设计提出具体的目标和要求，为设计提供准确的建设条件，以及相应的有关规定和必要的设计参数。设计者在充分理解设计任务书内容的前提下进行方案设计工作。

设计项目任务书中应包括如下主要内容：

（1）提供项目设计的依据和目的，要求方案设计内容应满足上位规划和相关专业规范的要求，以及政府部门的有关规定和管理要求，尤其要明确具体文件的名称和相关信息；

（2）明确项目名称、建设地点、项目概述、项目设计的内容、设计标准、总投资和工期，以及对方案设计提出明确的设计目标、预期效果等要求；

（3）设计项目的用地情况，包括建设用地范围的地形、场地内原有建筑物、构筑物，要求保留的树木及文物古迹的拆除和保留情况等。还应说明场地周围道路及建筑等环境情况；

（4）工程所在地区的气象、地理条件、建设场地的工程地质条件；场地水、电、气等能源供应情况，公共设施和交通运输条件，以及用地、环保、卫生、消防、人防、抗震等要求和依据资料等；

（5）通过文字和图纸的方式为设计单位提供方案设计的内外条件，以及有关规定和必要的设计参数，主要包括：场地的 CAD 地形图、改造建筑的 CAD 图等基础性图纸资料；

（6）设计成果应充分考虑未来项目建成后的管理需求，如建材选择及构造设计应便于维修的要求，以及现代智能化管理便利性的要求等；

（7）鼓励设计单位在满足设计要求的前提下，发挥能动性，力争做到设计创新，技术创新，赋予方案较高的文化价值和技术含量，提升建设项目的附加值等适当超前的设计要求；

（8）设计对未来可持续发展可能引起建设调整的预先考虑，以及建设项目分期开发建设的远期要求等。

总之，《任务书》要对设计工作和成果完成提供必要的前提条件和提出具体的目标要求，使设计成果符合和满足后续建设工作的技术指标要求。设计任务书编制完成后，建设单位应首先组织专业技术和决策人员审查，通过后即可向上级主管部门报批。

2.8.3　项目设计

根据上位规划的系统性建设要求，进行设计项目分类，完成各项目的设计任务书的拟定，明确具体设计要求和设计任务与目标。在此基础上形成设计委托或设计招标的文本。

乡村景观项目设计一般涉及以下 10 个方面：

（1）乡村视觉传达系统设计（乡村 VI）；

（2）乡村环境中的公共设施系统设计；

（3）乡村入口景观环境提升与改造设计；

（4）乡村文化礼堂与游客中心环境设计；

（5）乡村植物景观系统设计；

（6）乡村水景观系统设计；

（7）乡村街巷道路与照明系统景观设计；

（8）乡村公共活动场所景观设计；

（9）乡村历史建筑风貌保护与再利用设计；

（10）乡村建筑与院落更新设计。

乡村景观具体建设项目的设计工作分为方案设计、施工图设计两大部分。

方案设计是设计单位按照设计任务书和设计招标文件要求完成的设计成果，在乡村设计中包括方案成果文件和扩初设计成果文件。方案设计用于建设单位直观理解设计方案的具体内容。扩初设计是方案设计的深化，是施工图阶段的设计依据和基础条件。

方案设计的成果文件包括：分析图、设计意向图、平面图、立面图、透视图、效果图、设计说明等，一般采取方案汇报会的形式由设计单位向建设单位以 PPT 汇报和图版展示的方式介绍设计方案成果，建设单位可以提出建设性意见，设计单位进一步进行修改完善设计方案；方案设计中的扩初设计成果文件包括：标注尺寸、材料、工艺等具体设计要求的总平面图、功能分区图、道路交通与铺装图、植物配置图、单体平面图、立面图、剖面图、节点大样图等，用于施工图设计阶段工作的深化设计依据。

施工图设计是设计单位按照确定的方案设计成果进行的深化设计，包括标注具体构造尺寸、工艺、材料的建筑或景观施工详图、定位图、竖向设计图、节点构造图等，配套专业的结构工程图、配电工程图、给水排水工程图、植物配置详图等，各专业的施工设计图用于满足工程预算和指导工程建设施工。

乡村景观建设的方案和施工图是设计工作的两大阶段工作，可以由一家设计单位承担，也可分别由两家设计单位完成，不同设计项目要通过不同的操作方式完成设计工作。

2.8.4　项目监制

项目监制是对乡村建设项目在建设过程中的监督和控制，主要包括两方面的工作：一是设计指导；二是建设监理。

设计指导是由设计师参与建设工作，完成对建设项目效果的过程指导。为保证工程达到设计要求，一般建设单位要聘请参加设计工作的设计师进行建设项目的指导工作，对建设实施过程中的效果进行把控，尤其在材料、色彩、质感、工艺和完成效果等方面给予专业性的意见。另外，在施工建设过程中还有许多现场问题是设计图中无法预料和表达的，需要设计师进行现场处理，对这些问题的及时和有效处理是保证建设项目质量和品质的重要工作。

建设监理是受建设单位的委托，由监理公司承担建设项目管理工作，并代表建设单位对施工单位的建设行为进行监控的专业化服务。监理部门受建设单位的委托，依据有关工程建设的法律、法规、项目批准文件、监理合同及其他工程建设合同，对工程建设实施的投资、工程质量和建设工期进行控制的监督管理。主要是在工程施工安全质量控制、工程造价控制、施工进度控制以及工程合同管理和工程信息管理等方面，协调工程建设相关各方的关系，使建设项目能够安全、高效、顺利地圆满完成。

3 乡村景观专项设计

3.1 乡村地形设计

3.1.1 乡村地形的基本概念与特征

乡村地形是指该村域地表局部结构呈现出高低起伏的各种状态。村庄建筑与街巷随地形变化，形成地势形态走向和地貌整体特征。乡村在形成过程中，先民们依据当地特有的自然资源条件，遵循人与自然环境相和谐的文化理念，大多采取顺应地形地貌的方式建造出丰富多样、各具特色的乡村形态。在村落选址过程中，因为社会生产力有限，人们往往会依据地形而做出变化调整，形成能够满足农耕生产和生活的村落环境。地理环境是地域风貌形成的条件，地形地貌是决定乡村空间形态、生活质量的一个重要影响因素。随着生产力水平的发展，使得土木技术和建筑工具有了长足的进步，人类对于环境的改造能力不断提高，为建立定居点提供了更多的可能性。

3.1.2 乡村地形设计的原则

随着乡村的建设与发展，为满足生产和生活的需求，针对乡村地形地貌的设计与改造项目逐渐增多。既要保护村落原有肌理，又要满足新时期乡村发展建设的新需求，要以可持续发展为前提，遵从以下原则：

（1）满足村落发展的需要最低限度改变地形地貌

村落在最初的选址上一般都是出于对当时环境条件与生活水平的考虑，形成具有明显的地域性与时代性的乡村形态特征。随着时代发展村民对生活水平提出新的要求，在改善村落环境，满足村民日常生产、生活和村落发展需要的前提下，应当以合理利用自然条件为前提，遵循最低限度的改造原则，避免粗暴的大拆大建，保持原有地形地貌的特征，尽量继承村庄的历史脉络，延续原有空间肌理，对地形地貌进行适度的改变。

（2）通过设计强化原有地形地貌给人带来的心理感受

乡村聚落原有的地形通常是遵循着人性化尺度建造，给人带来舒适、宁静、安定等心理感受。在对原有地形地貌加以适当改造的同时，不仅不能破坏原有地形，还应该通过景观设计来强化原有地貌，展现乡土地形特色。例如，对高于地面的部分通过培土增高和种植高大乔木来强调其凸起的效果；又如，对低于地表凹陷的部分通过挖土、种植低矮灌木来缓和其走势，增强平缓的效果。对建筑空间布置、交通空间组织合理结合地形竖向设计，因地制宜、随形就势，以自然地形为骨架，适当改造，在突出风貌的同时减少土方工程量和对生态的破坏。对不同功能区块可结合原有地形的变化进行有序梳理，一些不同高差的地块内部边界可以不同形式的挡土墙的方式加以强化，既增加空间美感，也有利于保持场地水土与形态风貌。

3.1.3 乡村地形设计的内容与方法

由于地球内外营力作用对地球表层产生影响，塑造了地表千姿万态的自然界形态，形成丰富的地形地貌。我国幅员辽阔，按照地形地貌的特点，乡村选址和建设主要涉及平原地区、丘陵山区和水网滨水地区等。

（1）平原地区村落地形设计

平原地区一般海拔200米以下，等高线稀疏，地势平缓，沉积物深厚。平原地区村庄主要特征是坐落于相对平坦的自然环境中，地面开阔起伏较小，一些地势低平地区，河网纵横，村庄形态更加丰富多变。平原地区乡村的地形设计具有较大的可控性，主要通过院落与街巷的合理布局设计形成村庄形态肌理关系。合理安排建筑、院落与街巷的有机组合，形成由街巷构成多样化的村落空间形态布局，满足现代村民的生产和生活需求。村庄形态的丰富与多样性将会带给村民和游客多样化的感受和体验。

平原地区村庄地形设计主要通过平面布置，重点从合理安排不同用地性质的空间布局角度，有效满足生产、生活用地的功能需求。从保护生态、传承文化、方便生产、丰富生活、美化环境等角度进行村庄优化与改良设计，充分结合新功能与原有地形地貌、道路街巷、院落建筑、植物水体等乡村元素的和谐关系，营造丰富多变的村庄空间形态脉络，为村民提供多样化的生产、居住与活动空间。

（2）丘陵山区村落地形设计

丘陵是陆地上起伏和缓、连绵不断的低矮山丘，海拔500米以下，相对高度小于100米，丘陵的等高线较为和缓，由连绵不断的低矮山丘组成地面崎岖不平、坡度较缓的地形。山地是指海拔500米以上的高地，相对高度大于100米，等高线密集。山地起伏很大，坡度陡峻，沟谷幽深，形成高差相对悬殊的地形地貌。丘陵山区村落的主要特征是村庄坐落于高低错落的山丘环境中，地貌类型复杂多样，境内山峦起伏、沟壑纵横交错，形成不同高差变化的村落地形变化。

丘陵山区村落的地形设计重点是处理好地形高差，通过等高线的平行布局、垂直布局以及组合布局进行优化和改善高差变化给乡村生产生活带来的不利影响，重新梳理与定位功能空间的大小、前后、高低，通过合理布局和有效组织，实现村庄使用空间与地形特色形态的有机融合，建设满足山区村民生产和生活需求的现代山区环境。平行于等高线的布局设计将建筑和道路沿等高线变化方向与位置，与山势紧密呼应，形成多变的曲线布局形态；垂直于等高线的布局设计将建筑和道路跨越等高线，随坡就势，采用叠加式布局方式，追求村庄形态的竖向高差变化，形成多变、多层次的村庄空间布局形态。丘陵山区村庄地形设计要遵循保护自然环境、减灾防灾、减少工程土方量、节约建设成本等原则，一般不改变原有的地形地貌，避免由此引发自然灾害和次生灾害。

（3）水岸、水乡村落地形设计

由水决定村庄布局与形态特征的乡村包括水岸边村庄，如坐落于河边、江边、湖边和海边的村庄，还包括平原地区水网发达的水乡。这些与水紧密联系的乡村在生产生活方面与平原和山区乡村具有完全不同的生活方式以及生活空间环境，滨水乡村的聚落空间格局特征主要体现在曲折蜿蜒的水岸，使水与建筑构成多种多样的空间形式，村庄空间更富有情趣，人与水环境处于相互作用的生态系统之中。

水岸村落主要是依附在江河湖海边的滨水渔村，位于水岸线上，多依山傍水、腹地狭小、靠山面水，居高临下，视野开阔。村庄的建筑、石路、沙滩、怪石和树木花草，构成水岸村落独特的地形地貌特点。

水乡村落由江南地区为代表的温暖环境、低平的地势、充沛的降水等自然环境条件造就了平原、江河、湖泊、星罗棋布的水网等多种水体类型。水乡地形比较平坦，地表面河流多，水网稠密，水路交错纵横，植被四季常绿，形成小桥、流水、人家的景色。水乡居民的生产生活依赖着水，这种自然的环境和功能的需要，塑造了极富韵味的江南水乡民居的风貌与特色。

传统水乡以水道为轴心，两侧建造高低大小建筑，形成主流和支流交错的水系空间与街巷空间，融合出独特的复合空间形态，形成有河无街、一河一街和一河双街的水路与陆路结合的水乡村落空间。水乡聚落以散点与簇群状沿河道分布，形成以河为主轴，分布连接着建筑、街巷、院落、廊桥等元素的空间结构形态。通过水道宽度、街巷宽度、建筑密度等体现丰富的空间形态特征。

水网系统岸边的村庄地形设计要充分结合水系的自然条件，进行有序梳理与打造满足现代村民生产和生活的空间环境。有效处理好水与生态、水与建筑、水与道路、水与绿化、水与产业和水与人活动之间的形态与空间关系，发挥滨水的特色与优势。运用景观生态学的研究体系将自然资源与人工建设相结合，使水网的形态、走向、密度适合当代乡村生产和生活的需求。在优化与改造中要充分尊重自然规律，形成水乡与水岸村落的建设与发展呈现宛自天开的乡村水景观形态。

水岸、水乡村落的地形设计，一般不适宜进行大规模的改建，慎重地实施对原有场地空间、地形、植被的改造，以及对池塘、水渠、堤坝、河道、码头、大小桥梁等乡村滨水要素的处理。应该以保护原有生态平衡为主，遵循自然规律，呈现大自然最本质的景象。水是水乡和水岸村落环境的母体，因水而生，因水而发展，因水而具有独特的乡村形态。从满足生产和生活的需求出发，滨水乡村聚落优化与更新要始终秉承中国传统的天人合一的生态思想，因地制宜，崇尚自然之形。努力坚持保护性开发，合理利用土地资源，使自然景观和人文景观达到高度和谐。

3.2 乡村铺装设计

3.2.1 乡村铺装的基本概念与特征

乡村铺装是指针对村庄的内部道路运用天然或人工制作的硬质铺地材料对路面进行铺设。现代乡村道路分为满足车行功能的道路和满足步行功能的道路，车行道铺装主要是水泥路面、沥青路面。步行路铺装主要是石板路、卵石路、碎石路、沙土路和彩砖路等。乡村道路铺装属于基本建设工程，要按照相关工程建设要求进行建设与管理。

乡村车行道铺装要依据乡村所在地理位置的气候条件选择适宜的铺装材料。混凝土材料的路面通常称为水泥路面，具有强度高、稳定性好、耐久性好、养护费用低的特点，但接缝较多，养护修复困难。沥青路面，具有表面平整无接缝、行车振动小、养护维修简便等特点，但沥青材料温度稳定性差，冬季易脆裂，夏季易软化。目前乡村的车行道普遍采用这两种铺装方式。乡村步行路传统的铺装方式多为石材铺路，依据当地的资源就地取材，如青石板、河卵石、片石、碎石等，用不同大小和厚度的石料铺成，石材具有自然古朴、坚固耐用的特点，是乡村传统的铺装材料。

3.2.2 乡村铺装设计的原则

在现代乡村更新与建设中，无论是车行还是步行道路的疏通与整治都是乡村建设的重要内容，修老路和建新路是推进乡村建设发展的首要任务。道路铺装的景观效果与工程质量直接反映出乡村建设的质量水平与品质高低，道路建设作为公共基础建设也是村民们关注的重点项目。高标准的铺装设计与工程要遵从以下原则：

（1）遵循绿色设计理念，强调保护自然生态，充分利用当地资源。

铺装设计与材料的选择以节约资源和保护环境为宗旨，强调绿色生态与可持发展的理念。在材料的选择中，均考虑资源的合理使用和处置，尽量采用天然材料。遵循"因地制宜、就地取材"的方针，节约能源与资源，充分利用当地材料，降低运输材料所需的能耗，利用当地容易获得的本土建设材料铺装街巷道路。

（2）关注乡村文化传承，保护传统街巷风貌，注重地域特色打造。

乡村道路伴随着村庄发展，也见证着村庄成长的足迹，街巷传统铺装可以反映乡村的岁月与时光，这是地域文化表现的物质载体。不同地区的村庄都有各自的传统铺装用材和手法，形成特有的样式与道路景观风貌。乡村铺装设计要强调铺装材料与形式的原真性和乡土性，要能够与当地景观有机地融为一体，将村庄传统的地面铺装形式延续到现代街巷建设的系统之中，使传统与现代做到有机融合，实现对乡村传统风貌的传承。

（3）强调乡村街巷不搞过度铺装，要与乡村景观风貌的整体性相平衡。

村庄中大大小小的街巷串联起服务于村民生产和生活的大小空间，乡村铺装依据不同的街巷功能运用不同的铺装材料与铺装工艺，使街道铺装与街道使用功能相匹配。街巷改造与更新中不宜选用复杂的装饰图形和造价过高的铺装材料进行与原有风貌不和谐的过度铺装与装饰，铺装强调与原有乡村环境相协调。铺装的经济性体现在选用当地材料和选用可再利用的材料。利用废砖、瓦石材料，一方面能够丰富观感，另一方面可废物利用，减少工程造价，达到两全其美的效果。倡导因地制宜，街巷铺装与乡村整体风貌相互平衡与和谐一致。

3.2.3 乡村铺装设计的内容与方法

铺装的设计方案与施工质量对乡村景观的整体效果起着重要的影响作用。乡村铺装设计与工程的流程及要点包括：铺装位置的确定和铺装主题的拟定；铺装空间的划分和铺装平面结构与形式的设计；铺装材料的选择与铺设工艺方法的确定；施工组织准备和工程实施等环节。传统与现代的铺装式样丰富多彩，使用材料五花八门，铺装方式灵活多变，体现出传统与现代工匠的聪明才智与创造力，形成乡村街巷鲜明的形象特征与乡村生活文化品位。

铺装设计要结合道路的具体功能，进行铺装形式的创意构想与建造方法的选定。一般性的村庄街巷地面铺装形式以简朴为主，不提倡繁复的纹样。设计时要注意图案纹样的形式感，还要注意与用材合理的搭配。可以通过对铺装材料的材质、组合、尺度、体量、色彩、质感、纹样、分割和韵律等方面的控制，获得街巷功能与形式的统一，体现出不同功能街巷与铺装组合形式的适宜度。地面铺装是乡村街巷景观的一部分，不同区域要运用有针对性的设计方案，采用传统或现代的铺装材料进行施工建造。对老街巷的更新整治，要尽可能保持街巷铺装的原始样式与风格。石板路、泥结碎石路及乱石路都是比较典型的乡土巷道形式，能够体现乡村街巷的传统风貌，适当保留和恢复一些具有历史感的路段，有助于呈现乡村的历史沧桑感。

道路铺装样式还要结合具体的铺装材料，铺装材料分为自然材料、合成材料、回收利用材料。主要包括：天然石材、木材、砂、黏土、卵石、混凝土、金属、玻璃、陶瓷砖、瓦、塑胶、人造石材、竹质复合材料以及塑木等。目前石板和透水砖作为常用的铺装材料，还配合有碎石、碎砖、瓦片、卵石、防腐木、塑木板，以及炉渣、缸片等废旧材料。铺装材料的变化能够起到空间界定的作用，便于空间的划分与组织。材料的选择根据场地功能来确定，乡村铺装材料强调运用乡土材料为主，卵石、青石板、砌石、砂石都是比较常见的乡土铺装材料。可以在一些休闲路段搭配少量的木质铺地，能够丰富场地和路面的体验效果，特别是在亲水空间，运用适合户外使用的防腐木或者塑木板铺装，可以使道路和场地铺装变化多样。

在乡村更新与改造中，一些新建区域可以使用现代绿色环保新型铺装材料。透水砖又称荷兰砖，是近些年城市户外环境建设中普遍使用的新材料。这种铺装材料采用水泥、砂、矿渣、粉煤灰等环保材料，整砖为一次性压缩而成，经高温烧制形成上下一致不分层的同质砖，具有高强度、高质感、抗耐磨、不褪色、保持地面的透水性、抗寒防滑等特点。这种新型铺装地砖外表光滑，边角清晰，线条整齐；颜色多样，色泽自然，易于与四周环境相协调；形状各异，自然美观，易于组合造型；透水性好，防滑功能强，使用寿命长，维护成本低，易于更换，便于路面下管线埋设。另外，透水砖表面无龟裂和脱层现象，耐磨性好，挤压后不出现表面脱落，不易破裂，抗压抗折强度高，适合高负重环境使用。在乡村街巷铺装工程中，可以依据具体环境选用现代铺装材料进行设计和街巷的铺装，体现时代性和现代感。

3.3 乡村构筑物设计

3.3.1 乡村构筑物的基本概念与特征

构筑物是指房屋以外的建筑物，乡村构筑物特指农村房屋建筑以外的亭台、塔架、廊桥、遮阳棚、雨棚、围栏、挡墙、大门、标志架，以及较大体量的雕塑性物件等人工建造物，这些构筑物具有功能性，同时又具有景观性，有的还具有标识性和地标性作用，是乡村景观构成的重要元素。乡村构筑物是为了满足乡村生活需要，利用设计规则和方法，并运用一定的物质技术手段，以及文化理念和美学法则等创造的人工建造物。

乡村构筑物一般都具有一定的功能作用和装饰作用。乡村环境建设中的街道、广场等户外开放场所，常常需要通过建造各类景观构筑物满足人们在场所的功能需求，完善和建设场所中的构筑物对塑造乡村空间环境的秩序感和场所精神具有重要作用。这些构筑物为乡村公共场所人们驻留与交流提供了物质载体条件，以此建立起人与环境的关系。乡村环境中的构筑物具有功能相对单一、构造简单、类型丰富、造型灵活、形式多样等方面的基本特征。构筑物成为环境中不可缺少的一部分，共同组成了乡村景观环境的整体。景观构筑物与建筑一样可以反映出乡村的文化特色与精神面貌，体现乡村建设的品质与水平。

3.3.2 乡村构筑物设计的原则

乡村环境更新建设中的构筑物建设是在村庄规划的基础上，依据整体环境的营造要求有计划地设置。这项建设工作通常是在已有的乡村环境中，为满足人们新的生产生活需求，增添不同功能的构筑物。新增加的构筑物除了在功能上满足使用要求，还要在形式和风貌上与原有的乡村和谐统一，在设计与建造上就需要遵循乡村构筑物设计与建设的基本原则。

（1）构筑物与乡村原有建筑风貌相统一，与乡村的整体风格相和谐

乡村景观环境中的构筑物应如同乡村建筑一样呈现出地域性风貌特征，与周边乡土景观环境相互协调，改建与新建的构筑物在设计上要融入地域文化元素，提炼村庄特色文化符号植入到景观构筑物设计中。以此唤起人们对乡土景观环境原真性的认同感，实现传统村落地域文化景观的可持续发展。乡村特色形式符号的提取与风貌的把握，可以从乡村建筑的风格形式中提取。建筑构造和构件节点，以及装饰纹样都是体现建筑风貌的基本元素，要善于从中找到建筑中的某些元素和符号语言融入构筑物的形式中，形成乡村建筑与构筑物以及其他景观元素在村庄环境营造中的统一格调与风貌。

（2）强调综合运用传统与现代结合的技术方法与材料建造乡村构筑物

无论是具有保护性的传统村落还是普通的村落，伴随着乡村发展都将面临进行乡村更新改造的建设工作，在建设观念与方法上倡导传统与现代的交织与融合。当下一些传统的材料与方法很难实现复杂构筑物的建造，以及很难满足现代人的审美与使用需求。针对需要进行风貌保护的村落，构筑物的建造依据具体的乡村保护性和村庄景观氛围营造的要求，可以设计建造与传统村落风貌一致的构筑物，与乡村的整体风格和谐统一。对没有风貌保护要求的乡村的构筑物建造，可以选用现代的技术和材料，展现出造型简洁、现代时尚的风貌，为乡村环境注入时代的气息。由于乡村环境具有自然古朴的特点，通常在乡村景观环境的建设中更多采用传统与现代相结合的手法，使传统中渗透着时尚感，现代中蕴含着古朴气息。传统与现代结合的景观构筑物，以具有象征性或抽象感的乡村传统元素符号，与现代材料技术相结合。通常在技术与材料选用上以传统的夯土、木材、毛石、卵石、砖石砌块等乡土材料和工法，与现代的钢结构、玻璃、塑料等建材和工艺融合使用，使传统与现代相契合。总之，景观环境中的构筑物强调综合运用传统与现代结合的材料、技术、结构、工艺和方法进行建造，并通过造型、色彩、材料以及构造技术展现出现代乡村具有的时代特征。

（3）构筑物的造型设计要体现景观形象性，成为乡村亮点与地标

构筑物是乡村中人与环境沟通与连接的桥梁，发挥着极为重要的地标性景观作用。乡村构筑物一般都具有功能性，满足人的某种使用需求。同时，乡村构筑物还具有引导性作用，尤其是乡村中的景观构筑物，在村庄的空间环境中，起到引领方向、标识区域、传播乡村文化的作用。一些地标性构筑物在乡村环境中构成景观节点，起到组织景观的作用。景观构筑物通过布局与配置能够形成村落空间中的标识性纽带，引导人们由一个节点进入另一个节点场所，发挥着导向和组织乡村景观的作用。景观构筑物作为乡村亮点和地标，绝大多数都具有一定的审美价值，体现出构筑物中的艺术性特质。这些乡村景观构筑物如同艺术品一样可以给人带来美感和艺术的享受，起到满足人们审美需求的作用。乡村景观环境建设中，要根据场地氛围营造及功能的需求，尽可能建造一些可以满足村民使用和审美需求的构筑物，要让构筑物与环境有机结合，塑造出更具感染力的乡村景观环境。

3.3.3 乡村构筑物设计的内容与方法

在乡村更新改造建设过程中，乡村构筑物是塑造景观节点或局部区域景观环境的方法和手段。涉及乡村环境的方方面面，设计建造的内容多种多样，在村口设置的村名牌、村名石、牌楼；村中开放空间的遮阳棚、挡雨棚、亭台；路边的廊架、车站棚；美化环境的花架、花台、花池；围合空间的栏杆、围墙、挡墙、大门；欣赏景观的瞭望台、观景台；理水造景的堆石、跨桥、水车、风车、塔楼等。这些构筑物以单体建造为主，也可多件组合，形成序列。构筑物虽然以单体形式分布在乡村场所环境中的相应位置，但这些构筑物能够形成村落景观的整体形象感。构筑物作为打造特色乡村环境的有机组成部分和重要载体，对营造现代乡村景观环境发挥重要作用。

在乡村更新建设中各自的建设目标决定了村庄环境的营造方向与内容，构筑物主要是依照场地设计要求进行布置和融入已有的环境中。结合乡村景观提升工程，遵循乡村景观与地域环境共生、与现代生活同构的设计理念与策略。在乡村规划设计的总体布局中要明确构筑物设置的具体项目内容，确定需要增加构筑物的具体位置，明确构筑物的功能、形式、体量、主题和风格等方面的上位要求。在此基础上，景观构筑物需要逐个进行单体设计，分为方案设计、施工图设计。方案阶段重点推敲构筑物的功能与形式的关系、主题与形式的关系、构筑物与环境的关系等。施工图阶段重点推敲材料、构造、工艺和如何完成施工建造等内容。

3.4 乡村植物景观设计

3.4.1 乡村植物景观的基本概念与特征

乡村植物特指乡土植物，是当地长期生长或引种多年，能够适应当地自然生态环境，生长状况良好的植物。乡村植物景观是由乡村中不同种类的乔木、灌木、藤

本及草本植物所共同构成的景观。乡村植物景观是在乡村自然植被基础上，经村民有意无意改造并营造所形成的，一般具有乡土性、自然性和经济性的特征。乡村植物景观营造需结合周围环境，充分展示植物材料本身所具有的形体、色彩、质感、气味等观赏价值，并发挥吸碳吐氧、清新空气、降噪除尘、调温保湿、防风防沙、水土保持、调节改善微气候和美化环境等生态功能。植物作为乡村环境的有机组成部分，形成功能适宜、形式优美、具有良好生态价值及一定经济价值的乡村植物景观。乡村植物景观与其他景观元素共同构成和谐优美和富有乡村韵味的乡村景观环境。

乡村植物具有以下基本特征：

（1）乡土性。植物是构成乡村景观风貌的基本要素之一，由于植物受到气候、水文、地形等自然因素的制约，以及当地人们的喜好、信仰、收益等人文和经济方面的因素影响，乡村植物的种类和栽植方式呈现明显的地域性乡土特征。乡村农作物构成的农田景观是乡村最基本的植物景观，占据乡村的绝大部分土地，农田景观是乡村植物景观的基础，形成乡村独有的田园风光。历史上，乡村植物景观为村民在保留村落地带性植被基础上，根据自身审美及功能需要加以局部改造而成。除房前屋后植物景观有少量盆景式栽植外，乡村植物景观多以自然散布式栽植，整体风貌上仍以乡土植物景观为主。

（2）自然性。乡村植物景观中的植物配置多以自然散布式为主，村民或有意或无意，几株杂木三五丛植或群植，林下又或自然或人工形成疏密不均的自然式草地。乡土植物具有适应当地气候土壤的先天优势，因此常能形成围绕母株同种植物集群自然分布的现象。乡村中的乔灌木多长成其成年树的自然树形，因此乡村植物景观充满着质朴、生机和野趣。近年来一些规则式植物景观也逐渐应用于乡村景观中，其鲜艳的花色、整齐的风貌给以自然式为主的乡村植物景观带来别样风景。规则式植物景观若使用得当会给自然朴实的乡村风貌带来因对比而产生的强烈的视觉冲击力与活力，如果过度规则化将会使得乡村植物景观失去原有的野趣与韵味，导致乡村植物景观丧失自然的个性与魅力。

（3）经济性。乡村植物景观除具有较高审美价值外，通常还具有较突出的经济价值。在经济性方面乡村植物或作为薪炭林，或提供水果干果，或作为中药材，又或能提供建房、做家具用的木材，均与村民生产生活有着密切的联系。乡村景观植物的配置和植物造景主要分为生产型与观赏型：生产型景观植物是指可食用植物，包括果树、蔬菜、瓜果、坚果、香草、香料和食用中草药等；观赏性景观植物包括乡土性的时令花卉、花灌木、乔木等。这些有着实际经济价值的植物也是乡村植物景观较为突出的特征。

3.4.2　乡村植物景观设计的原则

乡村植物景观设计应在原有景观效果的基础上，通过合理的配置丰富植物组合形式，强化植物景观的空间层次感，丰富植物景观的形态、色彩和季节变化，以此完善乡村植物景观的营造。乡村植物景观的更新与建设工作要在可持续发展理念指导下遵从以下原则进行乡村植物景观的设计与营建工作。

（1）坚持生态性原则，确保乡村植物景观的可持续发展

乡村植物景观设计的生态性原则是指设计中遵循生态原理，以创造恬静、适宜、自然的生产生活环境为目标。首先，要尊重场地原生植被与古树名木，以保护为主，

在设计中充分利用这些珍贵的场地元素。其次，所选择的植物种类要与场地的气候、土壤等环境因素相适应，只有保证其正常生长，才能达到造景的基本要求。再次，所设计的栽培植物群落需符合自然植物群落的发展规律。只有掌握自然植物群落形成和发育的发展规律，了解植物群落的结构、层次和形态等基本特点后才能设计出优秀的植物景观。同时在植物景观设计时还需有意识地去营造生物生境，多样性的生境是促进场地生物多样性恢复的关键因素之一。

（2）坚持功能性原则，强调植物景观营造体现以人为本

在进行乡村植物景观设计时，需了解人对植物景观所寄托的物质与精神需求，明确植物景观所应具有的功能与作用。关于植物景观的功能，不同的人从不同的角度会有各自的理解，但对其主要功能大致有着统一的认识，即植物景观主要是营造和提供给人们游憩休闲的空间，满足大众多层次、多角度的审美与体验需求。强调乡村植物景观设计与营建，既要做到生态、野趣和自然，又要体现人文情怀。另外，在生态文明的内在诉求方面，设计时还需特别关注乡村植物景观的生态服务功能，包括生态调节、生态维护等多方面的功能内容。

（3）坚持艺术性原则，提升乡村植物景观营造的审美品质

在乡村植物景观设计中，需根据植物本身的形态、色彩和质地合理配置，运用统一与变化、调和与对比、节奏与韵律、对位与呼应等艺术手法设计出统一中有变化、空间层次丰富和富有乡村韵味的植物景观。设计与营造既要选择与环境相匹配的植物品种，强调植物景观的多样性，体现植物的季相特色，打造四季常青的景观环境；又要注重挖掘和体现具有村落自身特点、人文内涵和资源特质的景观植物，体现生态美学的理念和思想。争取做到看似无痕，实际巧用匠心，达到"虽由人作，宛自天开"的艺术境地。

（4）坚持经济性原则，实现植物景观营造的效益最大化

乡村植物景观设计的经济性原则强调追求植物景观的自然适宜性，避免养护管理费时费工、水肥消耗过高、人工性过强的设计方案。这意味着要坚持植物景观设计与营造能够适应当地气候土壤等生态条件，使植物生长良好，景观效果稳定。要能够保证在养护管理上的经济性，节约养护资金。此外，经济性原则的另一层含义是指大力发展乡村经济型植物景观。在植物选择上除考虑具有较高观赏价值外，还要考虑引入较高经济价值植物，建设经济效益和观赏效果俱佳的乡村植物景观。

（5）坚持地域性原则，营造具有本地特色的植物景观

地域性的乡土植物具有资源丰富、适应当地植物群落结构、维护成本低的特点。乡村植物景观设计要保持地域性乡土气息，保护原生植被，避免植物配置和养护方式过于城市化，避免缺乏乡村地域特色和养护成本过高的问题。在植物设计与配置方面，首先要保护地域性的乡土植物，其次是梳理和调和不符合乡村植物群落结构与乡土自然规律的植物问题，要关注地域性植物的栽植，在乡村植物景观的营造中尽量配置适应性较好和养护成本较低的本地乡土植物。乡村植物景观设计中还要注重挖掘乡村的历史文化资源，根据历史文化内涵和特色来选择相匹配的乡土植物及其配置形式，并在合适的场地位置与其他景观元素有机组合，有效传承乡村历史文脉。

3.4.3　乡村植物景观设计的内容与方法

植物配置设计是指按植物生态习性和规划布局要求，做到能够满足当地温度、

湿度、光照、浇灌等植物生存的基本条件，合理配置村庄中的乔木、灌木、花卉、草皮和地被植物等。明确乡村植物景观更新就是针对一些乡村植物景观单一、品种过少、常绿与落叶植物失调、缺乏多样性、缺乏村庄地域文化特色等问题进行协调和梳理。乡村植物景观设计的内容与方法主要包括以下方面：

（1）村落整体植物景观：在村落整体植物景观设计中应尽可能保留原有植被，尤其是古树名木，在村落周边和村落与田野或山林的过渡区域适当调整和补植，使村落整体景观层次更丰富和自然。若村庄整体植物以落叶树种为主，可适当间伐及补植色叶树种，使秋季的村落整体景观更加丰富多彩。另外，在村落中常散布着由村民栽种或自然形成的或挺拔或虬曲的古树，这些古树见证着村落的繁衍生息，富有场所印迹，在设计中应尽可能利用，以独景树或背景树的方式，助其成为视线焦点或建筑背景，增加乡村历史厚重感与艺术韵味。

（2）乡村出入口植物景观：村口作为村落联系外界的主要通道，是入村的第一视觉点与离村的最后视觉点，承担着村落形象的展示作用。在村口进行植物景观营造时，往往用一株或几株树形优美的高大乔木标识并强化入口，让人印象深刻的同时起到指引游客进出的作用。若需以绿植空间来完成村口村尾节点空间界定，营造氛围独特的小空间，常采用低矮的灌木或草本植物以群落式栽植或篱植方式来围合以形成。为增强乡村出入口景观的视觉冲击力，使人印象更深刻，有时以色彩鲜艳、形式规整的植物配置方法来塑造。

（3）乡村公共休闲空间植物景观：乡村公共空间的植物景观营造，主要考虑植物的观赏性，以及如何丰富植物的季相变化与植物群落的层次。植物种类多选择观赏性强的花木或蔬菜瓜果，多以自然式配置为主。为增加公共休闲空间的文化内涵，可适当点缀一些寓意美好的乡土植物。同时，考虑到植物景观的季相变化需要，宜布置一些在色彩上或外形上观赏价值突出的植物，形成别致的风景。并可配以亭阁廊榭等景观建筑，形成既风景优美又可供人休憩的节点性空间。

（4）庭院空间（房前屋后）植物景观：乡村的庭院空间与村民的生产生活息息相关。庭院空间是村民住宅的延续，承担了村民很大一部分日常活动的功能，是具有浓郁乡村生活气息的场所。因此在乡村庭院植物景观设计中，必须考虑村民的日常需要，除栽植观赏价值较高的花草花木外，还可种植群众喜闻乐见的瓜果蔬菜类植物，并在品种色彩和栽植形式上予以综合设计考虑。另外，针对庭院的晾晒与休憩空间，可配置经济型乡土树种来围合界定，创造特定的空间环境场所。

（5）滨水植物景观：乡村的滨水植物景观以自然野趣为特色。在具体设计时，应尽量保留场地原有的滨水植物群落，维持滨水地区正常的生态功能。同时根据风景营造、亲水戏水活动开展的需要，适当改造滨水植物景观。在适宜位置增植少量观赏价值高的乡土耐水湿植物，如垂柳、枫杨、池杉、落羽杉等；根据景观视线保持通透或遮挡需要，对场地原生植被进行梳理改造；在亲水戏水活动区，植物景观以安全性、稳定岸线、提供遮阴等功能为设计主要出发点；为了增加乡村生物多样性，在滨水植物景观设计时还需尽可能兼顾生物生境的营造，通过适宜生境的导入来吸引动物栖息于此。最终形成环境优美、人水互动、生态和谐的乡村滨水空间。

总之，乡村植物景观设计提倡在保留现有乡土植物的基础上，进行更新与补充，新增植物首先要选择地域性植物，其次选择引种的植物。在植物种植形式上要以自然群落式栽植为主，具体节点的植物景观设计还需要能够结合当地的历史文化，合理搭配植物品种，突出乡村既有的主题文化内涵，营造出具有一定艺术观赏效果的乡村植物景观。

3.5 乡村水景与滨水景观设计

3.5.1 乡村水景与滨水景观的基本概念及特征

乡村水景与滨水景观是指在乡村建设与更新中由水构成景观环境的统称。包括乡村中人工建造形成的水塘、水井、水道、水池、水墙和喷泉等；自然形成的溪流、河流、瀑布、水帘、跌水、喷泉、涌泉等；以及与水景环境相联系，因水而建造的水边栈道、驳岸、汀石、石桥、木桥、竹桥、吊桥等与水密切相连的构筑物等水景观环境设施，体现出景观构筑物和水有机结合的关系。水景与滨水景观是构成乡村景观环境的重要元素和组成部分，除了能够起到服务生产与生活、改善环境、调节气候、净化空气、增强居住舒适感的作用，水体作为造景要素，蕴含着诗情画意，还具有丰富空间环境、增添景致、美化环境的作用，能够带给人美的享受和审美联想。

水景具有四种形态特征：第一种是流水，水体因地球的重力作用使水从高向低不停地流动，形成各种形态的溪流、河流、旋涡；第二种是静水，水没有受到重力及压力影响，形成相对平静的水池、水塘、水井；第三种是喷水，水体因压力而向上喷射，形成各种各样的喷泉、涌泉；第四种是跌水，因高程落差大，水体因重力而下跌，形成各种各样的瀑布、水帘、跌水。水的这些现象构成了丰富的水景形态特征。水景与滨水景观中，除了水本身的形态，水景观还包括由石材、木材、金属等传统和现代材料构成的桥、岸堤、水槽、水坝等构筑物景观。水是以液态和流动的形式存在，在乡村中除了提供给人们饮用和洗涮等生活保障作用外，还具有造景和体验的作用。由水形成的湖泊、河川、池泉、溪涧、港汊，以及人工水塘、水池等活动场所，可以提供人们游泳、划船、冲浪、漂流、水上乐园等与水相关的体验性戏水活动。亲水是人们的天性，水景要强化人的参与性和观赏性，戏水活动可以增强人对景观的参与性和趣味性，创造嬉戏的景观环境和空间，近距离地亲近接触观赏水景，能够满足人们亲水的心理需求。

水源是村落选址的重要因素，在漫长的发展过程中水环境已逐渐融入村落居民的日常生产、生活中。水对乡村生活具有重要的意义，水在乡村生活中承担着洗涤、灌溉、交通、消防等作用，为村民的生活带来了极大的便利。水景作为环境中的主要景观焦点，可以成为连接景观中各类景观元素的纽带。水景观多样的形态和可塑性，能够丰富空间层次感，起到点景、对景、背景的作用。运用设计手段实现拓展、延伸、引导、联系、划分空间，多样化地丰富乡村景观环境内容，达到活化空间、创造情境的作用。营造水景观能够起到丰富环境色彩、聚焦视线、增加环境气氛的作用。

3.5.2 乡村水景与滨水景观设计的原则

（1）水景观营造与乡村生产、生活需求相统一

基于人的生存需求，乡村选址大多选择有水源地的地方建设村落。在乡村景观

环境建设中，结合满足和提升乡村生产和生活的时代需求，对已有的水环境进行梳理和完善是乡村景观营造的前提，不能只顾美化环境，以有损生产、生活为代价进行单纯的造景行为，要将两者有机结合，做到协调统一。在此理念的基础上，水景观的提升与改造要与所在乡村的水资源特质相互依存、相互衬托，根据它所处的环境氛围、功能要求和生产生活需求进行设计与营造，做到协调统一。

（2）水景观营造注重地域性，做到要因地制宜

乡村水资源是水景观营造的基本条件，对已有水资源做到充分有效利用。对不具备水景观资源条件的村镇不易采取人工水景的方式营造景观。要根据村庄的资源条件做到因地制宜。不同村庄的资源条件各不相同，要能够结合当地的特点，因势利导，突出个性，强调突出地域特色进行水景观的完善梳理和改造利用，努力塑造独一无二的水景观形态，要避免程式化的设计和营造。具有地域性特征的水景易于形成乡村景观中的视觉焦点和集聚场所，打造乡村独特的景观节点，增添村民日常生活与游客观赏体验的场所，可以作为地域性特色景观营造的内容之一。

（3）水景观营造注重以人为本，方便生产、生活

乡村的水塘、水井、水道和江河、溪流驳岸等水环境与所在村庄人们的生产和生活紧密相连，日常生活中村民与水有着密切的关系，是村民生活的有机组成部分。在水景观的营造中方便与适用应成为提升改造的前提，通过人性化的设计引导村民的生活方式。具有乡村气息和特色的生活行为方式，构成乡村特有的环境场所，成为乡村旅游观光和体验的旅游景观资源，有些地方无需刻意打造，治理和修缮水景环境，达到更方便、更安全、更清洁、更有序的目的。要强调保持乡村生活的原真性，呈现日常生活的水景观面貌，与乡村自然和人文风貌相和谐。

（4）注重发挥水环境的生态和防灾功能作用

乡村水景在构成乡村景观的同时，大都具有一定的功能作用，除了提供生产、生活用水，一些溪流河道发挥着泄洪排涝和汇集天然雨水的功能。水环境的生态性作用为植物生长创造了良好的浇水灌溉条件；在防灾减灾方面起到消防救火、抗旱救灾的作用。水景观营造在满足功能要求的前提下，强调水景观的审美观赏作用。乡村水景营造要区别于城市景观营造的目的与方法，在乡村尽可能不建纯粹装饰性和观赏性的与乡村自然环境不和谐的水景观。强调建设具有乡村特色的坚固、适用、美观和经济的水景观环境。

3.5.3　乡村水景与滨水景观设计的内容与方法

乡村景观中的水景与滨水景观设计内容主要包括对原有水景环境的品质提升、驳岸修复与更新、水景构筑物、水生植物配置等方面。在水景与滨水景观设计中，要明确乡村水环境的构成要素与相互关系，从而确定水景的形式、形态、尺度、材料等设计元素的具体要求，实现与乡村整体环境相协调，形成丰富和谐的水景观。

对水景驳岸的更新与改造是乡村景观工程中的常见内容，自然的溪流和人工建造的水道都涉及驳岸的护坡、围挡、堤堰等修复与改造内容。溪流是由于山体自然构造和地势而形成山泉和雨水流经的水道，结合地形和生态功能设计，强调自然天成驳岸景观营建，多采用碎石护岸的处理手法，利于动植物和微生物的生长。除了少量需要严格考虑防洪需要的岸线采用硬质驳岸外，应以自然式生态驳岸为主，增加乡土气息，体现乡村特征。在保证安全功能的同时，尽可能考虑亲水空间的营造。

对于水位变化较大的岸线可采用台阶式与斜坡式驳岸。亲水空间需充分利用自然景色，对水景与周边景致综合考虑，形成多层次观赏的体验空间。

水景构筑物是构成水景观的物质载体，多采用石材、木材以及金属材料建构，水边驳岸的栈道、亲水平台、栈桥、汀石，横跨溪流水道两岸的石桥、木桥、竹桥、吊桥，以及水中的船、筏子等构成丰富多彩的水景观。这些构筑物的设计与建造要结合地域自然环境和人文特征，进行功能结合形式和材料的设计与建造。同时，水景构筑物还涉及土建结构、给排水、电气设备等方面的相关专业配合，需要通过工程技术来保障构筑物的建造和安全性。

生长在水中的水生植物是水景观造景的重要手段，也是乡村水环境生态修复的主要措施。水生植物分为挺水植物、浮叶植物、沉水植物和漂浮植物以及湿生植物。水生植物根据不同种类或品种的习性进行种植，要符合水体生态环境要求。水边的植物配置、驳岸的植物配置，以及水面的植物配置，需要合理平衡配置不同的水生植物来调节光线、氧气以及营养水平，以便创造适于动物和植物都能繁殖生长的水生环境。水生植物对于创建良好的生态系统发挥重要作用。

乡村水景与滨水景观设计的方法，首先要明确水景营建的目的，考虑水景设置的意义，对水景涉及的场所位置、使用对象、营造形式与风貌特征做全面的调研与分析。对于乡土性的水景观环境营造，要从实用和审美两个角度来考量。无论是动态或静态的水景规划设计，都要尽量利用原有的自然河道和水系规划建造水景观。水的流动特性，在景观中起着引导、串联各个景观空间的作用。连续的水域空间，对乡村景观的营建来说，是增强其空间连续性的重要部分。一方面会起到引导、串联乡土景观空间的作用，另一方面增设的亲水空间也会为乡村旅游景观带来生机与活力。在不破坏自然生态环境、不影响村民正常生产、生活的前提下，可以适当开挖人工水系，设置亲水空间，将自然水体引入乡土景观中来，让水体贯穿乡村聚落。在乡村水景营造上还需关注水生态问题，在满足村庄给排水需要的同时，设计中采用必要的生态措施来完善乡村水循环体系。通过简单的填挖方，形成洼地、高岗或梯田等带有乡土特色的地形景观，形成乡村"海绵"系统，解决雨水就地蓄留问题，并丰富场地的竖向变化。积极建设用于处理农村生活污水的乡村人工湿地，在功能与形式方面作更多考虑，力争既净化污水又美化环境。

水体的开发利用可以营造"诗情画意"的景观效果，在设计中"师法自然"，遵从宜"曲"不宜"直"原则，要遵循大自然的规律。中国传统园林素有"城有水则秀，居有水则灵"和"有山皆是园，无水不成景"之说，由此可见水对于乡村景观营造的重要性。水体作为环境设计的重要造景要素，在景观中发挥特殊的作用。水能塑造成多种形态，能够给人带来美好的景致和享受。水的景观特性体现在水的流动性，水的流动创造了一种生机勃勃的景象，展现出柔美、活泼的特性；水的倒影和反射能增加景深，产生开阔、深远之感，在环境中起着点景作用；波光粼粼的水面，产生对比和交相辉映的画面，对周围环境颜色的映射，也使得水面可以随着景物色彩的变化而变化。强调水环境设计要结合不同场地条件的地理环境和气候特点，设计不同类型、不同风格、不同主题的水景，要以与乡村环境相统一为原则，无论是梳理或新建的水景观都要追求自然天成的形状，采用自然的石料和当地水生植物构成具有当地自然特征的水环境。

3.6 乡村公共艺术设计

3.6.1 乡村公共艺术的基本概念及特征

公共艺术是指在开放性公共空间场所中，设置具有文化性和美感因素的艺术作品、构筑物或演示等，譬如:雕塑、壁画、装置、地景、行为艺术以及艺术综合体等，也包括具有艺术性的功能设施。公共艺术主要通过媒介的物质状态来表达具有公共性的文化内涵，丰富环境景观的艺术内容及形式，使环境品质得到提升。公共艺术追求设计作品在环境中的公共性、社会性和艺术性的统一，是人文景观中最具创造性和生命力的重要表现方式。乡村公共艺术设计是为乡村公共空间营造特定的场所氛围，进行带有艺术创造特质的作品设计，也包括对具有艺术性的功能设施的艺术制作及设计。公共艺术强调艺术融入生活，具有公共性的特征。公共艺术作品具有艺术性的形式语言，以形象化的载体体现乡村的文化与精神，打造有思考和有意味的乡村景观，展现乡村人文精神和文化风貌。乡村公共艺术是乡村文化与思想的反映，能够唤起人们对乡村文化的思考与认识，表达乡村的文化与价值。

公共艺术设计是乡村景观设计的重要组成部分，是在公共空间中对环境进行艺术性的规划设计，是对乡村建筑内外开放空间等公共场所中，具有文化性和美感因素的艺术作品、构筑物、表演行为，以及具有艺术性的功能设施与物品的艺术制作及设计。乡村公共艺术设计追求设计作品在环境中的公共性、社会性和艺术性的统一，丰富环境设计的内容及形式。在乡村景观营造中公共艺术有助于打造独特的乡村文化形象和地域性的人文魅力，作为一种社会文化和美学现象，在人类社会文化系统中占有重要的地位。公共艺术设计及其作品在我们赖以生存环境中，担当着增强场所艺术氛围、传达人文气息、提升居住生活空间品质、进一步强化环境公共社会人文精神的作用。公共艺术设计既是一种外在和可视的艺术表达方式，同时又是一种蕴涵丰富社会精神内涵的文化形态，展现着其中的社会政治思想和人文精神，直接或潜移默化地影响人的文化观念和审美模式。在乡村公共开放空间中的艺术创作与相应的环境设计以公共方式存在，从艺术的角度来考虑和对待乡村景观环境的品质建设。

3.6.2 乡村公共艺术设计的原则

（1）强调艺术为乡村社会民众服务的公共性

公共性是建立在社会性基础上，具有公民的、共同的、社会的和开放的特质。体现的是全体公民的共同利益，受益对象是全体社会民众。公共艺术的公共性就是强调作品设置在开放的场所，在艺术表现形式方面运用公众喜闻乐见和易于接受理解的表达方式，在主题内容方面反映出公众关心和关注的社会文化内容。

（2）突出公共艺术反映"三农"主题的乡村性

公共艺术的乡村性就是突出强调农业、农村和农民的"三农"意识。作品的设计与创作紧密围绕乡村性的主题，以艺术的形式呈现，将艺术融入乡村日常生活环境中。公共艺术的乡村性表达不是简单的形式主义的呈现，而是一种思想的体现；不是艺术家强加在乡村环境中的一个艺术品，而是体现村民参与并与乡村环境相协调的艺术品，乡村公共艺术能影响到公众对于乡村某个问题的看法和思考，或者体现乡村的文化价值与社会意义。

（3）运用公共艺术展现乡村文化的地域特征

各地乡村由于不同的地理位置和发展状况，形成了不同的地域性自然与文化特征。乡村地域性主要体现在本土自然环境条件、历史生活方式、风土民俗三个方面。这些地域性内容与特征更具有极强的可识别性，突出地域性能够给乡村带来独特的韵味。在乡村公共艺术设计中，要尊重所在村落特有的自然与文化要素，以及传统聚落空间固有的存在感，与乡村所在地的地貌、人文、生态相联系，融合传统精神与现代文化及多种表现手法，创造出与乡村地域性场所环境和谐统一的公共艺术作品，唤起人们对乡村的情感表达与体验感，通过公共艺术的表现方式起到传播乡村地域文化的功能作用。

（4）创造具有乡村特色的艺术表现形式与方法

公共艺术强调作品在形式处理与表现方面所达到的完美程度，包括形象的鲜明性和典型性、形式的生动性和独创性、结构的系统性和完整性等。在乡村公共艺术设计中，艺术性是指审美理想和美学系统，对公共艺术作品的外在形式特征起到主导性作用，构成审美的要素。具体是将公共艺术的题材、风格、造型、色彩、材料等，与乡村所处区域的历史、文化等人文环境、周边景物相结合。乡村公共艺术作品的表现语言要把大众审美与乡村文化传播作为一个重要因素，引导公共艺术作品的创作与设计，使作品与公众审美相和谐，实现乡村文化的传播与教化作用。

3.6.3 乡村公共艺术设计的内容与方法

乡村公共艺术是创造性地将艺术表现形式，与具有乡村性文化特色的内容有机结合在一起。这些与乡村生产、生活密切相关的行为、事件、活动或境况等内容，通过公共艺术表现形式完成作品的设计与制作。公共艺术设计需要在理论及实践上掌握设计的基本规律和要领，由多样的介质构成艺术性景观，通过媒介的物质状态来表达具有公共性的文化内涵。运用材料、色彩、质感、肌理、尺度进行形式美的塑造，提高公共艺术品的观赏价值。公共艺术设计方案在满足人们行为要求的同时，要尽量满足人们心理方面的需求，给人以更高层次的审美体验。

乡村公共艺术设计要遵从上位规划要求，与乡村自然与人文环境协调统一，建立乡村景观环境与公共艺术之间的有机关系，结合乡村特定环境场所进行公共艺术设置与单体设计；乡村公共艺术设计重在运用具有乡村特点的艺术创新手法和美学法则与乡村人文内容有机结合，突出展现公共艺术品的乡村文化内涵；乡村公共艺术设计要充分考虑地域性的乡村环境和历史文化氛围与公共艺术的有机契合，选择乡村中有文化特色的表现内容，运用当地的乡土材料，选择有地域特点的表现方式，处理好公共艺术、地域自然与人文背景之间的关系。

乡村公共艺术的表现方式：

（1）乡村户外雕塑，是依附乡村人文背景而存在的公共艺术，表达乡村生产和生活的主题内容，以木材、石材、植物和农作物等乡村特有的材料进行艺术作品的创作，呈现在村口、麦场、田地、山野、河岸、溪流等乡村特有的场景环境中，以此强化乡村形象和氛围，传达乡村文化的信息。乡村户外雕塑的场景性创作与设计是作品创作和展现的主要表达方式。

（2）乡村大地艺术，也称"大地景观"或"地景艺术"，是利用乡村的自然环境和自然材料进行创作，通常以田地、山野、海滩、山谷和湖泊等为艺术创作场所，采用挖掘、堆叠、构筑和着色等工程建构的方法梳理或改造乡村环境的外观。追求与自然共同合作的新理念，创造一种带有艺术特质的全新场景，强调文化观念与环境的融合表达，引导人们认识自然与乡村文化，以此表达人与乡村、人与自然之间的关系。

（3）乡村装置艺术，装置艺术是当代前卫艺术中重要的艺术表现形式，乡村装置艺术具有丰富的创作资源，可以通过乡村物质载体展现乡村精神文化。装置艺术是艺术走进乡村的最有效途径和方式，在特定的乡村时空环境里，将乡村日常生活与生产的器物载体，用开放的艺术手段，以艺术创作为目的，进行改造、组合和排列，演绎出体现乡村丰富的精神文化意蕴的艺术形态。乡村装置艺术以乡村特有的场地和材料，结合对乡村文化的情感，与乡村生活意象相联系，在主题内容、载体选择、文化指向、艺术品位、价值定位、实施方法等方面进行创作，形成展示与体验相结合的装置艺术作品。

（4）乡村行为艺术，行为艺术虽然是现代艺术形式的一种，但是在乡村传统文化中许多非物质文化的表现形式与现代的行为艺术具有相似和相通之处。乡村中群众性的传统民俗表演、民间节庆游行、婚俗仪式和祭祀表演等行为都带有现代行为艺术的特征，这些与乡村传统文化结合的行为艺术具有广泛的乡村文化生态的基础，可以运用现代行为艺术的理念、方法进行传承和发展，丰富现代乡村公共艺术的内容与形式，为发展乡村旅游增添地域性特色的乡村文化体验内容。行为艺术是经过策划、设计，在特定场所由主动参与和被动参与的人共同完成的具有表演与参与性的行为，通过艺术性的演示过程，展现一定的主题思想，具有群众性、参与性、表演性和体验性的特征，成为乡村旅游景观发展的创新点。

3.7 乡村形象视觉传达系统（VI）设计

3.7.1 乡村形象视觉传达系统的基本概念与特征

视觉传达是利用图形、字体、色彩、形态等视觉化的基本元素，以艺术设计的方法，创意形成明确、易识别和形象化的视觉符号，实现对相应信息的表现和传达。乡村形象视觉传达系统是以乡村文化与发展理念为基础，运用视觉传达的原理和方法，构建传播乡村文化视觉形象的传达应用系统。

视觉传达最初应用于企业视觉形象的系统性传播，是企业发展战略的组成部分，已形成比较系统完善的设计方法与应用体系。随着乡村建设和乡村旅游产业的发展，视觉传达系统同样可以应用于乡村形象的视觉传播。在推动乡村振兴建设，发展乡村旅游产业的背景下，建立乡村形象视觉传达系统，可以有效传播个性鲜明的乡村形象，建立现代、品质、服务、信誉的乡村意象，传达乡村文化理念，弘扬乡村文化，树立鲜明的乡村视觉形象。

不同地域的乡村都有自己的文化特色，乡村形象视觉传达系统以乡村各自的文化与发展理念为基础，使游客能从视觉上去感受不同乡村的差别，通过视觉传达艺术设计的方法，塑造独特的视觉识别形象符号，形成对乡村特性的印象，实现视觉识别与传达的目的和任务。视觉传达设计通过作用于人视知觉的形态、材料、色彩、肌理等组合要素，形成特定的传达形式进行信息的传播，凭借鲜明的视觉符号进行信息的识别与传达。乡村形象视觉传达系统对内可加强村民认同感、归属感，成为乡村特色文化的有机载体；对外则可以树立乡村的整体形象，加强游客对乡村的辨识度，提升乡村旅游服务的品质和整体水平。

3.7.2　乡村形象视觉传达系统设计的原则

视觉传达系统可以构成乡村规划与设计领域的形象基础，利用可视性的信息传播媒介在乡村系统中传达视觉信息。乡村形象视觉传达系统通过视觉元素符号语言，作用于人的视知觉，以明确、易识别和形象化的方式传出乡村文化的信息，由此对人产生认知作用。乡村形象视觉传达系统设计的原则主要包括以下方面：

（1）乡村形象视觉传达强调全方位的系统性表达

系统性是视觉传达设计思维的核心，是设计师从整体的角度，全面地认识视觉传达功能和结构形式的一种思维方式。乡村形象视觉传达系统设计的系统性，强调设计中围绕乡村主题，统筹视觉艺术设计的整体要素，构成相互联系、彼此衬托、内容和形式统一的视觉传达体系，使得乡村旅游的游客能够感受到乡村环境中无处不在的文化与服务信息。

（2）突出具有乡村性文化特征的视觉形象传达

乡村性就是要突出乡土特色，乡村形象视觉传达系统设计的乡村性，强调视觉传达的内容要服务于乡村生产和生活的主题，视觉传达的形式适合于乡村的特征。要运用乡村特有的材料、工艺，以及表现形式作为视觉传达的信息载体。通过视觉传达设计的系统，使游客对乡村产生清晰、浓厚的乡土印象。

（3）运用形式美原则与乡村文化传播进行有机结合

乡村形象视觉传达系统的外在表达要运用形式美的法则进行设计与表现，用具有美学意义的色彩、线条、形态按照一定的构成规律，综合运用对称与均衡、单纯与统一、调和与对比、比例与尺度、节奏与韵律、变化与统一等形式美的法则，塑造具有乡村视觉传达系统内容的形象，强调视觉信息的传达是要在审美的体验过程中实现对乡村文化的认知。随着时代的发展，人们对美的形式法则的认识以及对传统形式美法则的认识在不断深化与发展，视觉传达系统设计的形式美法则的运用具有改变和提升人们的审美认知的作用。

（4）发挥指导手册作用，强化乡村形象视觉传达系统的应用性

发展乡村旅游，游客对乡村的形象认知尤为重要，乡村形象视觉传达系统在乡村旅游体系中各个方面的运用，将会起到积极的促进作用。基于乡村形象树立与形象传播的意识和目的，乡村形象视觉传达系统设计的应用性原则，要强调对乡村视觉识别基本要素的广泛和有效应用。可以在乡村办公系统、公共环境系统、乡村产品系统、服务设施系统，以及宣传展示系统等方面全方位应用实施，充分发挥乡村形象视觉传达系统指导手册的形象传播作用，用艺术设计的手法树立良好的乡村视觉形象，推动乡村旅游产业的发展。

3.7.3　乡村形象视觉传达系统设计的内容与方法

乡村形象视觉传达系统设计是在乡村文化与发展理念的指导下建立系统的乡村形象传播体系，对传播内容、传播形式和传播方式进行设计，完成乡村形象视觉传达系统指导手册的设计和制作。通过设计村庄标志，村庄名称标准字（中、外文）、标准色和辅助用色，村庄象征图案等统一的视觉识别基本要素，结合乡村的形象视觉传达系统特点和应用领域，在乡村的内外办公管理应用、乡村外部空间环境、建筑室内空间环境、乡村特色农副产品的推广与销售包装、乡村文化和旅游资源的对外宣传展示，以及乡村民俗文化活动等方面进行视觉传达领域的系统性信息传达设计，引领和指导乡村视觉形象的建立与传播，有效推动乡村品牌的建立。乡村形象视觉传达系统设计主要包括以下方面的内容：

（1）乡村视觉识别的基本要素设计

主要包括：标志、标准字、标准色、辅助图形等。这些视觉识别的基本要素是构成乡村文化传播理念的应用设计基础。基本要素融合和贯穿在应用设计系统的方方面面，以此达到视觉形象上的统一性，从而塑造明确而完整的乡村整体形象效果。对基本要素的设计应用要确定严格的使用规范，不能随意改变和不规范使用，要遵循艺术设计的方法和原则进行规范化的设计与应用实施。

（2）乡村办公管理应用系统设计

乡村办公管理应用系统涉及乡村内部的行政管理和对外经营性管理等方面，乡村形象视觉传达系统的形象识别与传播对树立良好的乡村形象起到重要作用。将乡村视觉识别的基本要素运用在人员名片、公文封、公文纸、便笺、函件、笔记本、资料夹、卡牌、徽章、文具用品等方面，进行乡村形象信息的系统性传递，会有效增进乡村管理的有序性与形象感。

（3）环境中的视觉传达系统设计

乡村环境中的视觉传达设计主要包括：乡村建筑室内空间中的视觉识别系统，如室内空间的形象墙、匾额、各类标牌和门牌、告示栏、各类宣传展板等；乡村街巷空间中的导引系统，如标志牌、线路标志、指向牌、介绍牌等。乡村道路和场所环境中的视觉传达与导向设施兼具功能性和审美性，起到视觉导向和组织空间关系的作用，同时也起到装饰美化空间环境的作用。视觉传达系统与乡村景观环境构成有机的整体，成为乡村景观体系的重要组成部分。

（4）乡村土特农副产品包装系统设计

不同地区的乡村都有本地的土特和农副产品，以及独具特色的旅游产品，对这些产品进行包装设计，是提升产品附加值和展现产品品质的重要方法。乡村土特农副产品包装系统设计主要包括产品商标、包装纸、包装盒、包装袋，以及产品宣传营销媒介设计等，这些将起到便于产品售卖、运输、携带和展现产品品质的作用，同时有利于乡村土特农副产品和特色旅游产品的品牌形象树立与营销。

（5）乡村对外宣传展示系统设计

随着乡村的建设发展，展示和推广乡村旅游与乡村农副产品，以及反映乡村的精神风范和风采的乡村对外宣传展示系统，将成为推动乡村发展的重要手段。对外宣传展示系统的媒介和方法多种多样，主要包括乡村展示宣传廊架、招牌、招贴、背景墙、旗帜、乡村旅游手册和网页设计等。乡村对外宣传展示系统要运用艺术设计语言，强化视觉传播的效果，发挥广告宣传的作用，实现宣传乡村文化主题的意图，达到信息传达沟通的目的。

总之，乡村文化和发展理念是视觉形象传达系统设计的核心和指导思想，设计内容和形式要借助于视觉艺术形式语言和多样化的传达媒介进行系统性设计，强调视觉识别的基本要素和应用系统，构成完整的乡村视觉识别传播体系的设计思路与方法。乡村形象视觉传达系统设计要做到表达清晰、简洁，有较强的识别性和可读性，通过视觉思维方式和视觉形式的感受能力，实现人们对乡村形象传播信息的解读和认知。乡村形象视觉传达系统对提高乡村的知名度、信誉度，塑造乡村形象将会发挥重要的作用。

3.8 乡村公共服务设施设计

3.8.1 乡村公共服务设施的基本概念与特征

公共服务设施是针对在公共环境中为满足人的行为需求，从功能、构造、材料、工艺、形态、色彩及装饰等因素的角度，综合环境、造价、技术、美观等因素进行综合设计和制造生产的实用产品，构成公共环境中服务于人行为需求的设施系统。环境中的公共服务设施是产品大系统中的一部分，它着重以建筑和环境中的公共服务设施产品为主。乡村公共服务设施是指在村庄中的开放空间和街巷中，为满足村民和来到村庄的游客的行为和活动需求，提供便利的服务条件，并长期设置在环境中供人们使用的街具设施、导识设施等各种公用服务系统设施，它是村庄统一规划和满足人们多项功能需要的社会综合服务性公共财产。

乡村环境中具有功能意义的设施系统设计与制作，是与自然环境、空间氛围相结合，在实现功能作用的前提下，提升乡村生活环境的品质。环境中的公共服务设施产品是为人们提供方便、安全、美观的各种使用设施。这些设施及产品的位置、体量、材质、色彩、造型都对环境的整体效果产生影响，直接反映环境品质的实用性、观赏性和审美价值，也是环境构成的重要因素。公共服务设施设计首先要满足功能要求，同时要结合形式美的法则，适应景观环境的整体要求。具有景观性的公共服务设施作为公共的环境产品，在为人们的日常生活提供使用方便的同时，一些公共设施还具有视觉美感，起到美化环境和地标功能的作用。环境中的公共服务设施产品与人的生活密切相关，并且在体现自身使用价值和审美价值的同时，也提高了人们的生活质量和幸福感。

环境中的公共服务设施产品与乡村景观环境的营造密切相连，在景观环境设计中包括空间环境的设计，也包括组织和形成空间关系的所有公共服务设施产品的设置和设计，它们相互之间的关系密不可分，是构成乡村整体景观环境设计的基本要素，形成景观环境的整体关系。公共服务设施产品作为环境设计中的重要"元素"，以实体的状态存在于空间中，产品与空间存在的形式，能够确定环境的性质，是营造和提高环境品质的重要手段。

3.8.2 乡村公共服务设施设计的原则

（1）要以功能性作为公共服务设施设计的基础

乡村公共服务设施产品设计是为人的使用而设计，产品要以人为本，突出产品功能设计的主导地位，满足使用者对产品功能和服务的要求是第一位的任务。公共服务设施设计的功能性原则主要强调产品设计的物理功能、生理功能、审美功能和社会功能等方面内容。物理功能主要强调设施产品的性能可靠、构造合理、精度优良；生理功能强调设施产品在使用上具有便捷性和安全性，以及设施产品与人建立良好的人机关系；审美功能强调设施产品的造型、色彩、肌理等符合人的审美追求；社会功能主要强调设施产品关爱人性和积极向上的价值取向，满足人们对美好生活向往的精神与物质需求。

（2）用形式美法则指导公共服务设施的造型设计

美的形式是美的有机统一体不可缺少的组成部分，是构成美的产品感性的外观形态。乡村公共服务设施产品设计的形态塑造要运用对称均衡、单纯齐一、调和对比、变化统一，以及比例、节奏、韵律等内容，以创造、美观、新颖和简洁的形式美法则，增加产品的附加值。乡村公共服务设施产品的审美性原则强调在乡村公共服务设施产品设计中对产品造型形式语言的运用与把控、对形式美法则的有效应用，达到美的形式与美的内容高度统一。通过创造美的可视形象，使人们在体验服务的过程中，引导观赏和体验者视觉的美感，指导人们更好地去欣赏美和创造美的事物，得到美的享受和陶冶。

（3）坚持经济性原则进行成本控制和提升产品效益

乡村公共服务设施产品设计的经济性强调贯彻坚固适用、技术先进、经济合理的方针，设计、制作与实施中力求以最小的成本获得最适用、最优质、最美观的设计产品。乡村公共服务设施产品设计要能够结合当地的资源条件与特色，因地制宜、就地取材，运用结构优化等可靠性现代设计方法，充分考虑产品的成本控制、标准化程度、使用寿命、维修维护等方面因素，在切实满足公共设施产品功能要求的同时，千方百计地节约项目投资、节约各种资源，缩短建设周期，积极采用技术上更加先进、经济上更加合理的新结构、新材料与新技术，实现产品的效益最大化。

（4）强调设施功能与形式有机结合的创新性设计

乡村公共服务设施设计的创新性主要包括功能的创新和形式的创新，功能的创新体现在设计能够以人为本，充分从人的需求和为人服务的角度出发进行公共服务设施的设计，通过产品的创新满足和引领使用者的需求行为，甚至改变和创造人的行为方式，功能创新是乡村公共服务设施设计的方向与核心内容。乡村公共服务设施设计中形式的创新体现在将功能转化成具有物质形态的产品，在于对形的把握和对形的感受力的呈现。形式的创新一方面依靠形式美法则的指导与创意设计；另一方面将功能与形式进行视觉化设计的有机融合，设计创造出内容与形式完美结合的创新性产品。

（5）用适宜性考量设施产品与乡村条件和需求的结合度

乡村公共服务设施设计中的适宜性是指能够针对具体的目标人群、场所地点、季节时段、行为特点、服务内容和身心健康发展的需要，以及社会诸因素构成的使用要求进行合适、相宜和有效的设计。乡村公共服务设施设计重点强调产品的乡村性、公共性和服务性。产品要能够符合乡村环境的场所特质，与乡村自然与人文环境相融合。公共服务设施能够为广大村民和游客提供便利和贴心的公共服务，充分发挥产品的功效作用，使之成为乡村公共生活环境中的必需品。乡村公共服务设施作为景观系统的有机组成部分，能够为促进美丽乡村建设和发展，提升乡村生活环境品质发挥积极的作用。

3.8.3 乡村公共服务设施设计的内容与方法

乡村公共服务设施设计就是对建筑室外环境中的便利性设施、标志性设施、安全性设施等公共性、服务性的设施进行造型、结构结合功能的设计。设计师根据乡村中人们的生活和劳动需求，依据产品设计的原则和方法，创造性地设计出具有使用价值和审美价值的设施产品。乡村公共服务设施设计的内容主要包括建筑环境中的服务设施、信息设施、卫生设施、照明安全设施、交通设施和无障碍环境设施等室外环境中的街具设施产品。

具体设计内容包括：

（1）信息设施：指路标志、方位导游图、广告牌、信息栏、时钟、扩音器、电话亭、信报箱等；

（2）卫生设施：垃圾箱、烟蒂筒、痰盂、饮水器、洗手器、公共厕所等；

（3）服务设施：室外坐具、桌子、太阳伞、游乐器械、休息廊、售货亭、自动售货机等；

（4）照明安全设施：室外灯具、消火栓、火灾报警器等；

（5）交通设施：汽车站牌、候车亭、防护栅、路障、反光镜、信号灯、自行车棚等。

公共服务设施的建设对于提升乡村形象，推进新农村建设具有重要作用。在乡村公共服务设施设计上既需要考虑实用性的物质功能需求，又需满足人们的精神审美需求。功能性和艺术性是乡村公共服务设施设计中最重要的两个方面，功能性强调追求产品显著的实用效能作用，突出为人的使用而设计，提供便捷、可靠和实用的公共服务产品设施。公共设施除了具有一定功能作用，当公共设施的载体形式被赋予艺术性的形式语言，这些设施在具有使用功能的同时兼具艺术品的装饰职能，是功能与艺术的结合。公共服务设施设计中要对当地历史文化和时代特色有所反映，积极吸取当地的形式语言符号，采用当地的材料和制作工艺，设计具有当地乡土特色的公共服务设施。开拓创新思维，设计艺术化、景致化的公共服务设施，使产品通过具有一定艺术情趣的形式，给人留下深刻的印象。公共设施的艺术性打造可以提升乡村品位，是现代乡村公共服务设施设计的一个新趋势。总之，乡村公共服务设施设计要力争在功能作用、整体造型、经济指标、技术性能、操作使用、安全可靠、维护维修等方面做到协调一致，统筹兼顾，满足需要。

下 篇

乡村景观设计实践

薛下庄村

青山绿水间的农耕文化体验村庄

1 薛下庄村乡村景观设计

1.1 乡村背景
1.1.1 区位条件
1.1.2 自然条件
1.1.3 经济条件
1.1.4 人文历史
1.1.5 上位规划

1.2 路径定位
1.2.1 设计分析
1.2.2 设计原则
1.2.3 设计理念
1.2.4 主题定位
1.2.5 建设目标
1.2.6 小结

1.3 规划布局
1.3.1 总平面图
1.3.2 空间格局
1.3.3 景观结构
1.3.4 滨水空间设计

1.4 标志性节点设计
1.4.1 村口中心广场景观
1.4.2 大王壁景观

1.5 农耕文化体验园设计
1.5.1 设计分析
1.5.2 总体设计
1.5.3 设计手法
1.5.4 子项目设计

1.6 薛下庄村 VI 系统设计
1.6.1 基础系统设计
1.6.2 应用系统设计

1 薛下庄村乡村景观设计

1.1 乡村背景

1.1.1 区位条件

薛下庄村位于浙江省中部金华市北部浦江县杭坪镇，贯穿于县内的 S210 省道和 S314 省道及临近的杭金衢高速、长深高速和沪昆高速，与周边大中城市交通便捷。至金华在 1 小时车程内，而到杭州、绍兴、丽水和衢州在 2 小时车程内，到上海、湖州、台州和黄山的车程则在 3 小时内。薛下庄村能快速到达长三角城市群任一城市，区位优势明显，市场潜力巨大。

薛下庄村位于浦江茜溪悠谷山水古韵线之上，是仙华山景区、五泄风景名胜区、大奇山国家森林公园等著名风景区腹地。特殊的地理交通位置使得薛下庄村具有成为区域旅游集散枢纽的可能。但同时也需看到，茜溪精品线也面临周边同质资源的较大竞争压力，如何打造自身特色品牌、全面提升整体品质，在新一轮竞争大环境下如何突围，是当前薛下庄村旅游发展面临的关键问题（图 1-1）。

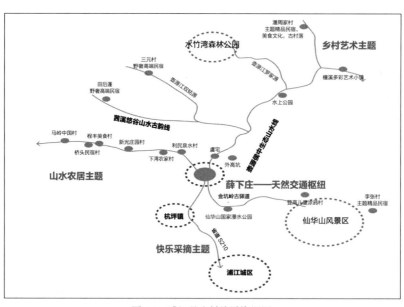

图 1-1　浦江县乡村旅游资源图

1.1.2 自然条件

薛下庄村位于浙西丘陵与金衢盆地的交接地带，处于龙门山脉南，属杭坪盆地。地形为山间平畈和低山交错为主，境内其山转东北延伸至郑家坞北，俗称浦东山脉，向东南则山势消失于浦江盆地之中。

据当地相关资料统计显示，薛下庄村整体气候属亚热带季风气候，年平均气温16.6℃，1月平均气温4.2℃，8月平均气温33.7℃。年日照1996.2小时，无霜期238天左右，偶有大风、冰雹、旱涝等自然灾害。浦江县内受地形影响，山区降水量多，气温低。7月至9月间蒸发量为最大，且在7月、8月易出现干旱。村庄所在的浦江县在地质构造上属华夏古陆南岭淮地槽钱塘江凹陷带，位于浙江江山—绍兴断裂带西侧。土壤属亚热带常绿阔叶林红壤带，有红壤、黄壤、岩性土、潮土和水稻土等5种土类，以红壤土为主。

薛下庄村四周群山环绕，背靠斗鸡山，主村旁建有近千米的登山游步道，可供人们登山游赏。村内壶源江蜿蜒而过，经五水共治其水质保持在Ⅱ类标准，其中一段现辟为天然浴场。壶源江村口地段有峭壁"大王壁"作为天然的屏障，青松绝壁，景色绝佳，壶源江具有开发水上项目的前景。村子北部为一望无际的农田，地势平缓，景色秀丽，非常适宜开展观光农业及农耕文化体验活动。村落总体上被S210省道分割成两个部分。村庄的总体布局形式与周边环境融为一体，呈现自然散落的分布格局（图1-2）。

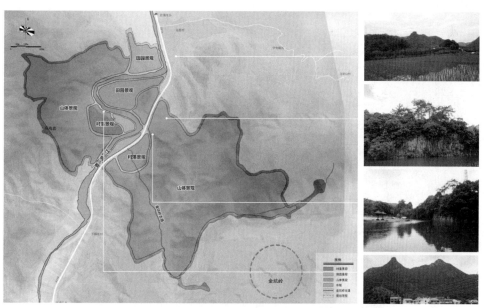

图1-2 《浦江县薛下庄村美丽乡村升级版规划》薛下庄村空间格局图

1.1.3 经济条件

薛下庄村共有住户184户，居住人数约467人，村域内山林面积为2237亩，全村耕地面积约为300亩，人均耕地面积为0.6亩，人均收入约为4523元。薛下庄村所属的杭坪镇近年来充分发挥了山地资源的优势，调整农业结构，向立体生态农业方向发展，现在已经成为浦江县规模最大的高山蔬菜、竹笋、香榧、桃形李、葡萄、浦江春毫茶叶生产基地，其他农业产业如食用菌、苗木、吊瓜等都得到了较大发展。

旅游产业方面，随着浦江县大力发展的"一江三源"慢生活民宿计划的推动，重点规划沿江沿源的民景、民居、民食，打造"山、水、业、态"为主要休闲方式的原生态民生体验区，开发"古道、古桥、古泉、古井、古居、古树"，打造出"万人慢生活休闲区"。薛下庄村作为联系"一江三源"的一个重要节点，依托自身的资源与区位优势，发展旅游产业潜力巨大。

1.1.4 人文历史

元朝伊始，下薛宅薛氏先祖的第十五代后人孙桂吉公移居至现薛下庄村，开始耕作繁衍，至今已将近800年。曾是西北山区往返东、西、南、北四条古步行道的必经之路。曾经的大王潭自然村商业一条街颇有名气，自古就有"四方来客，相会大王潭"的说法，完整保留着金坑源古驿道及冷泉亭。

村子历史悠久，拥有丰富的物质和非物质文化遗产，薛下庄村的非物质文化可概括为选址文化、建筑文化、宗法文化以及风俗文化四类。在村落选址上，村庄秉承堪舆之术，形成"太极"图形的聚落肌理（图1-3）；在思想上，薛下庄尊崇孔子一门，开设儒家学堂，现存书院建筑保存完好；在宗法文化方面，其崇尚等级制度，形成四合院式的住宅布局秩序，并在村落中心建设家族祠堂立本堂；在风俗文化方面，薛下庄村保持着浦江地区丰富的非物质文化遗产，在现在的节庆日上依然表演着板凳龙、迎会等传统习俗，并将一些传统的手工艺品，如竹根雕、剪纸等运用在现代生活中（图1-4、图1-5）。

（a）太极图形

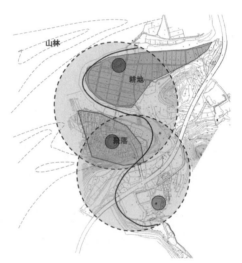

（b）"太极"形态的聚落地形

（c）薛下庄村卫星图

图1-3 薛下庄村聚落形态

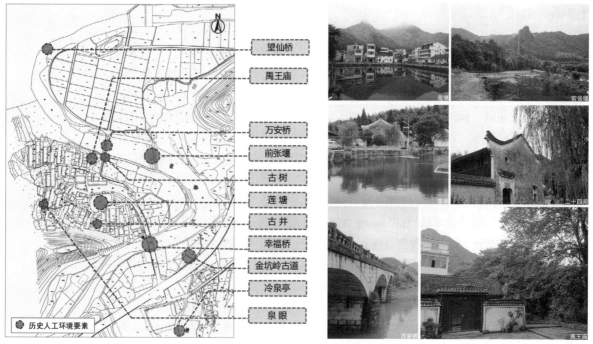

（a）薛下庄村人文资源分析

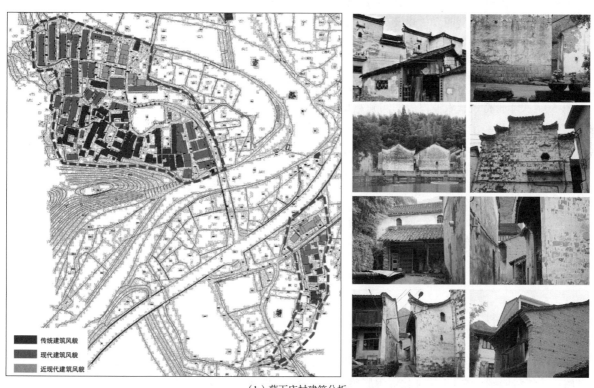

（b）薛下庄村建筑分析

图1-4 薛下庄村历史遗存资源分析

图1-5 薛下庄村风俗文化

1.1.5 上位规划

近年来，浦江县借"五水共治""花漫浦江""美丽田园"创建东风，大力发展休闲农业与乡村旅游。制定了扶持现代休闲观光农业与乡村旅游提升发展等相关政策，努力在项目引进、土地流转、资金扶持等方面予以支持。同时，强化行业规范管理，对休闲观光农业园、休闲农庄、观光采摘园等实行标准化管理，并及时掌握休闲农业乡村旅游发展动态，为业主提供信息咨询、宣传推介和培训等公共服务。

《浙江省深化美丽乡村建设行动计划（2016-2020年）》指出，美丽乡村建设要从"一处美"向"一片美"转型，突出"以点带面"，兼顾"物的美""人的美"，即以水为镜，以净为底，以美为形，以文为魂，以人为本。强调"产村人"融合，"居业游"共进，"以业为基"，做到美乡村、育产业、富农民有机结合。由此，浦江县所编制的《浦江县"十三五"美丽乡村升级版建设规划》要求，从建设"物的新农村"向建设"人的新农村"迈进，建设美丽乡村升级版。具体任务包括打造"全域美"，发展"持久美"，追求"内在美"，营造"发展美"，建设"制度美"。

同时，《浦江县杭坪镇总体规划（2016-2030）》提出杭坪镇以休闲旅游产业、立体生态农业、养生养老产业和中药材生产为发展重点。薛下庄村作为水稻、茶叶、蔬菜、水果种植基地，安排立体生态农业，以农业为基础发展休闲旅游产业，与杭坪镇协同发展。薛下庄村的景观规划与设计主要遵从以下上位规划的要求与目标。

（1）《浙江省深化美丽乡村建设行动计划（2016-2020）》；
（2）《浦江县"十三五"美丽乡村升级版建设规划》；
（3）《浦江县民宿休闲旅游业扶持办法（试行）》；
（4）《浦江县休闲农业与乡村旅游发展规划》；
（5）《关于扶持现代农业发展的实施意见》；
（6）《关于进一步加大旅游产业财政支持的意见》；
（7）《浦江县薛下庄村美丽乡村升级版规划》。

1.2 路径定位

1.2.1 设计分析

薛下庄村具有显著的资源优势，村域格局由山、水、田、村几大元素交织而成，自然资源优势明显，并且历史文化资源底蕴浓厚，主要历史文化遗存有立本堂、新殿、书堂里、金坑源古驿道、冷泉亭、古汀步、元宝桥、望仙桥、神仙堰等，可供挖掘与开发价值大。同时，旅游资源丰富，除拥有天然浴场金沙滩外，沿江的竹林栈道和村前的古驿道都是优越的旅游资源。薛下庄村若能充分利用自身的资源优势，将具有巨大的发展乡村旅游的潜力。

薛下庄村位于茜溪悠谷山水古韵线和壶源侯中生态山水线支线汇聚点，是浦江北部旅游片区与城区连接的节点，也是金坑源古驿道的节点之一。天然的地理优势使其作为旅游集散枢纽大有作为。但同时，薛下庄村也面临周边同质资源较大的竞争压力。论山水旅游规模，薛下庄村无法与茜溪沿线美丽乡村旅游景点媲美，论民宿也无法与马岭中国村、新光庄园村等精品民宿相比。因此，坐拥特殊区位的薛下庄村，应避免与周边景点雷同或恶性竞争，找到其独特的发展立足点，打造自身特质品牌，全面提升整体品质。

薛下庄村在功能定位上需强化其区域中的枢纽作用，以浦江县美丽乡村文化中心为首要品牌，提供成果宣传、旅游客厅的功能；以村庄八卦山水田为基底，发展健康休闲旅游，融入区域旅游共荣圈；以农业为产业根基，发展观光休闲农业，成为集文化展示、成果宣传、旅游集散、休闲山水旅游、农业观光体验为一体的"浦江美丽乡村门户"，致力发展成为浙江省健康休闲旅游村落、浙江省美丽乡村文化中心以及浙中地区美丽宜居示范点。

综合考虑经济水平、人力资源等，乡村景观建设通常以分期方式进行。本景观设计方案以薛下庄村一期景观建设为主，在规划布局前提下，在村庄中心地块进行重点设计。

1.2.2　设计原则

本景观设计方案以发展健康休闲旅游村落为目标，遵循乡村景观经济和生产功能综合最优原则，挖掘并提炼薛下庄村地域性的农耕文化，结合农业与旅游业，大力发展乡村新型农耕文化体验产业，促进乡村生产转型升级，全面推进乡村经济、文化、生态的可持续发展。

1.2.3　设计理念

设计方案以农耕文化体验为核心，建设特色农业文化景观。完善乡村旅游服务功能，提高村庄旅游景观质量，吸纳本地和外地劳动力就业，以旅游带动村庄经济效益，实现经济与生态可持续发展目标，继而保护和传承薛下庄村农耕文化。将目标人群锁定为亲子家庭，植入趣味农耕文化，为农村经济可持续发展奠定产业基础，实现以提升村民生活水平为目标的浙江省健康旅游村落。

总体设计上充分利用山、林、水、田和道路等因素，塑造内外渗透、相互交融、村民领域感强的边界。肌理和格局上尊重和协调村庄的原有基础，处理好新建片区与现状片区之间的衔接关系，形成完整的空间序列体系。

建筑风貌以浙北民居风格为准，创新利用传统材料，抽象表达传统符号，既传承原有建筑文脉，又满足当地居民需求。在建筑组团的设计中，注重村庄邻里空间的设计。在建筑风貌整治中，保护整修具有文化价值的历史建筑，同时进行重点沿街立面改造，协调新建筑的外观。

环境设计优先使用乡土材料及旧材料的更新利用。适应当地的地形地貌，反映出不同的地域特色；注重人文历史的保护，传承地方文脉；保留传统街巷节点，风格体现乡村美学；充分利用宅间荒地，适度打造公共空间绿化，优先选择乡土树种等。

1.2.4　主题定位

主题定位：山水田园 农耕体验

薛下庄村所拥有的优越自然条件及深厚历史文化内涵将促其成为兼具传统与自然韵味的特色乡村。以村庄八卦山、水、田为基底，发展健康休闲旅游，以农业为产业根基，结合旅游发展亲子农耕文化体验产业，打响以农耕文化体验为特色的旅游乡村品牌。

主题形象定位：青山绿水间的农耕文化体验村

关键内涵：农耕、文化、生态体验

内涵释义：青山绿水，白鹭点点。人们或游于原生态山林间，或与家人耕作于田地间，或嬉戏于江水边，又或行走于质朴的村庄里，感受着农耕文明所演化而成的现代慢生活，将城市里的压力和喧嚣抛诸脑后。林间鸟鸣啾啾，山脚下炊烟袅袅，一家人幸福地品味自己的劳动果实。

1.2.5　建设目标

（1）建成健康休闲旅游村落。在发展旅游产业的新诉求下，追求健康休闲的旅游新趋势，加入区域旅游共荣圈。

（2）建成美丽乡村文化中心。美丽乡村文化中心功能主要包括展示和宣传美丽乡村成果，建立高校合作的产学研基地，同时承担区域乡村旅游集散功能。

（3）建成美丽宜居示范点。农房改造是目前的迫切需求，而建设浙派民居和美丽农居，以及保护传统建筑特色，将切实提高农民居住水平，同时美丽农居在未来可转型为农家乐及民宿，带动乡村旅游经济的发展。

1.2.6　小结

薛下庄村旅游区位优势明显，可以充分利用山水自然旅游环境资源，发展乡村精品旅游，实现客源共享，联动发展。同时，与周边乡村主题错位发展，将浙江省健康休闲旅游村落、浙江省美丽乡村文化中心以及浙中地区美丽宜居示范点作为薛下庄村三个建设目标，并由此对村庄进行规划布局。

本景观设计方案以薛下庄村一期村庄中心地块景观建设为主，将农耕文化体验作为景观设计重点，结合农业与旅游业，建设特色农业文化景观，大力发展乡村新型农耕文化体验产业。借农耕文化体验带动村庄旅游业、农业等相关产业，促进乡村更新，全面推进乡村经济、文化、生态的可持续发展。

目前，对儿童群体的农业知识教育，是浦江地区乃至浙江省比较欠缺的方面。在农耕文化体验园的建设中将目标人群锁定为以儿童教育、亲子体验为选择导向的家庭，植入趣味农耕文化，打造薛下庄村亲子农耕文化体验旅游乡村品牌。同时，选择薛下庄村代表性水鸟——白鹭作为核心设计原型来源，在薛下庄村景观设计中将白鹭以抽象的构筑语言展现，表达自由灵动之感，营造轻松的乡野氛围。

1.3 规划布局

1.3.1 总平面图

依据上位规划和薛下庄村发展建设目标形成的《浦江县薛下庄村美丽乡村升级版规划》，明确了薛下庄村在美丽乡村提档升级和深化建设中乡村景观建设的目标与内容，为景观设计与营造确立了方向和原则（图1-6）。

图1-6 《浦江县薛下庄村美丽乡村升级版规划》薛下庄村总平面图

1.3.2 空间格局

根据薛下庄村整体的布局结构及各个区块的特色与发展趋势，以省道为边界，薛下庄村整体可划分为四大旅游功能板块，分别为省道以北的沿江农业空间、民居民宿空间、省道以南的大王潭商服空间和梯田（茶园）体验空间（图1-7）。

省道以北的壶源江冲积平地上是沿江农业种植空间，对这块空间的利用不仅是作为当地农业生产空间，更主要的是结合农业旅游活动，提供农业休闲的场所，将农产品、土地、水当作循环系统中的要素，经过播种、收割、营销等环节保证环境与经济的可持续发展。

双乳峰山脚下的现有民房及古建筑作为民居民宿空间，要对破损的传统古建筑进行改造利用，也要对毫无村落特色的新建筑进行形象提升。其中在公共建筑方面，主要选择二十四间老建筑、村委会建筑、原书屋老建筑等，设计改造为美丽乡村文化中心及产学研基地、薛下庄村活动中心、薛下庄书院等公共服务基地。

省道以南的大王潭商服空间立足于大王潭遗址保护，传承这片土地往昔的繁荣，使这个区块继续开展贸易活动，满足村内商贸需求，提供薛下庄村旅游相应的商服配套，将商业等服务空间集聚。

村庄最南侧的梯田（茶园）空间恢复现已衰败的茶园，主要是利用山地的地形特点，发展浦江春毫茶产业，同时打造生态山地游步道及相关旅游场所，将这里与壶源江北面的滨水漫步道连接起来，形成环绕薛下庄村的生态运动道。

四大空间既保持各自的独立，在功能上又相互衔接，旅游活动的开展也需要在不同空间中穿插进行，继而形成一个环环相扣的旅游环境。

在以上空间格局的基础之上，细化局部特色，将薛下庄村分为村民聚居区、农作耕地区、山林探索区、沿岸游憩区、高地采风区、商业服务区、旅游集散区及省道绿化带八大功能区块，分别提供建筑风貌展示体验、农业景观游览体验、山地及河道景观风貌游赏体验、商业服务、集散服务等功能与服务（图1-8）。

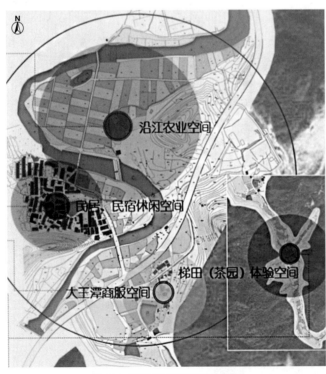

图1-7 薛下庄村空间格局分析图

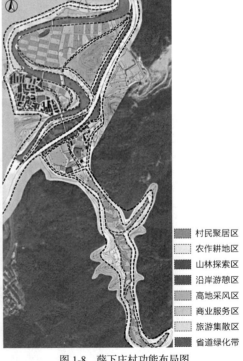

村民聚居区
农作耕地区
山林探索区
沿岸游憩区
高地采风区
商业服务区
旅游集散区
省道绿化带

图1-8 薛下庄村功能布局图

1.3.3 景观结构

基于以上的功能分区,薛下庄村将形成主次兼容的景观轴,并涵盖沿线分布的三大主要景观节点:高地景观节点、亲水平台及老建筑改造点。景观主轴沿主道延伸,将沿水、沿山两片区域由北至南串联起来,使整个村落的主要节点达到一定的通达性和匀布性。三条次轴分别是居住区内环线景观轴、壶源江西滨水休闲景观轴、高地观景休闲景观轴。三个主要景观节点分别为村委会中心广场、莲塘二十四间及高地观景节点。在高地观景休闲景观轴上散布着一系列高山观景点,分别位于太极阴阳鱼眼位置的山丘处、大王壁及金坑岭古道上,这些景点依托地形优势,有较好的景观视线,可设景观休憩凉亭、长廊或平台。四个亲水平台均布于壶源江沿岸供游客休憩观赏用。老建筑改造点主要有三处,包括:保存较好的四合院建筑二十四间改造为产学研中心,村中心老书院重修打造为薛下庄书院,村委会的老屋建筑改造为综合文化活动中心。具体轴线及节点分布体现在空间结构图中(图1-9)。

在功能分区及景观结构中的交通结构由车行道、人行道、骑行道、游步道及停车场共同组成。车行道延续原有的村内主干道,以村口为中心,终止于三个停车场。人行道由省道分为村北和村南两条主要人行道。村北主要以莲塘为中心,环绕老村,并向农田发散;村南则将综合停车场和商服区联系起来。骑行道环壶源江呈S形分布于东西两岸,向南北景点延伸。骑行道的设置符合当今倡导的绿色生态出游方式,提供游人体验乡村沿途的自然与人文风光,感受别样风景。重新利用金坑岭古道作为游步道,将过去的商贸要道功能更新为今日的健身游步道。同时结合狭长山谷中的种植基地,集游、赏、玩、娱为一体。停车场布置在村南,避免干扰村内静逸的环境。两处较小的停车场则分别设立在村委旁和商服区东北面,用于疏解高峰期的停车问题(图1-10)。

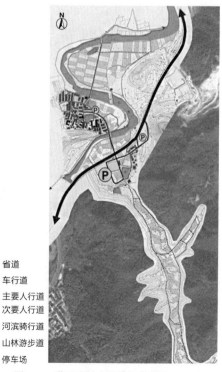

◀··▶ 主景观轴
—▶ 次景观轴
☀ 主要景观节点
○ 高山观景点
⬭ 亲水平台
● 老建筑改造

◀━▶ 省道
—— 车行道
—— 主要人行道
—— 次要人行道
—— 河滨骑行道
—— 山林游步道
Ⓟ 停车场

图1-9 薛下庄村空间结构轴线图　　　　　　　图1-10 薛下庄村交通结构示意图

1.3.4 滨水空间设计

滨水环境主要涉及流经薛下庄村的壶源江，本案参照相关上位规划要求。在护岸设计上，综合考虑"安全性、稳定性、生态性"，在满足护岸稳固安全的前提下尽可能选用生态袋、石块干垒、植草护坡等材料与方式，而少用浆砌块石或现浇混凝土护岸等形式，以达到岸绿景美的生态效果。

在滨水休闲景观设计方面，结合美丽乡村建设，充分考虑亲水性，将水岸与骑行道、游步道、休闲亭、金沙滩等相结合，以达到"人水相亲"的目标。总之，对壶源江沿线滨水空间的整治，着重对周边景点、设施等进行更新与优化，打造以壶源江为核心的滨水景观节点（图1-11）。

（a）滨水空间分布 　　　　　　　　　　　　　　（b）水环境现状

（c）滨水场景

图1-11 《浦江县薛下庄村美丽乡村升级版规划》薛下庄村滨水空间分布图

1.4 标志性节点设计

1.4.1 村口中心广场景观

村口作为村庄的第一形象，是体现村庄特色的标志性景观节点，对于发展乡村旅游产业具有重要意义。

薛下庄村口场地处于入村进口的显要位置，有着背山靠水的景观优势，为壶源江江南人文景观与江北自然景观交会点。同时在交通上，是村内去往建筑聚落区、农田和江边交通中转处。基于村口中心广场的重要性以及核心位置，选择这里作为一期村庄建设工程的标志性景观节点，予以精心设计和重点建设。

1.4.1.1 场地分析

村口广场东侧主要为自然农田和山水，广场与田地存在近5米高差，较高的地势使村口广场成为观赏黄金沙滩、壶源江和大王壁等景观节点的绝佳观景点。场地西侧主要为居住区，前可观莲塘和古宅，后可观斗鸡岩等群山，景观层次丰富。因此，场地东侧和西侧都具有较好的观景视线，且通过视线分析可以明确最佳观景点，设置观景构筑物的具体位置（图 1-12 ~ 图 1-14）。

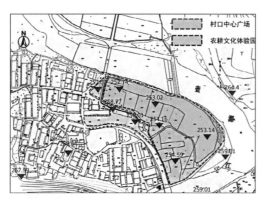

图 1-12 薛下庄村地形高差分析图

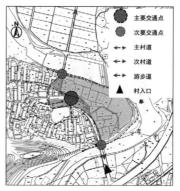

图 1-13 薛下庄村口交通分析图

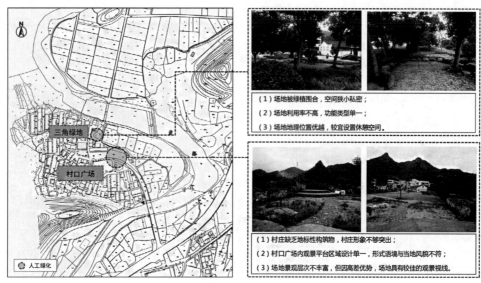

图 1-14 薛下庄村村口场地分析图

1.4.1.2 功能分布

在对现有场地功能分析的基础上进一步细化和明确村口广场公共活动空间的属性，以及各个空间之间的相互关系。将村口广场景观细化为四个主要功能：村口形象地标、村民活动广场、农耕文化体验园入口和驻留休憩空间。

结合场地现状及功能，可将村口广场划分为动区和静区，并依势设置相应构筑物。村口是村庄形象标识，因此在村口设置景观亭作为形象地标，以体现村庄特色风貌。村口空间毗连村落中心莲塘和村民活动中心，人流量较大并且景观性较好，因此设置村民活动广场，并于其上架设休息长廊一座，以供村民和游客驻留休憩观景用。

三角组团绿地作为一个公共活动空间，与居住区和禹王庙相接，且具有较好的观景视线。同时，空间在具有一定私密性的情况下利于人在此驻留。因此，通过设置构筑物，配置露天茶座，将此地从一个单纯的交通空间转换成一个驻留空间，供人休憩观赏。村口广场区域与亲子乐园紧邻，因而分别在场地的南北两侧各设置了通往农耕文化体验园的次入口。在构筑物设置上，从南到北依次为亭、台、廊和棚。亭、台和廊主要朝向东南，棚朝向南侧。各构筑物的体量及出入口根据场地周边环境、驻留人数及人流动线来确定（图1-15、图1-16）。

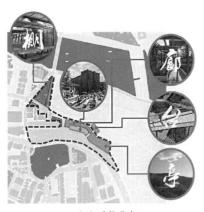

（a）功能分布

（b）场景效果图

图 1-15　村口功能分布与示意图

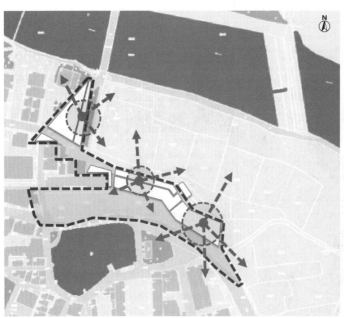

图 1-16　村口视线分析图

乡村景观设计

1.4.1.3 构筑物设计

由于薛下庄村历史建筑占总体建筑比重较小，所以在建筑风貌定位上确定为新浙派民居。在明确场地功能及构筑物性质后，对构筑物造型进行设计。构筑物设计上选择以现代设计语境来诠释传统的构筑形态，赋予村庄在传统延续下的新活力。

同时，基于薛下庄村原建筑形体较为厚实，且建筑密度较大的特点，新建构筑物以轻盈的灵动感来对比衬托原建筑的厚重感。通过新旧之间虚实、疏密关系的对比与调和，使新建构筑物与周边环境建立和谐关系，成为村庄的一部分，反映着人、自然、建筑三者间的和谐共生关系，体现可持续发展的理念。

青山绿水，白鹭点点。白鹭是薛下庄村的常见飞禽，并且白鹭体态轻盈优美，气质文雅，掩映山水间，赋予薛下庄灵气，与设计意象相吻合。因此，构筑物取白鹭展翅高飞之形，以寓村庄繁荣发展之意（图 1-17 ~ 图 1-20）。

在材质选择上，以钢、木的运用为主，乡土材料卵石、黄泥为辅。由于在设计上采用灵活简洁的造型，因此采用现代材料和施工工艺，相比传统材料及工艺更为便捷，造价也更为低廉。

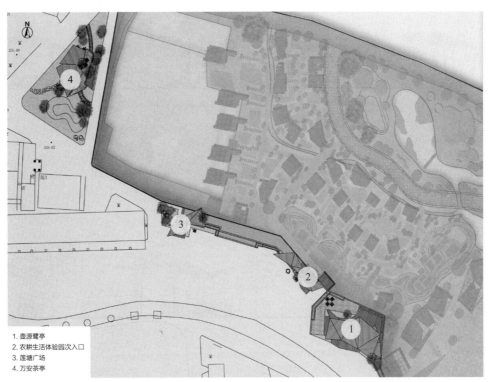

1. 壶源鹭亭
2. 农耕生活体验园次入口
3. 莲塘广场
4. 万安茶亭

图 1-17　村口总平面图

图 1-18　村口景观构筑物意象

图 1-19　村口景观构筑物

（a）壶源鹭亭立面图

（b）农耕文化体验园次入口立面图

（c）莲塘广场构筑立面图

（d）万安茶亭构筑立面图

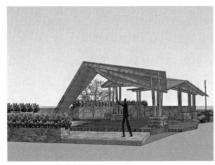

（a-1）壶源鹭亭

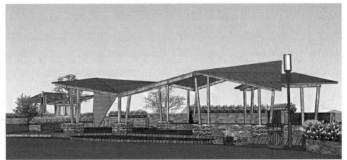

（a-2）壶源鹭亭

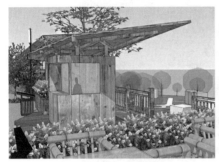

（b-1）农耕文化体验园次入口

（b-2）农耕文化体验园次入口

（c-1）莲塘广场

（c-2）莲塘广场

（d-1）万安茶亭

（d-2）万安茶亭

图 1-20　村口构筑物设计

1.4.1.4 植物景观设计

在植物景观营造上，以乡土植物为主。乔木配置以香樟、桂花为主，保证景观的乡土气息与活力；保留场地原生枇杷树、桃树，适量加植西府海棠，保证不同季节均有不同的花卉果实景观，增加村庄质朴的乡土韵味；选择鸡爪槭和杜英作为观色植物，丰富植物景观的色彩层次。灌木配置，以龟甲冬青、海桐、黄杨及红花檵木为主，选植山茶、紫薇、蜡梅、结香、绣球、月季和杜鹃等不同季节的开花植物。在观赏草与草花的配置上，主要有麦冬、葱兰、萱草、百日草、红花酢浆草、朱顶红和荷兰菊。对于新增的廊亭构筑物，配以藤本植物凌霄，使构筑物掩映在绿色中，使材质、色彩与层次更丰富，同时也更好地融于自然（图1-21）。

图 1-21　薛下庄村村口植物配置图

1.4.2　大王壁景观

大王壁为壶源江边一处颇具特色的崖壁，与其山上的松树构成青松绝壁之景，形成村口的天然屏障。其地理位置较为特殊，无论在村口广场、黄金沙滩、壶源江边，还是农耕文化体验园，大王壁都是视线内的重要景观。因此，将大王壁作为薛下庄村一期景观建设的节点。

大王壁的岩壁与原生植物景观的组合颇具特色，但缺乏抓人眼球的核心景观，因此在其山顶设计亭廊作为大王壁景观的视觉焦点。大王壁观景亭造型同样抽象提取白鹭飞行的姿态，与村口壶源鹭亭等构筑物遥相呼应，形成对景，强化山形地势。在植物景观设计上保留原生植物，适当增加花卉及灌木来烘托氛围。大王壁亭台的设置，不仅为村民及游客提供驻足休憩与眺望的场所，同时丰富了壶源江水景的层次，成为村口广场、黄金沙滩、农耕文化体验园的视觉对景（图1-22）。

图 1-22　大王壁构筑物设计

乡村景观设计

1.5 农耕文化体验园设计

1.5.1 设计分析

1.5.1.1 农耕文化体验园背景

农耕文化是构建中华民族核心价值观的重要文化基础之一，随着我国休闲农业的蓬勃发展，农耕文化在农业园中的活态展示成为传承与发扬传统文化的有利契机。

儿童是人类群体中年龄较小，有基本自主行为能力，但又易受环境影响的群体，将传统农耕文化融入儿童认知教育是传承传统文化的有效途径。同时，城市化促进了乡村旅游的发展，城市儿童走进自然、亲近自然的需求正日渐上升，建设校外教育实践基地，成为近年来儿童教育发展的新趋势。

目前，对儿童群体的农业知识教育，是浦江地区及浙江省有所欠缺的方面。薛下庄村农耕文化体验园将传统农耕文化、儿童教育、休闲农业三者有机结合，旨在通过丰富多彩的户外农耕文化体验活动唤醒家长的文化认同感，激发儿童的积极性和创造性，丰富儿童的农业知识，建设农耕文化体验园将成为乡村发展的新契机。因此，将农耕文化体验园作为一期建造项目，既有助于传承农耕文化的责任意识，也有带动乡村经济发展的现实考虑。

1.5.1.2 设计思路

基于对儿童认知、农耕文化传承、基地现状与村民利益诉求的考量，确定建设薛下庄农耕文化体验园项目。首先，明确项目的总体定位，包括文化定位、人群定位等；其次，根据项目定位及基地现状确定主要文化表达途径；最后，从使用者、文化、基地三个层面进行特征分析、适宜性匹配，推导出具体的景观表达内容，从而指导农耕文化体验园的规划设计。

1.5.1.3 目标人群

根据儿童相关研究分析显示，儿童作为文化认知的主体，其心理行为优先原则往往表现为"表现欲"优先、"探知欲"优先、"兴趣度"优先，在这三个优先层级中，"兴趣度"最为重要。认知体验理论研究表明，身体在认知过程中发挥着关键作用，认知是通过身体的体验及活动方式而形成的。同时，教育知识是儿童认知的基本需求。因此，在以儿童为农耕文化主要体验对象的薛下庄村农耕文化体验园设计上，"趣味性""参与性""教育性"是核心内容。

1.5.1.4 研究对象

作为项目所承载的农耕文化需针对以薛下庄村为代表的浙江传统农耕文化进行研究与提炼。农耕文化作为项目受众的认知对象，需要将农耕文化中的具象及抽象要素进行提取转化与重组，通过以旧为新的设计手段，设计重构农耕文化的内涵与形式，呈现新的景观设计语言。

1.5.1.5 场地现状

根据薛下庄村的基地现状、功能分区及项目依托所需条件，最终确定分隔村庄

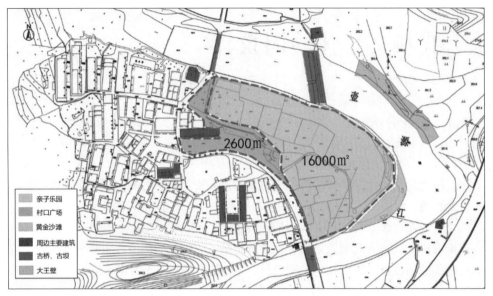

图1-23　薛下庄村景观节点分布图

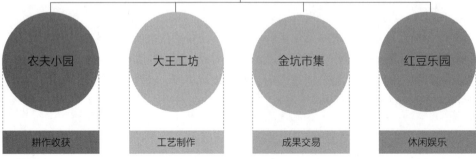

图1-24　薛下庄村农耕文化体验园分析

建筑聚落与农田的"S"形壶源江的内弯处作为农耕文化体验园场地。

选址依据可概括为以下四点：一是地形平缓适宜种植，原场地功能便是农作物种植，并且可保留场地原有红豆杉林作为游憩空间，富有当地特色；二是环境优美，四周景色迷人，有山有水有人家，适宜开展旅游项目；三是面积大小适宜，适合投资与管理运营，宜于项目的分阶段投资运行；四是位置交通便利，离省道距离近，且位于聚落、水系、农田的中心点，依托其打造的薛下庄村农耕文化品牌，可由点及面，带动乡村水上游、田间游、农家游和山上游的旅游活动发展，为将来村域范围内的全域旅游的开展打下坚实的基础（图1-23）。

1.5.2 总体设计

1.5.2.1 功能分区

在针对儿童认知、农耕文化、基地现状三者进行研究后，对儿童农耕活动进行详细分析与分类。根据活动类型将农耕文化体验园分为四大园区，分别是农夫小园、大王工坊、金坑市集、红豆乐园。四个园区将农耕体验的整个活动过程串连起来，从耕作、收获、加工到售卖，让孩子深入了解完整农耕活动的过程。同时，设置农业科普知识板块及农耕主题相关游戏，以增加农耕文化体验的趣味性（图1-24～图1-26）。

农耕文化体验园主要从道路铺装、植物景观设计、滨水景观设计、构筑物设计及公共艺术设计五大方面进行整体设计。

1.5.2.2 交通布局

农耕文化体验园位于村口，与省道距离近。因此在村口空地处设置临时停车场，方便零星散客驻留停车。在满足园区日常物资运输要求的同时，尽可能保护园区的自然环境，免除车流对游客的干扰，因此仅设置最低规格标准车行道满足基本需要。车行道沿用原场地沿壶源江的环形道路，其功能主要作为滨水游步道满足通行需求。为方便物资运输管理及满足消防要求，在园区中心位置设置一条主干道贯穿场地，保证体验园道路体系的贯通性和可达性。园区通过次道路分隔成红豆乐园、金坑市集、大王工坊及农夫小园四个子园区。主次道路网的建立保证了园区内部交通的通达便利。同时，园区内部依据项目自身需求设置相应的园路，以增加场地的趣味性及游览的更多选择（图1-27）。

图1-25 薛下庄农耕文化体验园位置图

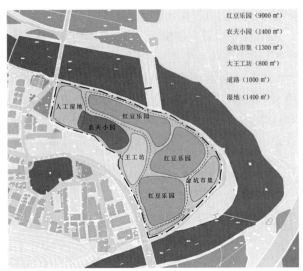

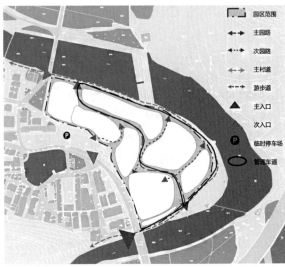

红豆乐园（9000 m²）
农夫小园（1400 m²）
金坑市集（1300 m²）
大王工坊（800 m²）
道路（1000 m²）
湿地（1400 m²）

图 1-26　农耕文化体验园功能分布图

园区范围
主园路
次园路
主村道
游步道
主入口
次入口
临时停车场
管理车道

图 1-27　农耕文化体验园交通流线图

1.5.2.3　农耕文化体验园总平面图

儿童认知和体验农耕文化的主题园由活动场地和配套服务设施等系统性空间环境组成，详见农耕文化体验园总平面图（图 1-28）。

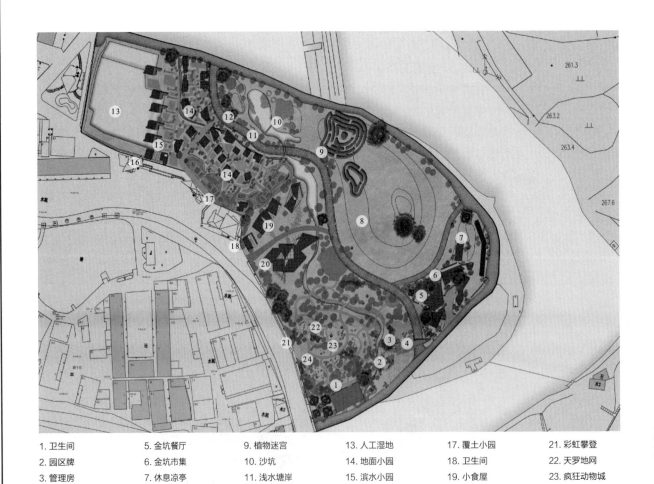

1. 卫生间	5. 金坑餐厅	9. 植物迷宫	13. 人工湿地	17. 覆土小园	21. 彩虹攀登
2. 园区牌	6. 金坑市集	10. 沙坑	14. 地面小园	18. 卫生间	22. 天罗地网
3. 管理房	7. 休息凉亭	11. 浅水塘岸	15. 滨水小园	19. 小食屋	23. 疯狂动物城
4. 入口	8. 阳光草坪	12. 休闲烧烤	16. 崖壁小园	20. 风车屋	24. 绵羊牧场

图 1-28　薛下庄村农耕文化体验园总平面图

1.5.3 设计手法

1.5.3.1 道路铺装

在与周边环境相协调的前提下，主路采用混凝土或沥青等材料，其余道路及场地铺装材料多选用碎石、青石板、砂砾、植草砖、防腐木等乡土材料。由于在农耕文化体验园中多采用当地石材作为铺装用料，因此整体风貌与环境相协调，并富有地方特色。

1.5.3.2 植物景观设计

在营造乡土植物景观系统时，以乡土植物为基调配置景观植物，坚持"乔灌木相结合，常绿树与落叶树相结合，速生树种与慢生树种相结合"的基本原则，并着重突出以下几个方面，一是人工规整式植物造景与自然生态式植物群落景观相结合；二是展现村庄的自然生态景观效果，满足旅游者亲近自然、亲近乡村的心理诉求；三是增加植物景观的经济收益，通过植物生产的农产品增加村民经济收益；四是在融合自然美、社会美和艺术美的基础上，努力创造具有乡村特色和地域特色的景观效果，为村民和游客创造一个安全、舒适、健康、有趣味、平衡的农业生态景观环境。

1.5.3.3 水与滨水设计

农耕文化体验园强调其自然生态属性，园内植物层次丰富，规划设置了自然驳岸小溪，将壶源江水引入农耕文化体验园，既满足植物的灌溉需求，又增加了滨水娱乐活动空间，赋予景观多样性。整条水系自南向北，水系坡度依流势而设计，急流处3.0%，缓流处0.5%～1.0%，水系横断面坡度为0.5%左右。红豆乐园设有浅水塘岸、林溪漫步道及戏水平台；农夫小园流水形态以溪流为主，主要用于灌溉农作物。同时在农夫小园西北处，充分利用原有人工湿地处理池，将其打造成湿地景观，增加小园的景观丰富度与体验多样性。

1.5.3.4 构筑物设计

农耕文化体验园将建造可移动木屋、遮阳与风雨棚满足场地中活动项目的开展。体验园中的农夫小屋、大王工坊、市集等均需要一定面积的开敞性室内空间，因此选择临时性构筑物以实现农耕文化体验园所需的相应建筑功能。结合村口广场及大王壁构筑物的定位，农耕文化体验园构筑物同样以轻盈灵动的白鹭作为设计原型，突出灵动性和整体性，将薛下庄村打造成为青山绿水间的农耕文化体验村。

1.5.3.5 公共艺术设计

薛下庄村良好的自然条件，决定了当地的动物多样性。蝴蝶、白鹭、羊、猫、狗、蜘蛛、蜗牛等是当地代表性常见动物，赋予了薛下庄村勃勃的乡土生机，形成极具灵气的动态景观。因此，在公共艺术设计方面，选择乡土动物造型的公共艺术装置来强化村庄的乡土生机感。同时，考虑到针对人群为儿童，将乡土动物公共艺术装置卡通化并具有游戏互动功能，吸引儿童在这里游玩体验。

1.5.4 子项目设计

具体设计项目以农夫小园、金坑市集、红豆乐园和大王工坊四部分进行详细介绍。

1.5.4.1 农夫小园

农夫小园是儿童的私属小园，为城市居民提供亲子乡野农耕体验，丰富生活情趣。农夫小园主要让儿童体验农耕生活，同时为儿童提供简易的劳动工具，以及传授使用技巧，使其在劳动过程中，加强自身的劳动能力与吃苦耐劳精神。亲身体验完整的农耕劳动过程，能让孩子更真实、深入地了解农耕文化。

农夫小园设置不同的家庭小屋与小院，是以家庭为单位一户一院的租赁式小园。小院功能随主人种植需求而定，主要有菜园、果园、花园等。租赁时间灵活，以适应不同植物不同的种植时间与生长周期（图1-29～图1-31）。

由农夫小园生产的劳动果实可在家庭小屋内烹饪，全家共享；部分可去金坑市集的儿童小铺进行售卖或交换；也可前往大王工坊的食物作坊加工成食品带回家等多种农耕文化生活的体验方式。

农夫小园根据地势及周边环境的不同，精心设计了覆土小园、地面小园、崖壁小园和滨水小园四类场地，每类场地内依据需求设计不同的小屋与小院落。整个园区设计均从儿童的生理和心理出发，尺度宜人，造型可爱，空间丰富有趣。

（1）崖壁小园、地面小园、滨水小园

依据所处地理位置将场地内的地面小园分为崖壁小园、地面小园及滨水小园三类。三类小屋为非永久建筑。因此，可移动临时构筑物的建构形式成为此三类小屋首选。鉴于农夫小园主要功能为种植体验，建筑面积占小园的比例必须尽可能小，因此面积小与可移动成为小园构筑物两大基本要求。农耕种植体验需突出其乡土性，因而建筑结构宜简易，整体制作工艺及用料简单，造价低。

这些构筑物采用方钢框架，尽可能减小体积，以乡土材料竹编面板及木饰面板作为墙体填充，表现其乡土风貌。同时，小屋户型根据不同家庭需求设计，提供多样选择。地面小园是最基础的小屋形式，它有灵活的形式和移动空间。整体制作工艺及用料简单，方钢框架减小了体量，大面积的木饰面消解了人与环境间的心理距离。

崖壁小屋，零星散布于崖壁边。设置了攀爬楼梯，既方便上下出入，又增加了儿童户外体验的趣味性。滨水小园临于村内人工湿地之畔，在地面上设置木栈道延伸至水面，小屋做半开敞设计，最大限度保证与水面的通透感（图1-32）。

（2）覆土小园

农耕文化体验园中的农夫小园是采用一户一院的租赁小园，临时性体验空间成为农夫小园一大亮点。体验园基准标高与村口基准标高相差近5米，如何合理消化高差问题成为农耕文化体验园的另一大难点。经过创意设计使覆土建筑完美解决了场地高差问题。将建筑功能模块置于崖壁处，由模块过渡村口基准平地与体验园基准平地间的5米高差，在模块间用泥土填充，而模块上方同样予以覆土，使得整个建筑包裹于土丘之内。土丘之上是乐趣满满的小园，土丘之下是幸福洋溢的小屋。放眼望去满眼绿色，生机盎然。

覆土建筑采用钢筋混凝土结构，以当地石材填充墙体立面，使建筑隐藏于土坡之中，富有一定的层次和趣味。在门和窗的设计上，充分考虑儿童的生理与心理特性，依据空间需求设计为拱形门及弧形窗，类似动画片里的卡通场景。建筑专为儿童量身定制，为营造小屋可爱氛围，整个建筑尺度较正常建筑偏小，但同时能够满足成年人在建筑中的正常活动需求。小园道路依坡而建，同样采用当地石材，以不规则石板为主，突出其乡土性（图1-33、图1-34）。

在农夫小园的植物景观设计上，以院落式应季农作物为主要景观，高大乔木选择当地落叶乔木乌桕及柿树，柿树不仅可以作为景观树，同时是果树，应季可采摘果实；栽种竹柏、红枫、银杏、火棘、蜡梅等乔木增加季节植物色彩的丰富性；同时为增加感官的丰富体验，周边栽种桂花树。农耕种植普遍具有时节性，在春夏季人流量相对较大，为营造热闹的氛围，在小园周边种植花叶锦带和花叶八仙。同时考虑四季观赏效果，零星栽植金叶千头柏和细叶芒等叶色或株型富有变化的植物。

在铺装设计上，以乡土石材为主，临水平台采用防腐木。主园路采用片石，入户小路采用不规则青石板，以此突出场所的乡土原生态氛围。

在水景设计上，园内小溪成为农夫小园与外界的自然分隔带。水流形态以溪流为主，似农田沟渠，既有农耕景观作用，又能灌溉农作物，儿童可拿水桶到小溪处打水浇灌自己的农作物。同时，为方便代管工作，农夫小园配备灌溉管道系统。在农夫小园西北处，充分利用原有的人工湿地处理池，将其打造成湿地景观，增加小园的景观丰富性与体验多样性。

图 1-29 农夫小园总平面图

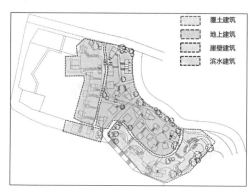

图 1-30 农夫小园功能分布图

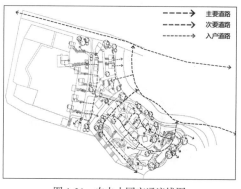

图 1-31 农夫小园交通流线图

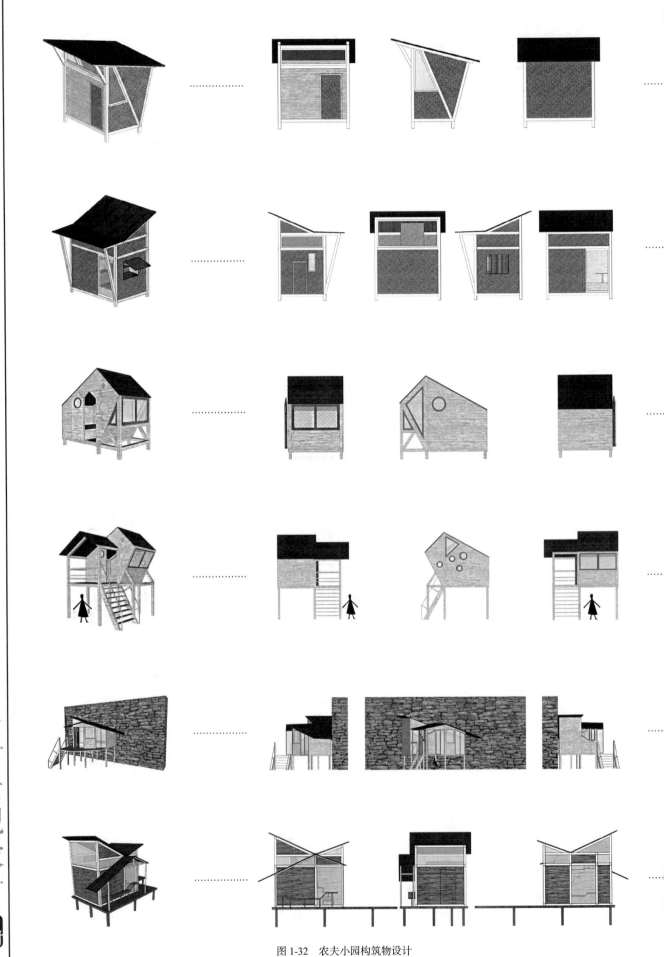

图 1-32 农夫小园构筑物设计

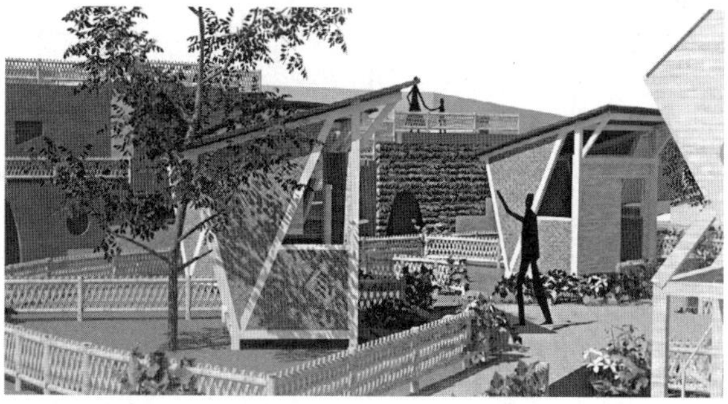

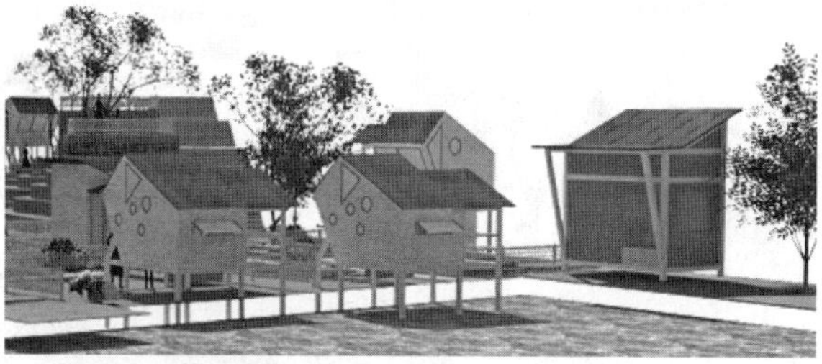

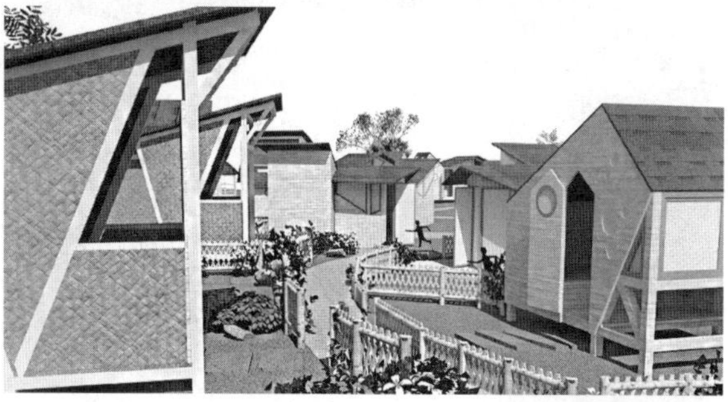

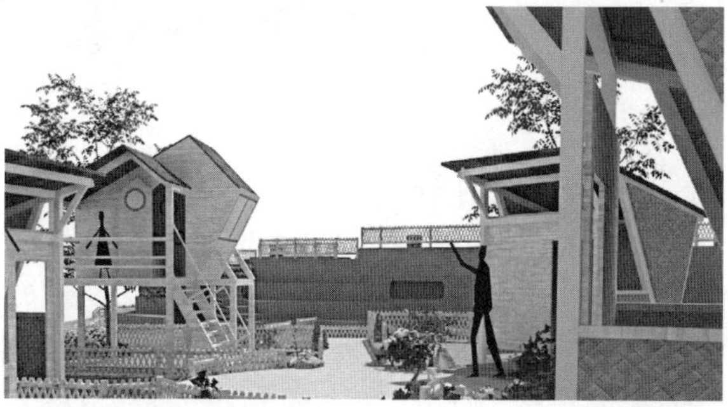

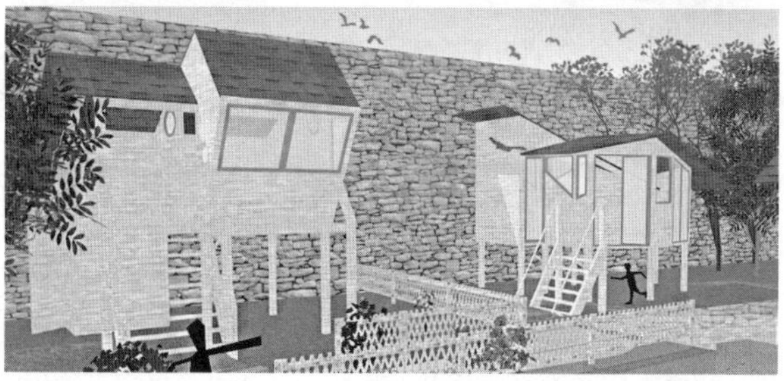

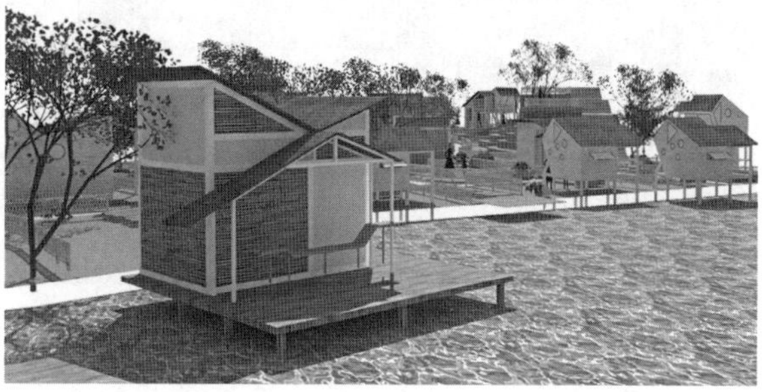

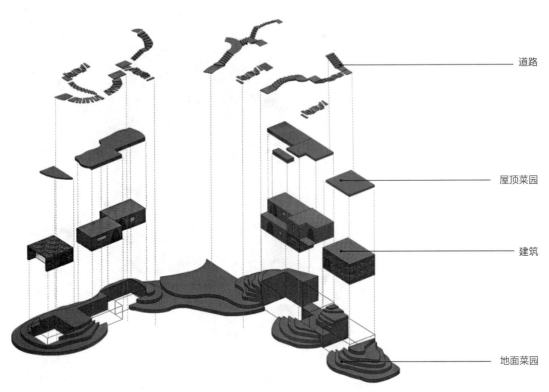

道路

屋顶菜园

建筑

地面菜园

（a）覆土建筑分层图

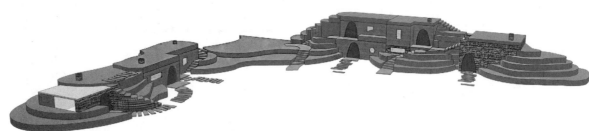

（b）覆土建筑轴测图

（c）覆土建筑立面图

（d）覆土建筑效果图

图 1-33　农夫小园覆土建筑设计

乡村景观设计

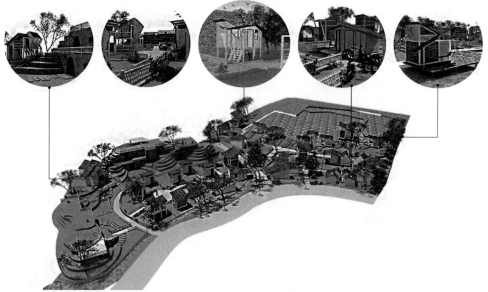

图 1-34　农夫小园鸟瞰图

1.5.4.2　金坑市集

金坑市集位于园区南面，包括农耕文化体验园入口、配套服务用房、乡村市集三大板块。整个区块与黄金沙滩及壶源江紧密相连，站在 S210 省道即能感受三者共同生成的场景。因此金坑市集是关乎整个农耕文化体验园形象的关键性节点之一，需予以重点营造（图 1-35 ~ 图 1-38）。

金坑市集版块包括本土特产小铺、工艺小铺和儿童小摊，既为小园和工坊提供交易等后期服务，又面向黄金沙滩上的游客售卖地方特色产品，以此延伸产业链。儿童可将在农夫乐园种植的蔬果和大王工坊制作的食物或工艺品等拿到市集的儿童小摊进行售卖或交换，让儿童体验乡村市集氛围，同时锻炼儿童的交际能力。为带动村内农业经济，增添园内乡土风味，设置本土特产小铺展示售卖当地土特产，如土鸡蛋、地产蜂蜜等，游客可以在这里购买和品尝到乡村的土特产品和食品；工艺小铺则引进工艺品销售商，售卖文化创意类的工艺品，既增加了商品的丰富性，又为村里带来场地租赁等相关收入。

金坑市集构筑物同样提取自白鹭飞翔的姿态，以半开敞及全开敞的挑檐棚结构为主。构筑物整体造型为抽象简化的江南民居，与周边山水及原有建筑相呼应。为表现建筑的灵动性，以抽象组合的三角形屋顶来表现白鹭自由飞翔的姿态。场地中墙面以夯土墙与垒石墙相结合，屋面材料采用青灰色油毡瓦，而地面采用原木色防腐木或青石板铺地，从而保证风格上能够呈现乡村的质朴感（图 1-39）。

农耕文化体验园入口与管理房结合，形式与村口构筑物相呼应。同样采用展翅而飞的白鹭原型，由此抽象而成几何三角的基本形，具有"欢迎广大游客进入园区的形式感寓意"（图 1-40）。

图 1-35　金坑市集和农耕文化体验园入口鸟瞰图

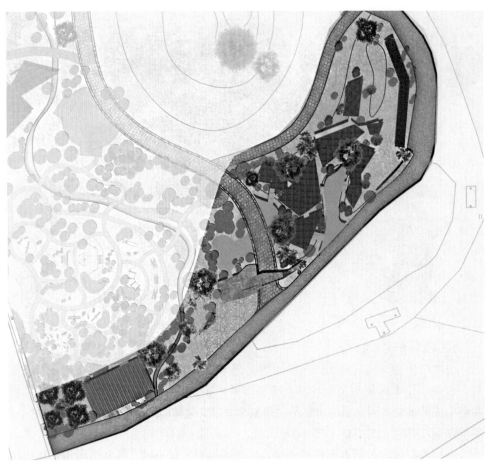

图 1-36　金坑市集和农耕文化体验园入口区域平面图

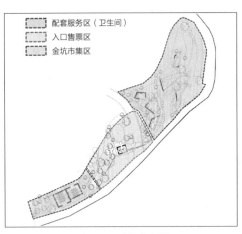

图 1-37　功能分布图

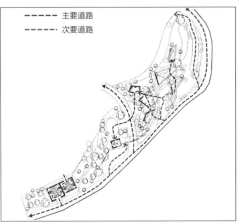

图 1-38　交通流线图

图 1-39　金坑市集构筑物立面图

（a）金坑市集卫生间

（b）农耕文化体验园入口

（c）金坑市集构筑物效果图 1

（d）金坑市集构筑物效果图 2

图 1-40　金坑市集和农耕文化体验园入口区域效果图

1.5.4.3 红豆乐园

红豆乐园是孩子们的游乐天堂，它覆盖各年龄层儿童，根据不同阶段孩子的心理及行为特点设置了不同的游乐设施，并考虑大人在其中进行必要的看护、引导等行为，设置有休息长凳和看护台等设施，最终实现儿童间的互动以及亲子间的互动。设计方案将红豆乐园整体分为童趣游戏区、杉林漫步区、林溪游步区、阳光帐篷区四个区域，在童趣游戏空间有针对性地设计了公共艺术装置来营造场景氛围，并开展相应的活动。为增加设施耐久性并降低施工难度，游乐设施主要采用现代和传统相结合的材料及施工工艺，为了协调农耕文化的乡土味与游乐设施之间的矛盾，设计上采用生活中的动物形态和选用木材和麻绳等乡土材料进行建造（图1-41～图1-45）。

在空间场景营造上，为保证充分的自然乡土味，人工游乐设施以公共艺术装置形式隐匿于场地原生红豆杉林中。同时，公共装置是以当地乡土动物为主要参考对象，提取乡土动物最典型的动作形态，并将其抽象概括，提炼出既富典型性又充满趣味性的造型。公共装置材质选择以乡土材料木材、麻绳为主，当乡土材料无法满足施工要求的情况下，则采用现代材料如钢材替代，在保证趣味性的同时尽可能不丢失其乡土性。选用乡土材料，也是基于尽可能避免器械对孩子造成意外伤害的考量。在地形设计上，依据游乐设施的需要，设置微地形，增加趣味性（图1-46～图1-50）。

图1-41　红豆乐园总平面图

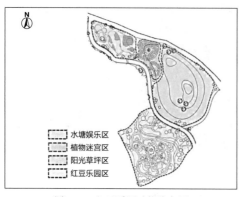

图例
- 水塘娱乐区
- 植物迷宫区
- 阳光草坪区
- 红豆乐园区

图1-42　红豆乐园功能分布图

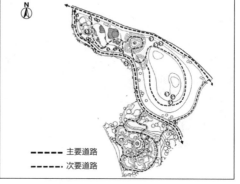

图例
- 主要道路
- 次要道路

图1-43　红豆乐园交通流线图

图 1-44　水塘娱乐区、植物迷宫区、阳光草坪区鸟瞰图

图 1-45　水塘娱乐区、植物迷宫区、阳光草坪区效果图

图 1-46　红豆乐园鸟瞰图

图 1-47　红豆乐园效果图

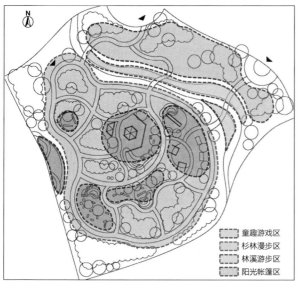

图 1-48　红豆乐园童趣游戏区功能分布图

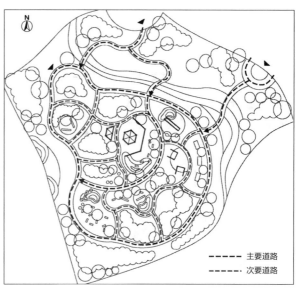

图 1-49　红豆乐园童趣游戏区交通流线图

图 1-50　红豆乐园公共艺术游乐装置立面图

1.5.4.4 大王工坊

大王工坊是儿童和父母可以一起参与食物或手工艺品制作的场所，主要有年糕作坊、豆腐作坊、果酱坊、干果作坊、竹根雕工坊等。儿童可将农夫乐园种植的果实拿到大王作坊进行二次加工，进一步体验农耕的成果制作；同时，传统手工艺工坊的设置，有助于培养儿童对中国传统文化的兴趣，传承非物质文化遗产。其中，一些难度较大的手工制作需要家长和孩子共同完成，既是培养孩子的动手能力，又能增进亲子感情。

大王工坊是两组半敞开式的作坊群，构筑物以钢木构架为基础，围墙选用夯土墙，屋顶结合玻璃材质，做开敞性处理。北部主要是各种食物作坊，南面是各种手工艺品作坊（图 1-51 ～ 图 1-56）。

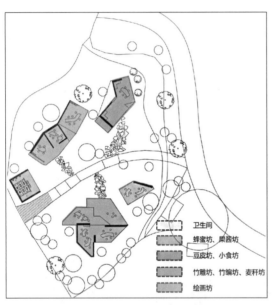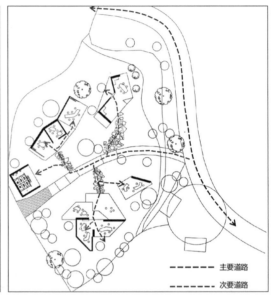

图 1-51 大王工坊功能分布图 　　　　　　 图 1-52 大王工坊交通流线图

（a）大王工坊构筑物 1

（b）大王工坊构筑物 2

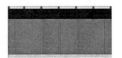

（c）大王工坊卫生间

图 1-53 大王工坊构筑物设计

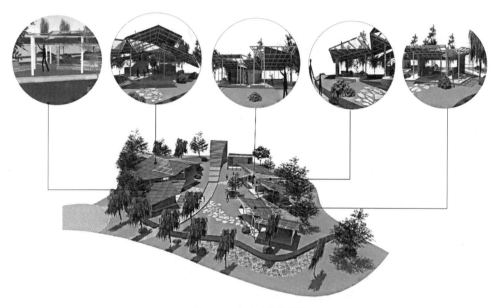

图 1-54　大王工坊鸟瞰图

图 1-55　大王工坊效果图

图 1-56　大王工坊总平面图

1.6 薛下庄村 VI 系统设计

1.6.1 基础系统设计

薛下庄村的标志设计源于当地的自然风貌特色形态，"S"形的壶源江分隔了薛下庄村的田和村，形成了中国传统文化中"太极"阴阳鱼的基本形，而田中的土丘与村中的莲塘恰好构成了阴阳鱼眼。此外，村中莲塘与省道东南面的水塘又形成了另一幅太极形象，双太极地形成为薛下庄村最大的大地景观特色。原本丰饶的大地上从无极到太极，从太极到双生太极，以至化生万物的过程，都印证着这片土地上人与村从无到有，兴旺、发展的过程。

薛下庄中心村落呈扇形坐落于斗鸡岩与笔尖山东面的山坳之中，斗鸡岩和笔尖山作为别具特色的山体，使得人的视角聚焦于村落中心的公共活动区域。薛下庄村的发展定位之一为发展山水旅游，实践着"青山绿水便是金山银山"理念。标志设计取斗鸡岩、笔尖山与壶源江之形，品太极村田之味，解薛下庄村青山绿水之意，以此设计薛下庄村标志的形态。色彩选取中国画中山水之石青、石绿，印泥之朱砂红，以体现中华传统韵味（图 1-57 ~ 图 1-59）。

薛下庄村
XUE XIA ZHUANG VILLAGE

图 1-57 薛下庄村标志

C-M-Y-K:89-67-17-0
R-G-B:30-90-158

C-M-Y-K:87-46-59-2
R-G-B:0-117-112

C-M-Y-K:42-85-84-7
R-G-B:163-67-54

图 1-58 薛下庄村标志标准色

斗鸡岩山与笔尖山　　壶源江

标志解读

取壶源江、斗鸡岩与笔尖山之形
品八卦田之味
应薛下庄青山绿水之意

图 1-59 薛下庄村标志设计过程

1.6.2 应用系统设计

1.6.2.1 产品包装设计

乡村农产品的售卖是发展乡村经济的重要方面，农产品的包装是树立产品品牌和营销的重要内容。运用薛下庄村 VI 系统设计，将乡村标志应用到农产品的包装上，是推销产品和打造产品品牌的有效手段（图 1-60）。

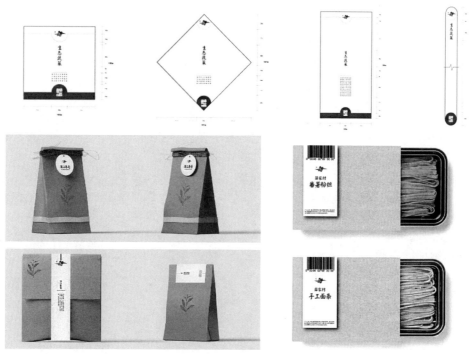

图 1-60　薛下庄村农产品包装设计

1.6.2.2 公共设施设计

薛下庄村公共设施设计，在造型和材料运用上，挖掘乡土文化特征，将乡土材料如竹材、木材、石材等，与现代的钢材相结合，造型上则与新建构筑物符号相呼应。以此设计形成整体性统一的公共服务设施，使设施具有一定的乡土韵味，同时又符合现代审美需求。公共设施工艺简单，造价适中，易于施工及维护，持久耐用，能与周边自然环境相融合（图 1-61）。

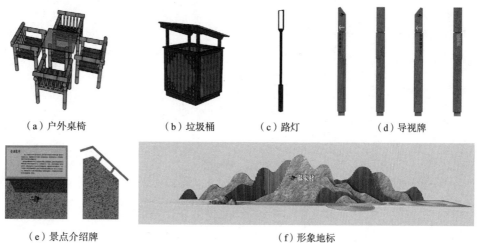

（a）户外桌椅　　　（b）垃圾桶　　　（c）路灯　　　（d）导视牌

（e）景点介绍牌　　　　　　　　（f）形象地标

图 1-61　薛下庄村公共设施设计

石阜村

耕阜文化、民俗文化、古建文化
为一体的方氏历史文化名村

2 石阜村乡村景观设计

2.1 乡村背景
2.1.1 地理位置
2.1.2 自然环境
2.1.3 景观资源
2.1.4 历史文化
2.1.5 人口现状
2.1.6 乡村经济
2.1.7 建筑现状
2.1.8 村落格局
2.1.9 上位规划

2.2 路径定位
2.2.1 设计分析
2.2.2 设计原则
2.2.3 设计理念
2.2.4 主题定位
2.2.5 建设目标

2.3 规划布局
2.3.1 总平面图
2.3.2 功能分区
2.3.3 交通流线
2.3.4 游线组织

2.4 巷弄景观设计
2.4.1 设计背景
2.4.2 八房弄设计
2.4.3 七房弄设计
2.4.4 三房弄设计

2 石阜村乡村景观设计

2.1 乡村背景

2.1.1 地理位置

石阜村处于杭州半小时高速圈范围内,隶属桐庐县江南镇,是桐庐的东大门,在富春江南岸。村庄所在的桐庐县位于浙江省西北部,地处钱塘江上游,东连浦江、诸暨,南接建德,西临淳安,北靠富阳与临安,东西直线距离约为 77 公里,南北向约为 55 公里,县域总面积 1829.41 平方公里。该区域是浙江省内城市群参与全球竞争的国际门户地区,是带动浙江省率先发展、转型发展的重要地区,而桐庐正处于北倚杭州都市区、南联金华—义乌都市区的有利位置(图 2-1、图 2-2)。桐庐处于杭州 1 小时车程范围内,属于杭州都市经济圈的紧密层,且位于杭州到千岛湖沿新安江—富春江—钱塘江黄金旅游线的中点,具有发展休闲旅游业的先天优势(图 2-3)。

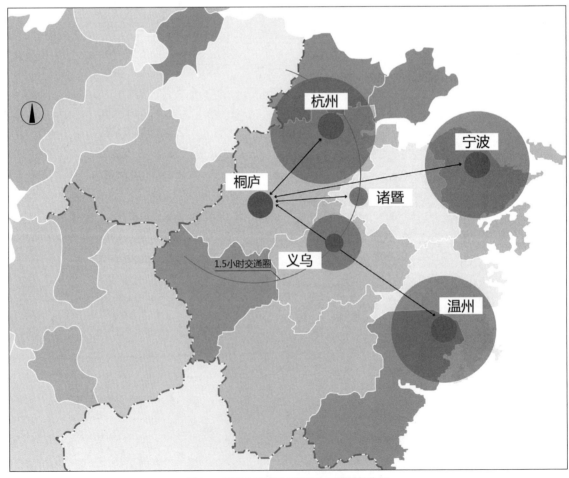

图 2-1 桐庐位于浙江省及四大经济圈的位置

2.1.2 自然环境

地形地貌：石阜村所在的桐庐县属浙西中低山丘陵区，地势由西北和东南向富春江沿岸降低，四周群山耸立，中部为狭小的河谷平原，山地与平原间则丘陵错落分布（图2-4）。距桐庐东北方80公里的大明山为浙江花岗岩峰丛发育地，主要为中细粒黑云母花岗岩，块状结构，呈灰白色或浅肉红色。石阜村坐落于三国东吴文化发祥地天子岗山麓，坐西朝东，以村西眠犬山为靠山（图2-5）。四周小山环绕，东北为祖茔斛山；南为狮山、虎山；北面有赵龙山和沈家山。地势由西南向东北倾斜。

水系：石阜村整个村落处于大源溪古河道之上，有富春江南渠和大源溪流经本村（图2-6）。石阜村因原本村址就是大源溪古河道，有丰富的地下水资源。引溪水入村，形成村东远处的金堂澳，用于灌溉。大澳流于村东边界，主要满足生活洗涤；甘溪流于村西，排除山洪，起防御功能。在这里形成三条纵向"川"字水系（图2-7）。村中有饮用水井19个，洗涤及灌溉水塘26个，且水质优良。村中有名的泉水主要有两处，一处为祠堂边的石罅泉，村民称之为汰井头；另一处为下畈泉水龙口，现已扩建成井。

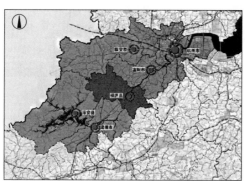

图2-2　桐庐位于杭州的位置

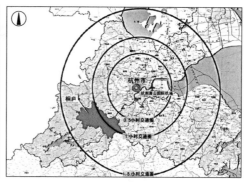

图2-3　桐庐在环杭州湾地区位置交通圈

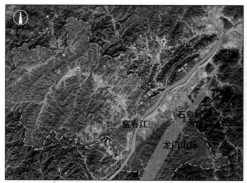

图2-4　桐庐县地形圈

图2-5　石阜村周边地貌

图2-6　石阜村周边水系分布圈

图2-7　村内水系图

2.1.3　景观资源

　　该区域旅游资源丰富，石阜村东北面是与之互成体系的江南古镇群落；南面是大齐山、小源山等森林公园；西北方向为瑶琳仙境旅游区（图2-8）。

　　作为古村落资源的有机组成部分，石阜村位于浙江西北区域，属于浙西古村，与之相似的有以深奥古镇为中心的古镇村群、淳安县以芹川古村为代表的系列古村及兰溪市系列古村等（图2-9）。

2.1.4　历史文化

　　石阜村历史悠久，有史料记载早在新石器时代，就有人类活动的遗迹，此时就有依托于农耕文明的人类定居点。石阜建村最早可追溯到魏晋时期，据文献记载当时已有郭氏、陈氏等宗族居于此地。石阜方氏最早于1174年（南宋），由浦江仙华山方逸公携长子璿迁来定居，至今开基已800多年，人文积淀丰厚。形成了1000年的建村历史、800年的宗族文化、600年的耕阜文化、300年的商贾文化和200年的古建文化，以及独具方氏特色的民俗文化（图2-10）。

　　元末明初，明太祖朱元璋实行"军屯"，石阜一带还是大源溪改道后留下的大片荒滩。方逸公九世孙方礼（字思义，号丹泉，别号"耕阜"）提出"包荒"行"民屯"。桐庐江南一带荒地迅速垦复，屯军扰民之弊很快消除，出现"物阜民康"的安乐景象。由此造田风气大兴，石阜积石成田，垒石成阜，村名由此而来。"石"既是石阜村渊源的由来，也是石阜村建筑、器具的主要材料，最能代表石阜村的特色与风貌。

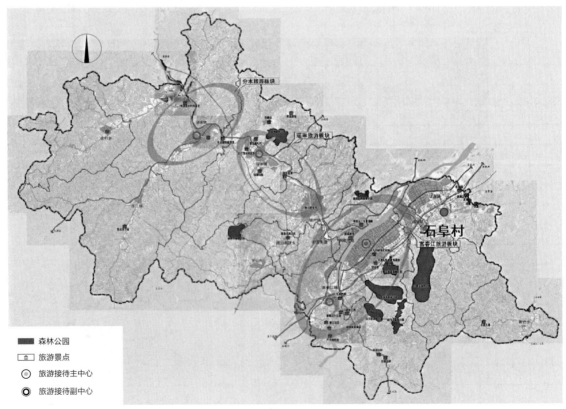

■　森林公园
□　旅游景点
◎　旅游接待主中心
◉　旅游接待副中心

图 2-8　石阜村周边旅游资源分布

表 2-1　各自然村人口分布表

编号	村落名称	户数（户）	人口数（人）
1	石合	237	705
2	石联	142	608
3	石丰	237	742
4	石伍	255	768
5	石阜	197	555
6	中市坞	9	27
7	大龙山	23	81
8	水碓里	49	205
9	唐家坞	7	22
10	赵龙山	3	13
11	王家塘	35	9

至杭州
至杭州
至常安
横山埠
窑溪
锦江
获浦
金茂
深澳
华丰
徐畈
梅蓉
舒川
莲塘
石阜
凤鸣
梧村
环溪
青源
江南镇
濮家庄
柴埠
小潘
石泉
珠山
滩头
洋洲
彭坞
园林
岩桥
娴岗
仁智
西庄
凤川镇
东兴
三鑫
石阜村
周边古村
江南古村带

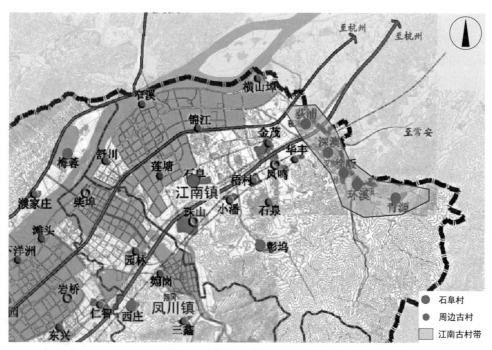

图 2-9　石阜村周边古村落分布

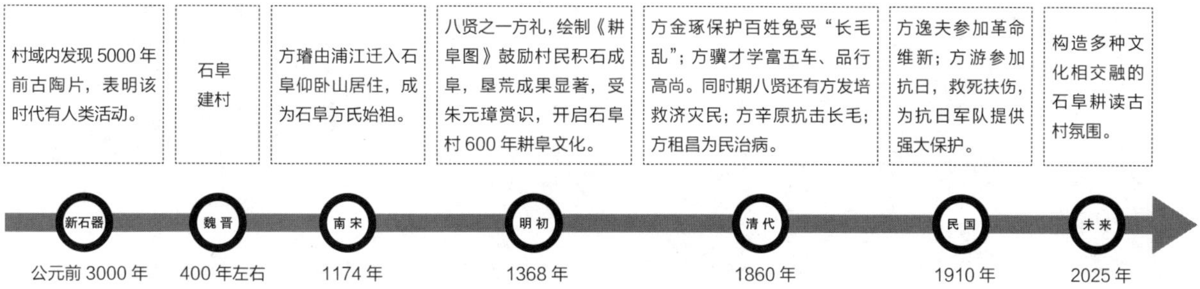

村域内发现 5000 年前古陶片，表明该时代有人类活动。
石阜建村
方瑺由浦江迁入石阜仰卧山居住，成为石阜方氏始祖。
八贤之一方礼，绘制《耕阜图》鼓励村民积石成阜，垦荒成果显著，受朱元璋赏识，开启石阜村 600 年耕阜文化。
方金琢保护百姓免受“长毛乱”；方骥才学富五车、品行高尚。同时期八贤还有方发培救济灾民；方辛原抗击长毛；方租昌为民治病。
方逸夫参加革命维新；方游参加抗日，救死扶伤，为抗日军队提供强大保护。
构造多种文化相交融的石阜耕读古村氛围。
新石器
魏晋
南宋
明初
清代
民国
未来
公元前 3000 年
400 年左右
1174 年
1368 年
1860 年
1910 年
2025 年

图 2-10　石阜村历史文化

2.1.5　人口现状

石阜行政村辖石合、石联、石丰、石伍、石阜、中市坞、大龙山、水碓里、唐家坞、赵龙山、王家塘 11 个自然村，19 个村民小组，共 1159 户，3726 人。各自然村内部人口分布见表 2-1。

2.1.6　乡村经济

石阜村重点发展农业水产养殖业和粮油种植业，目前村民主要经济收入来自于针织来料加工。其中水产养殖主要以甲鱼养殖为主；粮油种植业类别较多，有小麦、油菜、玉米、番薯、马铃薯等。村庄旅游资源处于待开发状态，缺乏发展乡村旅游的配套服务条件，目前游客较少。

2.1.7　建筑现状

石阜古村落主要风貌由明清建筑群构成，古建筑形制较多，规格齐全，大小不一，风格各异，其中民国建筑数量众多。具有代表性的九房老屋、六言堂、绍衣堂、十间四厢、植善堂、勤业堂、方游故居等民居以及方氏宗祠、麻园厅、三友堂、孝友堂等公共建筑散布村中，这些老房子反映出当地的地理条件、生活水平、建筑材料、生活习惯、审美观点等，尽管已历时数百年，仍具有较高的历史价值、文化价值和审美价值（图 2-11）。

图 2-11　石阜村建筑风貌

2.1.8　村落格局

（1）靠山抱水的村落格局

石阜村坐落于三国东吴文化发祥地天子岗山麓，当年先民看到石阜村优越的地理格局便决定居住于此。垒石筑田，积石成阜，终成沃野，故名石阜。整个古村落坐北朝南，门前溪绕村而过，体现古人"择水而居"的选址理念。石阜村从风水格局来看，南为龙门山脉，北为富春江，地势由南向北舒缓倾斜，西有大源溪纵贯南北，四周皆有平缓低丘。从石阜村的村庄选址及村内布局反映出中国传统村落选址的特征。

理山：石阜村前案山前低后高，层迭秀美；村右虎山伏踞，村左龙山雄奇，主体化为村后祖山端园方正，脉络深远。石阜村东有仰卧山、大龙山、金堂山，南有岩山、赤山形成狮虎把门，西有眠犬山为一村靠山，北有赵龙山和沈家山。远近四周皆山，使村落处于群峦环抱、藏风纳气的理想位置。

观水：石阜村因原本村址就是大源溪古河道，有丰富的地下水资源。所以引溪水入村，形成金堂澳、大澳流、甘溪流三条纵向的"川"字形水系，在四周低丘间形成一个较为宽阔的冲积小平原，能满足村民生产生活。

石阜村四周三面环山，只有北面低地缺口，虽有朝龙山和沈家山，但因距村较远，且两山间也有距离，所以在两山之间堆土三尺做隆阜山加以连接，上植树木；同时在近村的眠犬山北端与村东大龙山之间做数百米长、二米高的长埂，植树为屏障，并立牌禁止盗伐树木。两道大门用来在北面拦水口，以聚拢人气；同时又在长埂中间，大澳出村口水口位置建阜成庙，形成下沙水口。

石阜村坐西朝东，就是遵循负阴抱阳的理念而定基。靠山可屏挡冬日寒流，面水可迎夏日凉风，形成宜人小气候。

（2）迷宫一般的巷道系统

石阜村村落结构明晰，以汰井头为中心，向南呈团叶状展开，整个村落水系环绕，大小街巷穿插其中，主次有序，是典型的宗族村落的构成形态。为了增强古村的防御功能，同时也有风水因素的考虑，村落内巷道纵横交错，三转九弯，迂回曲折，方位难辨，生人进入，仿佛进入一座迷宫。

2.1.9　上位规划

上位规划为石阜村的建设指明了方向和定位，同时提出了具体标准，立足将石阜村打造成美丽乡村精品村，按照"四美"要求，围绕"秀美、宜居、宜业"，做靓村庄、发展产业，打造村貌特色鲜明、产业文化亮点纷呈的精品特色村，弘扬生态文明，建设魅力乡村，提升村庄旅游竞争力。乡村景观设计主要依据以下上位规划进行设计。

（1）《关于全面建设"风景桐庐"的实施意见》；

（2）《桐庐县域村庄布点规划修编（2011-2020）》；

（3）《桐庐县江南镇城镇总体规划（2011-2030）》；

（4）《桐庐县江南镇土地利用总体规划（2006-2020年）》；

（5）《桐庐县旅游业"十三五"发展规划》；

（6）《桐庐县石阜历史文化村落保护利用规划（2017-2025）》。

2.2 路径定位

2.2.1 设计分析

石阜村景观设计基于上位规划《桐庐县石阜历史文化村落保护利用规划》确立的建设目标与原则，针对景观建设进行结合保护利用规划的系统性分析。

优势：石阜村距桐庐县城约20公里，距杭州市区约75公里，距杭新景高速深澳互通3公里，交通十分便捷，区位有明显优势；石阜村具有源远流长的宗族文化传统和民风、民俗。当地的社会生产、生活习俗、文化艺术、礼仪风俗等各方面均有其独特的地方特色和浓郁的地方风情，文化底蕴深厚；石阜距今已有1000多年建村史，村内现存完整的古建筑群，并融入耕阜文化，村落风貌特色明显，历史遗迹众多。

劣势：传统建筑和历史要素亟待保护，村内有特色的传统风貌建筑除列为全国重点文物保护单位的环胜桥保护较好外，大部分传统建筑处于既无人使用又缺乏维护的状态，基础设施不完备，缺乏基本的给水、排污、电力、电信等基础配套，目前尚不能满足村民使用需求。同时损坏严重，濒临坍塌。因此，村庄内外环境急需统一规划设计，有序开展相关保护利用工作。目前石阜村丰富的历史文化资源并没有有效地加以利用，旅游开发尚处于起步阶段。

机遇：乡村旅游的迅速发展，人们消费需求结构的演变，乡村旅游逐渐成为市场消费热点，乡村旅游市场日益扩大，这是石阜村发展的时代机遇；政策支持方面，桐庐通过"潇洒桐庐、秀美乡村"以及"风景桐庐"的建设，基本实现了桐庐乡村的大发展，而石阜村是这两大计划的重要节点之一。随着区域整体的保护与发展，石阜村的外部环境将越来越有利于村庄建设与村民生活品质的提升。目前，石阜村正在申报全国传统村落，这对于村落建筑的保护、乡村旅游的开展以及石阜村全方位的发展建设将有着极大的推动作用。

挑战：石阜村位于富春旅游板块，毗邻江南镇传统村落群。与深澳、徐畈、环溪、荻浦区域内知名的古村落距离较近，要实现与周边村落协同发展。在这一现状下，石阜村如何减少同质竞争，形成错位发展，打造一条属于自己的发展之路，是石阜村品牌建设、吸引外来游客、发展特色旅游所需面对的挑战。

2.2.2 设计原则

综合考虑石阜村乡村景观特点和存在问题，在进行乡村景观设计时，重点考虑以下基本原则。

（1）整体性原则：石阜村村域面积广，空间类型丰富，设计时既要考虑局部空间的景观效果，也要考虑与整体村落风貌的统一，注重古村落历史脉络的延续，使各个节点景观空间拥有一定的连续性，成为协调统一的有机整体。

（2）保护性原则：石阜村历史悠久，属浙西古村落，在村落的保护发展过程中，应坚持保护第一的原则，对村落中的历史建筑、历史环境要素等有形的物质环境，以及生活形态、特色技艺、风俗民情等无形的非物质文化遗产等，均应进行整体保护；在此基础上，合理利用、调配相关资源，发展乡村旅游、特色农业等相关产业。

（3）效益性原则：石阜村资源丰富，有一定产业基础，设计时应关注当地资源条件、经济发展和生活现状，在保护物质环境与非物质文化遗产的同时，设计需要提供用于发展经济的空间，并将相关要素有机地联系在一起，为村民带来实际效益。

2.2.3　设计理念

按照"望得见山、看得见水、记得住乡愁"的指导思想，围绕"修复优雅的传统建筑、弘扬悠久的传统文化、打造优美的人居环境、营造悠闲的生活方式"的目标要求，以"千村示范、万村整治"工程建设为载体，把保护利用历史村落作为建设美丽乡村的重要内容，在充分发掘和保护古代历史遗迹、文化遗存的基础上，优化美化乡村人居环境，适度开发乡村休闲旅游业，把历史村落培育成为与现代文明有机结合的美丽乡村。

2.2.4　主题定位

石阜村以 1000 年建村史为底蕴，800 年宗族史为脉络，600 年耕阜史为特色，打造成为集耕阜文化、民俗文化、古建文化为一体的方氏历史文化名村。

2.2.5　建设目标

村庄保护和修复方面：对村落中具有较高历史文化价值和具有鲜明历史印记以及具有显著地域特色的传统建筑物、构筑物，提出科学的保护和修复策略，通过设计再现其营建历史悠久、建材用料讲究、建造工艺独特、建筑样式典雅的传统风貌乡村（图 2-12）。

文化的弘扬和延续方面：充分挖掘宗族文化、民俗文化等文化元素，全面收集整理村落内祭典、节庆、饮食、戏曲等无形文化元素，在设计中充分体现文化民俗元素，延续民俗风情，展现淳朴民风，提升村民的文化素质，丰富精神文化生活。

图 2-12　《桐庐县石阜历史文化村落保护利用规划》村庄建筑风貌效果意向图

环境整治和配套方面：充分考虑当地居民提高生活质量的需要，通过科学的规划设计，完善村落的公共服务和基础设施，对开放空间及周边建筑和环境进行综合整治设计，选用乡土树种开展村庄绿化，营造洁净、优美的村貌环境。

旅游发展和建设方面：充分利用村落在乡土文化、生态环境等方面的资源优势，以乡村休闲旅游业为载体，合理配置旅游资源，完善服务配套设施，通过设计提升历史村落对城乡游客的吸引力，为当地村民创业就业拓展渠道，带动乡村第三产业的蓬勃发展。

2.3 规划布局

2.3.1 总平面图

从景源特征、资源挖掘、保护要求和文化传承入手，注重石阜古村落历史脉络的延续，在维持现有山水格局的基础上，进行空间功能布局的重塑。规划石阜村空间格局为："两轴、三心、五片"，三心即位于石阜古村西侧的旅游集散中心、南侧的生活商业中心、北侧的文化体验中心；两轴即指依托窄珠线形成的"十"字形的两条村庄发展轴；五片即规划后村庄的五片功能分区（图 2-13、图 2-14）。

2.3.2 功能分区

根据上位规划和景观营造目标，石阜村村庄的整体格局以及村民和游客对村庄功能的诉求，将石阜村划分为古村历史游览区、田园生态社区、山地运动游憩区、创意农业观光区、田园休闲体验区等五片功能区。

2.3.3 交通流线

村内交通道路系统主要由车行道、古村巷道及田园绿道组成（图 2-15）。

车行道：村内车行道主要依托现状车行道路基础，同时贯通石阜公园与西侧车行路，以及石合村委会之间的道路，贯通古村西北侧道路。规划车行道路连接村落东入口及七彩田园景点。

古村巷道：引导乘客从西南侧的村委会、东侧的七房弄、北侧的老校址进入古村内部；保留村落核心保护范围内的街巷走向，对街巷进行必要的整治，形成街巷步行游览道路，进行路面改造，以卵石和石板铺设路面。

田园绿道：设置山路、田园机耕路串连周边山体、水榭、田园风光观光点，形成贯通主要景点的游步道系统。

图 2-13　平面效果图

图 2-14　功能分区

图 2-15　交通组织

2.3.4　游线组织

　　基于历史文化村落保护利用规划，依托石阜村旅游资源，策划设计历史风情、田园风光、乡村休闲、古村新貌四条旅游景观线路。历史风情游览线由乡贤故居—耕读文化园—七房院弄—方氏宗祠—阜成祈福—双庆迎宾—古村公园—古村庭院形成。田园风光游览线由乡村集市—七彩田园—村口公园—漫步田园—鱼稻共生—隆阜风水—水碓遗址—堆石成阜—阜成祈福形成。乡村休闲游览线由七房院弄—捞纸遗迹—村口公园—文化礼堂—阜成祈福—双庆迎宾—眠犬弄雪—石阜公园—古村庭院—耕读文化园形成。古村新貌游览线由集散中心—乡贤故居—全牛宴美食街—乡村集市—文化礼堂—双庆迎宾—石玩商城形成（图 2-16）。

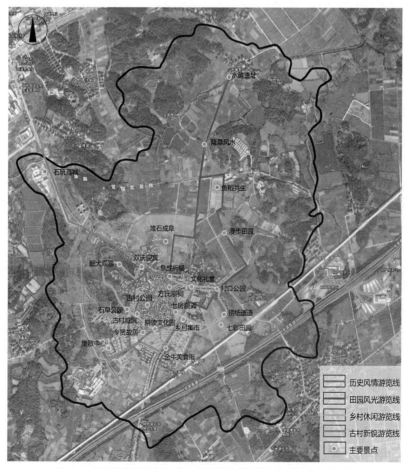

图 2-16　《桐庐县石阜历史文化村落保护利用规划》游线组织关系图

2.4 巷弄景观设计

2.4.1 设计背景

2.4.1.1 古村重要节点分布

石阜村村落结构明晰，以汰井头为中心，向南呈团叶状展开，整个村落水系环绕，大小街巷穿插其中，主次有序，是典型的宗族村落的构成形态（图2-17）。

石阜村为单姓村，除嫁入村中女子外，全村皆姓方，人口超万（包括外迁），是桐庐最大氏族之一。方氏血脉直到方礼生三子，三子生九孙，开枝散叶人丁兴旺，逐渐发展成江南大姓，九房遂成了石阜方氏最兴旺的宗族九支。这九房宅邸同其他民宅形成了石阜村迷宫似的巷弄空间。如今，九房破败，而连接九房的巷弄口成为村落的重要节点。

除九个巷弄外，石阜古村落古建筑基本保持完整，主要建筑是集明清浙西民居精华的建筑群，古建筑形制较多，规格齐全，大小不一，风格各异，有着深厚的文化内涵和审美价值。著名的有九房老屋、六言堂、绍衣堂、十间四厢、植善堂、勤业堂、方游故居等民居以及方氏宗祠、麻园厅、三友堂、孝友堂等公共建筑（图2-18）。

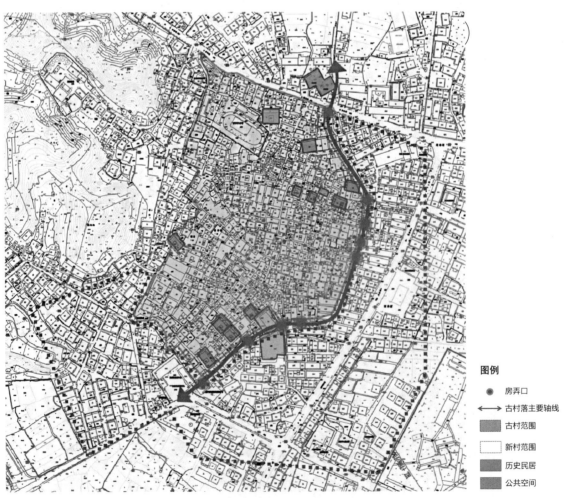

图例

● 房弄口

↔ 古村落主要轴线

古村范围

新村范围

历史民居

公共空间

图 2-17　石阜村重要景观节点分布图

序号	名称
①	十间四厢
②	方游故居
③	六贤堂
④	九房老屋
⑤	公共空间
⑥	麻园厅
⑦	植善堂
⑧	三友堂
⑨	方仁祥帮居
⑩	方贤华故居
⑪	方逸夫故居
⑫	方氏宗祠
⑬	孝友厅
⑭	阜成庙

图 2-18　石阜村主要民居与公共建筑分布图

2.4.1.2　巷弄节点具体分布

连接方氏九房的宅院所形成的巷口被当地称之为房弄口，除村头、村尾的两个房弄口外，还有九房弄、八房弄、六房弄、七房弄、二房弄、三房弄、四房弄。九个房弄口构成了巷弄节点，同时串连形成古村落的主要轴线，是石阜村开展古村旅游的重要游览路线之一，也是村庄的发展轴（图 2-19）。

2.4.1.3　巷弄节点整体景观规划

九个巷弄节点被划分为三个组团区域，古村落轴线沿大澳分布在新村与古村交界处，同时也形成古村落交通通道（图 2-20）。古村落主要巷弄空间做如下划分：

（1）A 区域（村头、村尾）为古村落主要出入口，位于古村轴线的首尾两端，是主要的交通疏散节点；

（2）B 区域（三房弄、四方弄、八房弄、九房弄）为古村落重要历史民居聚集区域，作为整个村落历史文脉延续的保护区，是游客主要观光游览的区域；

（3）C 区域（七房弄、二房弄）处于古村落轴线的中段，也属于主次交通流线的交汇处，距离窄珠线较近，可作为主要的商贸集散区。

2.4.1.4　具体节点场地设计

方案设计选取较为典型的三个巷弄，分别是邻近村头、村中、村尾的八房弄、七房弄和三房弄。通过对其设计分析，了解场地不同的现状条件，提出针对性解决策略，为乡村历史建筑保护与旅游发展提出建设性的方案措施（图 2-21）。

序号	名称
①	村头
②	九房弄
③	八房弄
④	六房弄
⑤	七房弄
⑥	二房弄
⑦	三房弄
⑧	四房弄
⑨	村尾

图 2-19　石阜村巷弄节点位置分布图

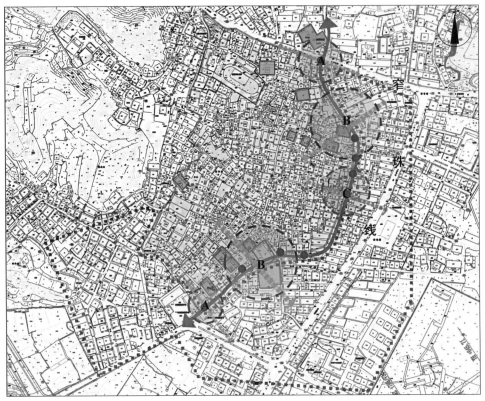

图例

● 房弄口

⟷ 古村落主要轴线

Ⓑ 古建筑组团

Ⓒ 商贸区域

Ⓐ 主要出入口

图 2-20　巷弄节点景观规划布置图

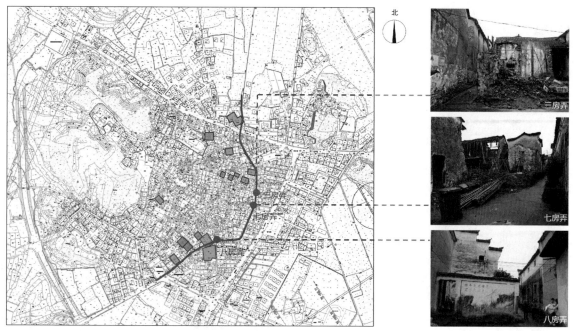

图2-21 三处重点设计和建设节点位置图

2.4.2 八房弄设计

2.4.2.1 设计分析

（1）区位分析

八房弄位于古村落轴线的南段，靠近村口。处于古村落重要历史民居聚集区域，周边现存有石阜村历史遗存较久的古建筑，代表性的有九房老屋、方游故居、六贤堂等，是游客观光游览的重要节点（图2-22）。

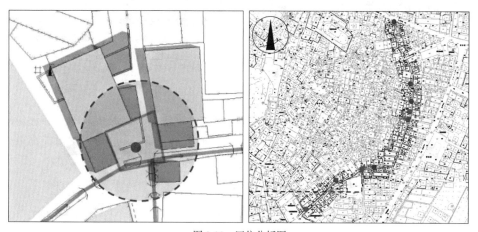

图2-22 区位分析图

（2）交通分析

八房弄作为主要交通要道，人流量相对较大。但街巷宽度在2.5米左右，空间较为狭窄，人流动线受阻，视线也较封闭（图2-23、图2-24）。

（3）建筑分析

八房弄弄口有较完整的片墙，弄口有两幢建筑质量相对较好的老屋，其余为新建农民房，具有古建风貌的建筑保留较少（图2-25～图2-27）。

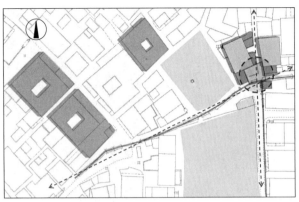

图2-23　主要交通流线分析

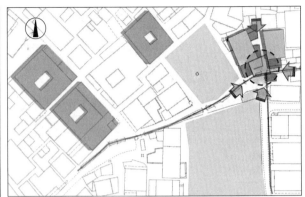

图2-24　主要视线分析

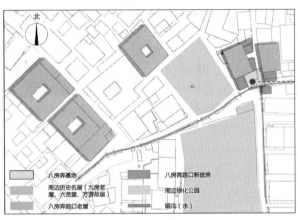

八房弄基地

周边历史名居（九房老
屋、六贤堂、方游故居）

八房弄路口老屋

八房弄路口新建房

周边绿化公园

暗沟（水）

图2-25　周边建筑功能分析

图2-26　八房弄基地

（a）九房老屋1

（b）九房老屋2

（c）方游故居1

（d）方游故居2

（e）暗沟1　　（f）暗沟2

图2-27　周边建筑环境

2.4.2.2　设计定位

八房弄巷弄口为街巷交汇处，空间狭窄但人流量较大。因此可以通过界面的处理方式来展示街巷空间文化，同时予以导视系统的交通引导。这将以尽可能高效的方式来利用有限的空间疏导人流交通，并有效展现石阜村乡村文化特色风貌。

2.4.2.3　节点分析

（1）功能分析

八房弄的功能空间由小弄堂空间、植物景观空间、道路节点空间、休憩空间、主要道路空间组成（图2-28）。

小弄堂空间：弄堂宽度为2.6米左右，是八房弄的主体空间，同时也是巷道牌坊设置的场地。

民居庭院空间：民居庭院空间内种植乔灌木，外部围墙较为封闭，没有形成良好的巷弄景墙关系。并且院墙上的南门过于简陋，在改造设计时考虑将门向外偏移，并增设与石阜村风貌相符的门头，使巷弄口的景观形象得以提升，强化入口环境的特征。

小弄堂空间

居民庭院空间

植物景观空间

道路节点空间

休憩空间

主要道路空间

图 2-28 功能分析图

植物景观空间：由于院墙外部空间界面单一，原有墙绘与当地风貌不符，设计时考虑将景墙与植物种植结合，形成内外呼应，前景、中景和远景多层次的主题景观空间。

道路节点空间：主干道与巷道交接的节点道路空间，主要考虑其铺装设计，将三条道路有机衔接并复原石阜村的古道风貌。

休憩空间：新建民房边的空余角落空间，考虑居民街巷生活特色，在这里设计休憩空间，创造居民闲聊交流的生活环境。

巷弄道路空间：古村道连接村中的各个弄堂，交通流量大，道路铺装设计需考虑与原有材质的统一性。在保持石阜村历史风貌完整性的基础上对铺装纹样予以设计把控，体现当地文化特征。

（2）天际线分析

八房弄巷弄空间基本保留其原有的结构布局，建筑未遭到过多的损坏，由典型的浙西传统建筑形式的叠加与天空交错形成了层次丰富的天际线。为提升村庄的可识别性和文化性，在弄口处按传统风貌形式增设牌坊，同时设计入口门头，高度均控制在封火墙以下，在能给游客带来乡村地域文化体验的同时，增强传统村落的韵味（图 2-29）。

2.4.2.4 节点设计

八房弄的改造更新设计重新梳理了空间关系，保留原有水系，同时在不阻碍交通流线的前提下，适量点缀绿植和休憩座椅，形成疏密有致、功能和谐的空间环境（图 2-30）。

2.4.2.5 构筑物设计

（1）牌坊设计

牌坊形式以浙西村落中遗存的牌坊风貌与形式为参考，针对八房弄街巷空间狭窄的特点，确定两柱单间牌坊形式，这有利于根据空间特点调整尺寸比例。另外，为更好地适应外部空间环境，在式样上适当加以简化，材料选用当地石材为主，最终形成一座与周围环境和谐统一并颇具当地特色的牌坊。在功能上，既能反映石阜村历史文化的特点，同时也起到由交通空间向游览空间的转换过渡作用（图 2-31）。

（2）门头设计

门头的设计延续了石阜村原有的建筑形态，以坡屋顶为主，结合片墙，呼应村庄白墙灰瓦的特色，通过传统木结构的榫卯构造方式搭建。门头作为民居住宅庭院的入口象征，起着空间引导的作用，同时还能为街巷空间提升文化氛围（图2-32）。

（3）窗花设计

窗花设计以当地的窗花样式为基本的设计依据，同时收集最为典型的装饰图案作为设计元素的原型，然后将两者的变化相结合并加以运用，使整体空间更生动且独具韵味（图2-33、图2-34）。

2.4.2.6 铺装设计

八房弄作为交通要道，巷道中央采用同一方向的青石板连续排列铺设，边辅以块石。石板路行走舒适度高，兼有道路引导作用，同时用条石界定不同区域边界，体现不同功能空间的切换。

图2-29　天际线分析

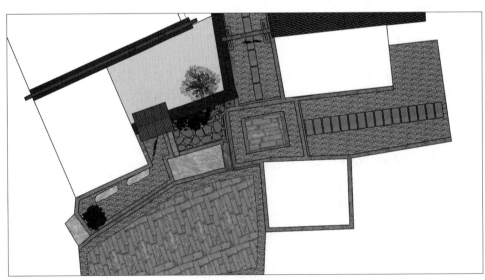
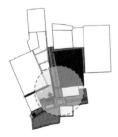

（a）八房弄总平面图

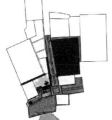

（b）八房弄效果图1

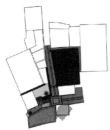

（c）八房弄效果图2

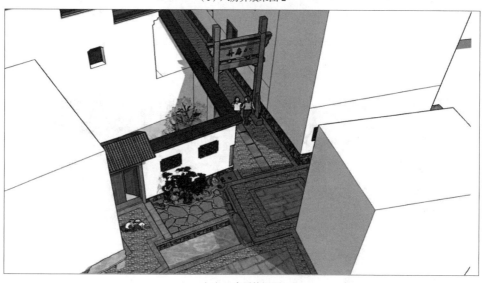

（d）八房弄俯视图

图2-30　八房弄节点设计

图 2-31　牌坊设计

图 2-32　门头设计

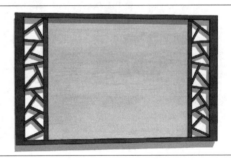

图 2-33　介绍牌设计

图 2-34　窗花设计

2.4.3 七房弄设计

2.4.3.1 设计分析

（1）区位分析

七房弄处于古村落轴线的中段，是整个古村落中间地段，属于主次交通流线的交汇处，北靠二房弄。七房弄与窄珠线的直线距离较近，南北、东西两条巷道比其他房弄宽敞，与大大小小的巷道连接，交通畅达。因此，七房弄尤为适合作为主要的商贸集散区（图2-35）。

（2）建筑分析

周边建筑中历史建筑遗存较少，且有不同程度的损毁，场地中心老建筑现处于完全坍塌的状态，但建筑基础尚存。整个场地相对宽敞，条件较为优越，适合进行区域整体更新改造，包括置入牌坊等构筑物（图2-36）。

2.4.3.2 设计定位

七房弄地段适合在商业服务、休闲和观景三个方面形成游客的集散与服务中心。配置街巷店铺、休闲小环境设施和石阜村风土人情的介绍与展示等设施。

整体设计上，七房弄处于整个古村落区域的中心位置，场地中央宽阔，通过巷道网络与周边保持联系，与窄珠线有良好的衔接关系，且巷道两边建筑风貌保存良好，交通条件便利，使之有利于成为村落的集散地，适合商业服务经营，可在街巷开设店铺，提供游客集聚、休闲、交流、饮茶的场地。由于周边历史建筑较少，中心建筑破损严重，需进一步对建筑进行保护、修缮、风貌改造以及功能重置。此外，作为人流较大的一个公共空间，场地缺少特色，因此可设置展示石阜村风土人情的游览观光内容和公共艺术品，以丰富空间功能与文化特色。

2.4.3.3 节点分析

（1）功能分析

整片区域被定位为石阜古村的商业服务中心，集休闲、售卖、交流功能为一体，新的功能使这里成为石阜村改造后的标志性风貌地块之一。设计方案将七房弄节点空间划分为四个功能区，分别为过渡区、牌楼标识区、中心广场区、商业服务区（图2-37）。

过渡区作为主巷道进入广场的主要入口，是交通空间转入停驻交流空间的过渡；牌楼标识区设置的牌楼是整个七房弄的形象标识，帮助游客认知该区域特色和文化内涵，牌楼的设计原型来源于当地悠久牌坊文化的基本元素；中心广场区保留了原有建筑围合的天井空间，精心修缮后，成为整个广场及商业服务建筑的活动和视觉中心；商业服务区将场地周边的破损建筑进行有机更新，分别置入茶饮、憩坐、售卖、作坊等功能，为游人提供服务。

（2）交通分析

七房弄的交通设计重点满足人流往来集散的功能需求，除保留场地北侧及东侧的巷道联系外，新开设一处南向巷道的入口，使人流集散更为便利。中心广场保留原有场地的天井格局，并维持空间开敞的场地特点。

七房弄主入口位于古村道和连接窄珠线主要巷道的交叉口，宽6米，周边视野开阔，在巷弄主入口一侧设置七房弄介绍牌，确保足够的空间供游人驻足观看。东侧次入口位于两栋建筑间的狭窄巷道，宽约2米，通过规整式铺装，形成一条尺度感强烈的静谧小巷。南侧次入口原为3米高的平房，现将其打通，开辟为南向次要

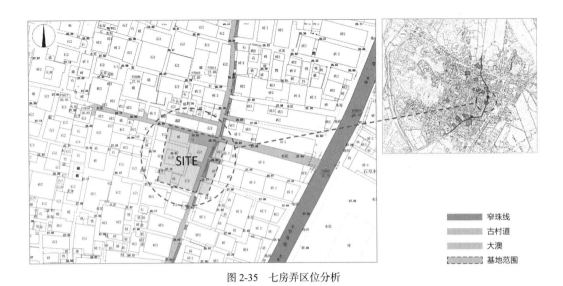

图 2-35　七房弄区位分析

	窄珠线
	古村道
	大澳
	基地范围

	建筑废墟
	范围内建筑
	相关建筑

（a）建筑现状分布

（b）周边建筑状况

图 2-36　七房弄建筑现状分析

巷道，并于通道上置入廊棚，作避雨纳凉使用。最终，整个广场形成由 3 个出入口构成的与外界保持通达联系的交通关系（图 2-38）。

（3）天际线分析

在七房弄的场地设计中，强调不破坏乡村原有风貌，保留历史文化的特色。建筑保留了当地原有的建筑形式，同时将代表石阜村特色的元素注入建筑修缮、环境改造的过程中，最终形成富有石阜村特点的天际轮廓线（图 2-39）。

2.4.3.4 节点设计

七房弄巷弄口设计中以不同的景观节点体现村落的地域特色，由此丰富七房弄的空间功能。分别设计了用于分隔主入口人流的鹅卵石坐台，既不阻碍交通主轴线来往游客的视线，同时实现人流分流，使空间更富秩序；设立牌坊，形成视觉焦点，并成为先导感知形象；保留天井，使其更富观赏性；修复周边建筑风貌，营建形成中心广场，满足人们休憩交流集会等活动需要；构建廊架入口景观，形成村落中心具有标志性的特色景观（图 2-40 ~ 图 2-43）。

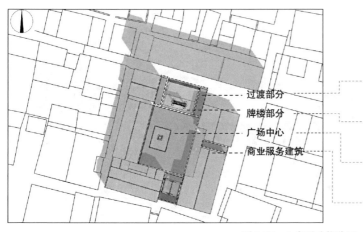

过渡部分作为主巷道进入广场的主要入口，是游人进入停驻休闲区域的主要出入口。

牌楼是整个七房弄的形象标识，其形象设计来源于当地悠久的牌坊文化形态。

广场中心保留了原有建筑的天井部分，精心修缮作为整个广场及商业服务建筑的中心点。

将基地周边的破损建筑进行有机更新，分别置入茶饮、憩坐、售卖、作坊等新功能。

过渡部分
牌楼部分
广场中心
商业服务建筑

图 2-37　七房弄功能分区

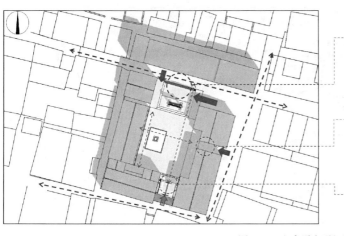

主入口：古村道和连接窄珠线主要巷道的交叉口，平均宽 6 米，左右视野开阔，放置七房弄的介绍牌，有足够的空间以便于游人驻足观看。

次入口 1：原为两栋建筑的狭窄巷道，宽约 2 米，正对广场主建筑，有一线天的视野观感，规整铺装，可形成一个单人行的安静小巷。

次入口 2：原为 3 米高的平房，将其打通，连接南面的次要巷道，置入廊棚结构，作避雨纳凉之用。整个广场的交通将有 3 个出入口。

图 2-38　七房弄交通组织

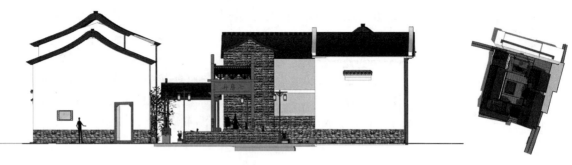

（a）七房弄北立面

（b）七房弄东立面

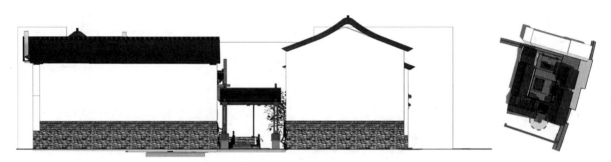

（c）七房弄南立面

图 2-39　七房弄天际线分析

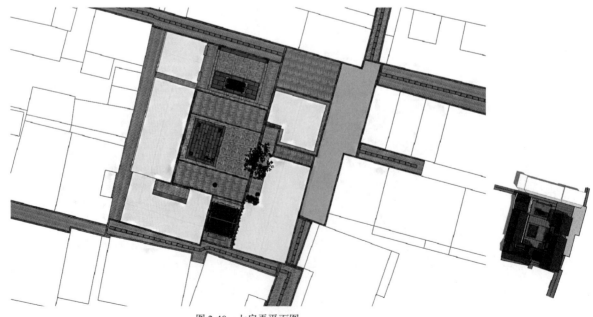

图 2-40　七房弄平面图

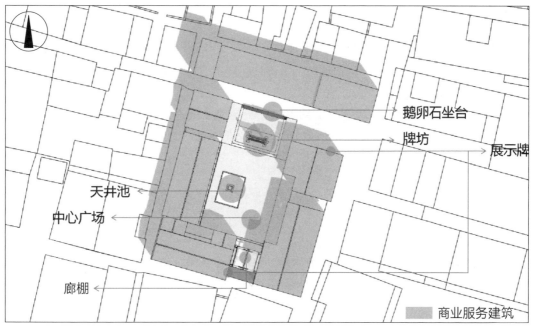

图 2-41　景观节点分布

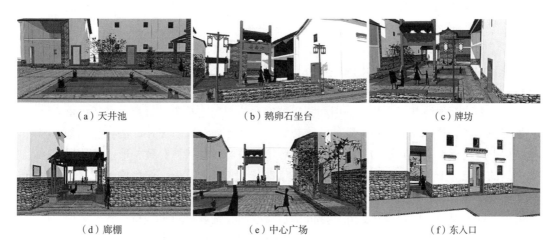

（a）天井池　　　　　　　（b）鹅卵石坐台　　　　　　（c）牌坊

（d）廊棚　　　　　　　　（e）中心广场　　　　　　　（f）东入口

图 2-42　景观节点设计

图 2-43　节点设计效果图

2.4.3.5 构筑物设计

（1）牌坊设计

设计依据：通过调研发现徽州地区的现存牌坊中以晚清时期三间四柱的冲天式石牌坊居多。桐庐地区古村落及周边城镇的古牌坊在形制上与徽派牌坊的造型比较接近（图 2-44 ~ 图 2-46）。

七房弄的广场空间长约 20 米，宽约 10 米，比较适合建造两柱单间的牌坊，设计造型参考浙西村落中一些遗存的历史牌坊，风格偏徽式，主要用料为当地石材，并为其设置木斗栱式檐顶（图 2-47）。

（2）门洞设计

门洞位于七房弄弄口，造型简约，延续了徽派建筑的风格，主要由墙面、马头墙、门洞三部分组成，门洞以青石板做边框，采用当地大门的形式。

（3）廊棚设计

廊棚造型选择和周边建筑一样的坡屋顶，也延续了灰黑瓦面基调，整体结构是当地建筑通用的木结构。廊棚主要作为休息闲谈及遮风避雨纳凉的场所（图 2-48）。

2.4.3.6 铺装设计

设计依据：天井是整个民宅的室外场所，是建筑围合而成的景观中心，其地面要求平整、渗水快，因而采用大量石板拼铺。桐庐地区现存大量古建筑中的天井地面铺装多以青石板和鹅卵石为材料（图 2-49）。天井铺装设计讲究韵律之美，以简洁、大方为风格特色，以增添天井魅力。由于天井铺装有基本的形式，因此边界界定十分明显。

铺装设计通过铺装形式的不同组合将七房弄房弄口空间分成了两部分，牌楼部分和天井广场部分。牌楼部分将牌坊基础抬高面作为主要休憩空间，采用质朴的灰白色青石板，而牌坊基底铺装，采用切割规整细致的深灰色长条青石板，烘托庄重的氛围。整个天井广场作为一个整体，铺装式样呈现几何对称。天井广场在空间基本结构上维持原有的天井格局，作为呼应与牌坊部分的铺装保持一致，形成整体风貌空间的特点。天井广场中心的地面铺装采用深灰色长条青石板，但规格尺寸比牌坊基底部分小，以适应民居院落的尺度。天井其余部分采用灰色调的青石板铺装。其中，天井的附属空间与牌坊天井广场间的过渡空间在铺装材料上保持一致，采用收集归整的废弃建筑砖石材料填充，以达到整个广场的风貌统一（图 2-50）。

（a）桐庐 严子陵钓台　（b）获浦村 孝子牌坊　（c）桐庐 华式节孝坊　（a）非冲天式牌坊 1　（b）非冲天式牌坊 2

图 2-44　桐庐地区牌坊 1

（a）江山　　（b）富阳　　（c）建德　　（d）兰溪　　（c）冲天式牌坊 1　（d）冲天式牌坊 2

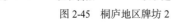 图 2-45　桐庐地区牌坊 2  图 2-46　徽州地区牌坊

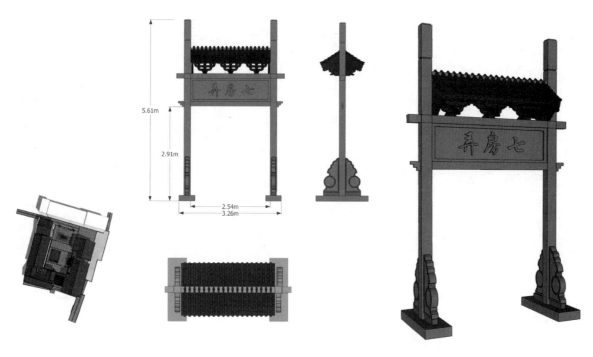

图 2-47　七房弄牌坊设计

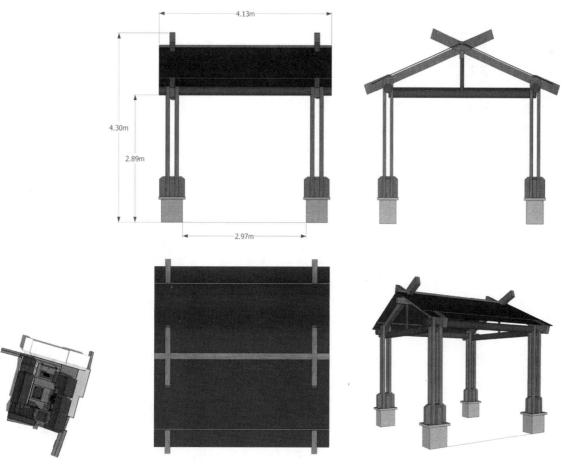

图 2-48　七房弄廊棚设计

图 2-49　桐庐地区可借鉴的建筑铺装样式

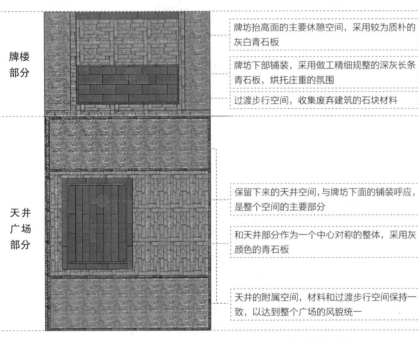

牌楼部分

牌坊抬高面的主要休憩空间，采用较为质朴的灰白青石板

牌坊下部铺装，采用做工精细规整的深灰长条青石板，烘托庄重的氛围

过渡步行空间，收集废弃建筑的石块材料

天井广场部分

保留下来的天井空间，与牌坊下面的铺装呼应，是整个空间的主要部分

和天井部分作为一个中心对称的整体，采用灰颜色的青石板

天井的附属空间，材料和过渡步行空间保持一致，以达到整个广场的风貌统一

图 2-50　七房弄铺装设计

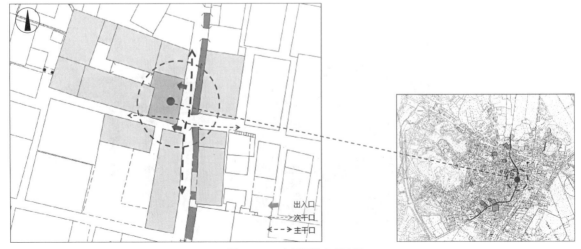

出入口
次干口
主干口

图 2-51　三房弄原始交通流线

2.4.4 三房弄设计

2.4.4.1 设计分析
（1）区位分析

三房弄位于古村落轴线北段，靠近村尾，处于古村落重要历史民居聚集区域，周边现存有石阜村历史遗存较久的古建筑植善堂、三友堂、方仁祥故居等，是整个村落历史文脉延续的核心区域，是游客观光游览的主要地段。

（2）交通分析

场地位于古村道中后段，南临二房弄，北临四方弄，由于地处十字岔口，交通较为便捷（图2-51）。

（3）周边建筑分析

周边传统建筑风貌需要保护与更新，残存的传统建筑整体破损严重，仅有几幢废墟建筑无法展现村庄的传统韵味，目前现状的建筑文化内涵相对缺乏，整体环境凌乱萧条（图2-52）。

2.4.4.2 设计定位

三房弄房弄口空间临近古村道且弄堂较窄，因此不适合修建牌坊和增加其他大型构筑物。由于沿古村轴线均未设置开放的休憩空间，考虑于此处设置一处开放休憩空间，以满足游客需要。场地中废墟建筑的存在使得空间更为局促可以考虑拆除倒塌的废墟建筑以增加公共空间，同时围绕房弄口进行整体景观环境的改造提升设计，以改善和美化场地周边环境。

2.4.4.3 节点分析
（1）功能分析

三房弄房弄口作为重点打造的景观节点，这里不仅可以优化该场地的空间环境，

图2-52 三房弄周边建筑现状

同时还能加强人们对该节点的认识。形成的公共空间除具有集散和休憩等功能，重点要体现其历史文化内涵。因此在设计上考虑此节点空间作为三房弄特色风貌空间处理（图2-53）。

（2）交通分析

在原有场地的格局基础上，在东侧、南侧和北侧均设立出入口，其中东侧为主要的出入口，使得空间呈"井"字流线。三面开敞并由流线串连，可使整体狭小的空间在心理上变得更为开阔，同时也有利于人流的疏散（图2-54）。

（3）空间分析

为满足公共交通与公共活动的空间需求，以柔性分隔空间的手法保持两种空间各自的独立性又不割裂场地的整体性。因此，设立宅门作为空间标识，同时也增加场地立面的丰富性。在考虑公共活动区休憩空间的功能需要上设置廊架一座。新增的构筑物高度均以人体尺度为基准，风格上要求与周边建筑保持统一（图2-55）。

2.4.4.4　节点设计

重点对该区域的宅门、廊架、铺装等细节进行设计，使得节点与整体村庄环境和谐统一（图2-56～图2-59）。

2.4.4.5　构筑物设计

（1）宅门设计

设计依据：石阜村宅门主要以方正的石库门为主，建造年代久远的建筑宅门上方设有屋檐，少数"文化大革命"时期被改造的建筑宅门上方有题字。为更好地挖掘符合石阜村当地的宅门形制，从桐庐地区及徽州地区现存明清古宅门中考证传统宅门的基本形制特征。调研发现，明清时期徽州宅门中，明代的民居宅门在造型上比清代的宅门更加简练古朴，符合石阜村的整体建筑风貌。因此，以明代徽派建筑的宅门为设计基础造型，并融入现代的审美与设计手法，对传统宅门进行适当的现代演绎（图2-60）。

（2）廊架设计

三房弄房弄口作为一个公共空间，在空间中置入廊架以供游人休息和景观点缀之用。廊架的整体造型来源于长江流域及以南地区的建筑模式——干阑式建筑，以此进行简化提炼。主要材料以防腐木材和石材结合建造（图2-61）。

2.4.4.6　铺装设计

场地铺装是利用青石板和废弃建筑材料将人流通道和公共活动空间做材质区分，使功能空间明晰又不生硬，对当地材料的使用使空间与周围环境更为有机融合（图2-62）。

图2-53　三房弄功能分区

图2-54　规划后交通流线

（a）三房弄宅门设计

（b）三房弄廊架设计

图 2-55　空间与风貌设计

图 2-56　节点效果图 1

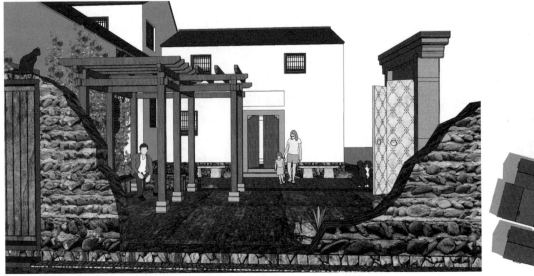

图 2-57　节点效果图 2

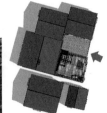

图 2-58　节点效果图 3

（a）细节设计 1

（b）细节设计 2

（c）细节设计 3

（d）细节设计 4

图 2-59　细节设计

（a）徽州明清时期的宅门

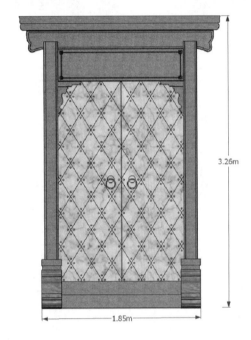

3.26m

1.85m

（b）宅门设计图

（c）宅门设计效果图

图 2-60　宅门设计

乡村景观设计

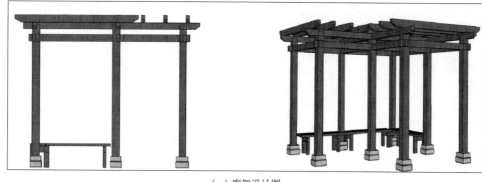

（a）廊架设计图

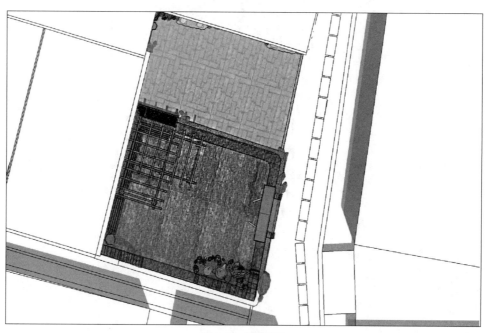

（b）廊架设计效果图

图 2-61　廊架设计

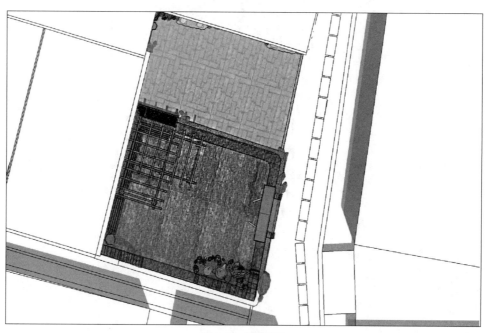

图 2-62　铺装设计

东许村

"浦江南山 · 东许民宿"
景区配套、游客休闲服务区

3 东许村乡村景观设计

3.1 乡村背景
3.1.1 地理位置
3.1.2 自然资源
3.1.3 旅游资源
3.1.4 历史文化
3.1.5 人口现状
3.1.6 社会经济
3.1.7 建筑现状
3.1.8 村落格局

3.2 路径定位
3.2.1 设计分析
3.2.2 设计原则
3.2.3 设计理念
3.2.4 主题定位
3.2.5 建设目标
3.2.6 设计要点

3.3 规划布局
3.3.1 空间格局
3.3.2 功能分区
3.3.3 交通流线
3.3.4 公共服务设施布局

3.4 标志性节点设计
3.4.1 地形设计
3.4.2 铺装设计
3.4.3 植物景观设计
3.4.4 水景设计
3.4.5 构筑物设计

3.5 民宿设计
3.5.1 总体布局
3.5.2 民宿分类设计
3.5.3 街巷院落设计

3 东许村乡村景观设计

3.1 乡村背景

3.1.1 地理位置

东许村位于浙江省浦江县浦南街道（图3-1），地理位置优越，外部交通便利，距离浦江县城7公里。浦江县位于浙江中部，金华市北部，县内公路路网完备，可连接各中心乡镇，交通快捷，距离杭长客运专线一等站义乌火车站20公里，距义乌机场距离不到22公里，国道、省道四通八达，紧密连接金华、义乌、兰溪等浙中城市圈的西北城市群，是浙中城市群与环杭州湾城市群中大杭州都市区的对接门户，更是以商贸、物流、旅游购物为核心的义乌商贸产业区与以生态环保产业为核心的杭州西部产业区的经济交流和过渡区域。在交通格局方面，东许村到浦江县城及浦江各街道、乡镇车程30～40分钟以内；2小时区位圈可到达的城市有杭州、宁波、温州等；3小时交通圈可到达的城市包括上海、南京、南昌等。

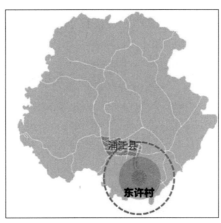

图3-1　东许村区位示意图

3.1.2 自然资源

东许村地处浦江南山脚下，自然条件优势突出，生态环境十分优越，其森林资源丰富，山上植被茂密、溪流潺潺，隐没在林中的水塘在阳光的照耀下，映衬着湛蓝的天空，仿佛一处世外桃源；南山森林植被以常绿阔叶次生林为主，其所辖南山风景区，负氧离子高达每立方厘米2000个，是一处难得的天然大氧吧，同时还由于特殊的地形，形成了冬暖夏凉的舒适小气候，夏季平均气温比县城中心低2～3℃。东许村周边还分布着多处以自然资源为特色的风景区（图3-2）；东许村北面为水果种植基地，主要种植的果树有桃形李、柑橘、梨、葡萄等，特别适宜开展以观光采摘为特色的农业旅游项目。

图 3-2   浦江自然风景区资源分布示意图

3.1.3   旅游资源

浦江周边山水及人文资源众多，且品质高，分布广，类型多样（图 3-3、图 3-4）。但目前旅游产品以观光类产品为主，包括山水观光和文化观光。与周边桐庐、武义、建德等地所开发的休闲型旅游产品相比，产业层次还较低，产业带动能力弱。综合分析东许村的自然与人文资源，东许村开展以主题文化引领的体验旅游产品将大有可为。

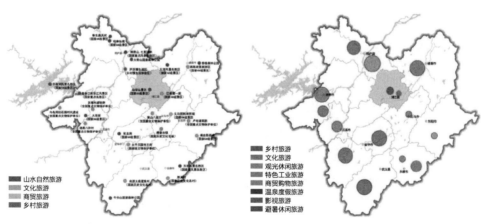

图 3-3   周边主要旅游景区示意图   图 3-4   周边旅游品牌类型示意图

3.1.4   历史文化

浦江继承江南崇文尚书画诗词文化传统，形成以儒学、书画、诗歌为代表的江南气韵和文化传承脉络（图 3-5）。清末之后，随着江南区域城市化的不断发展，传统文化传承受到影响和冲击。在西学兴盛的大背景下，浦江民间书画和诗歌研习难能可贵地依旧薪火相传，延续和发展了江南士大夫精神，保存了江南文化恬淡自守的气韵风骨。

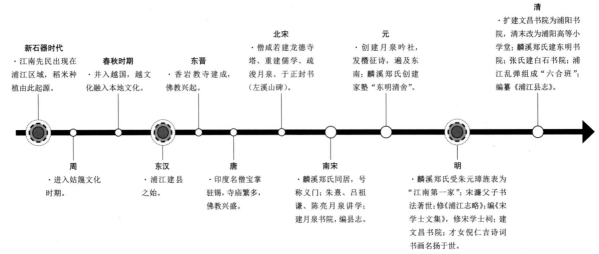

图 3-5　浦江传统文化脉络示意图

　　东许村有着丰富的乡土文化资源，比较突出的有以祠堂为中心的"孝"文化，包含在老建筑里的家族文化。村内现有一处衰败的建筑遗址群，虽然建筑大多已坍塌损毁，但是内部的村落街巷肌理等仍然保留完好。此外，村内还有祠堂、礼堂、老水井、古树等物质文化资源，以及包括酿酒、剪纸、乱弹等一些非物质文化遗产。东许村周边高品质的旅游资源众多，东临神丽峡景区，西邻白石湾景区这两大高品质的自然风光旅游景点，历史文化旅游资源中有上山遗址、张氏祠堂、东陈祠堂等（图3-6）。综合来看，村庄周边旅游以山水观光和人文体验为主，资源类型丰富多样。

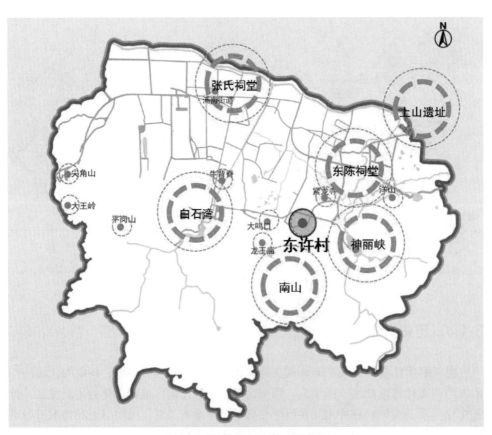

图 3-6　东许村周边旅游资源示意图

乡村景观设计

3.1.5 人口现状

东许村全村共 160 户居民，总人口 500 余人，其人口结构呈现老龄化趋势，55 岁以上老年人群占总人数的 53%，有 265 人左右，青壮年人群占总人数的 28%，约 140 人左右，青少年人群最少，只占总人数的 19%，约有 95 人，外出打工人员比例高，村民老龄化现象突出（图 3-7）。

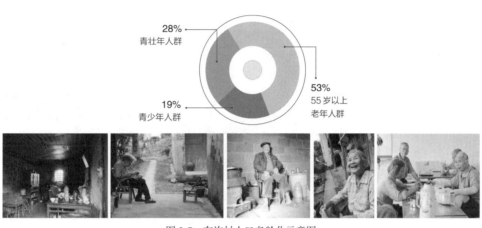

图 3-7　东许村人口老龄化示意图

3.1.6 社会经济

目前东许村的经济主要以第一产业为主，其农产品主要有稻米、桃形李、柑橘、梨、葡萄、桃子等，但生产效率比较低下，主要表现为农业生产以家庭为单位，采用手工或者半机械方式从事生产，农业生产远没有达到产业化的生产模式，现代先进农业技术尚需要大力推广发展，农产品销售仍然面临着销售渠道的缺乏、产品价格波动大等问题。

目前东许村村民的年平均生产总值大约在 20000 元，其主要的日常生活支出有日常生活费用、教育、医疗和人情世故支出等。近年来，随着城乡劳动力的不断流动，东许村进城务工人员越来越多，尤其以村中青壮年为主，劳动力的不断流出不但使得东许村的产业结构和经济发展发生了一定的变化，而且还使人们的生活观念迅速转变。

3.1.7 建筑现状

东许村建筑多为新建筑，残留部分老建筑与 108 间破败木结构建筑（图 3-8），其建筑风貌、建筑质量、建筑价值分析如图 3-9 ~ 图 3-11 所示。在 108 间破旧的建筑中，其中极小部分具有居住功能，绝大部分已经坍塌损坏，原有风貌正快速消失，该区域的传统建筑虽然破坏严重，但是老建筑构成的传统街巷保留较为完整，经过梳理和改造仍然可以体验旧时的街巷特色。设计时应该整合并充分运用这些建筑街巷资源，着力推进资源与空间之间的紧密联系，促进乡村产业的多元化，实现东许村的产业更新与经济发展。

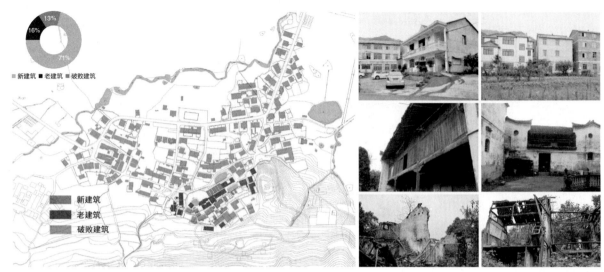

图 3-8　东许村新老建筑分析

图 3-9　东许村建筑风貌分析

图 3-10　东许村建筑质量分析

图 3-11　东许村建筑价值分析

3.1.8　村落格局

东许村村域面积共 211 公顷，其中村庄位居村域中央，南拥南山，北为农田（图 3-12）。老村是典型的浙中村落样式，是由生活生产自然发展而成，具有一定的人文价值和历史意义。村内有水塘两处，古井两处，其中一处为百年古井，并且村内有多株冠幅较大的乔木杜仲树（图 3-13）。

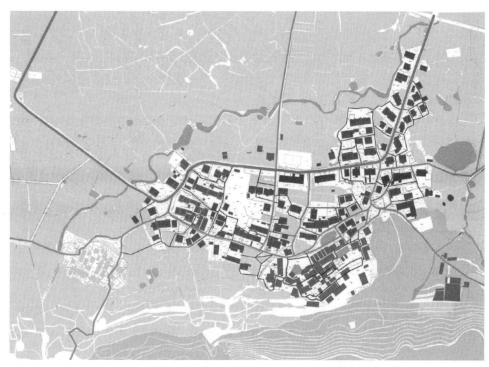

图 3-12　东许村村落结构与路网示意图

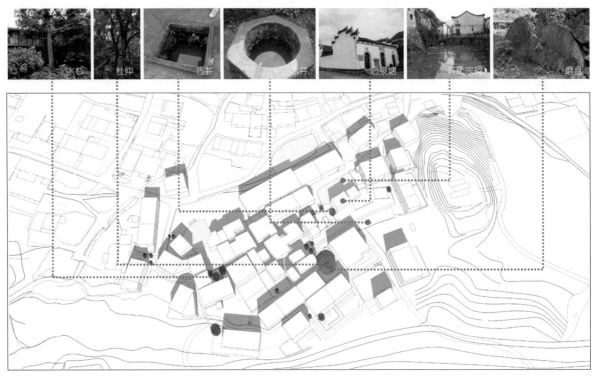

图 3-13　东许村重要人文价值节点分析

3.2 路径定位

3.2.1　设计分析

　　东许村发展基础较差，当前主要面临产业更新与经济发展问题。村庄产业单一、基础设施发展滞后，村民的收入水平普遍偏低，人口老龄化、劳动力资源流失等问题非常严峻，乡村产业发展需求十分紧迫。

　　东许村的发展面临多元主体利益诉求的问题，村庄需要加快产业更新与转型发展，使村民收入增加，生活品质提高。在乡村面对利益诉求不一致和开发理念不统一等问题时，应以村民为主体，合理统筹各相关利益方的权益，有序、稳步、渐进式发展。

　　东许村发展优势与制约并存，具备优越的景观环境优势与用地资源制约劣势。村庄的发展需依托自身资源条件遴选乡村产业拟发展类型，突出村庄特色。因此，东许村未来产业的选择必须与本地资源条件相互匹配，合理控制居民和游客的数量。综合判断，东许村适合小而精的乡村服务产业发展模式，并以此彰显生态环境与文化特色（图 3-14）。

　　设计应充分考虑乡村发展问题以及村民意愿，在深入实地考察调研的基础上，发掘、利用和保护乡村特色的自然、人文景观资源，确定可实施的、接地气的旅游服务型"美丽乡村"设计目标（图 3-15），东许村景观设计思路如图 3-16 所示。

图 3-14　东许村生态环境状况

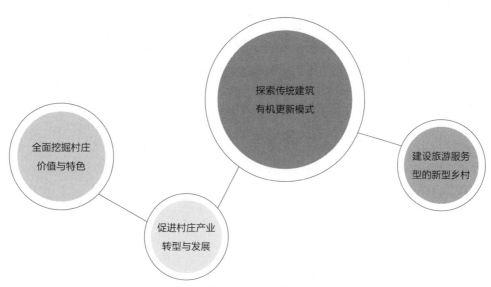

图 3-15　设计目标

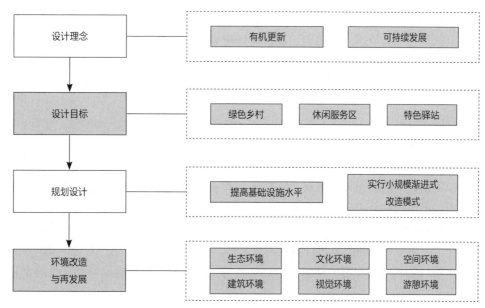

图 3-16　设计思路

3.2.2 设计原则

综合考虑东许村景观形态的特点和现状问题，在进行乡村景观设计时，应重点遵循以下基本原则：

（1）产业更新原则：乡村的产业结构和产业更新很大程度上也体现着乡村的地位和经济发展状况。乡村自然和人文资源是乡村存在和发展的基础，同时也是进行乡村景观设计的基础，乡村要发展需要不断优化产业结构，以此实现乡村振兴和发展。基于乡村资源为核心的乡村景观设计和乡村产业更新相结合，既能体现乡村发展的独立性，又为乡村发展内容和形式的多样性提供更多可能。

（2）整体统一原则：整体性原则是指在进行乡村景观设计过程中，应从整体出发强调统一性和系统性，既要做到注重个性化表达，还要兼顾整体统一。在理论指导方面，依据国家宏观背景和政策条件，充分考虑上位规划内容对设计的指导性作用，再具体到某区域环境、节点位置等，进行具体设计。要充分考虑乡村特点，做到兼顾左右和承上启下，在客观地分析乡村自然条件的基础上，同时考虑乡村经济和文化条件等因素，并系统地分析乡村景观设计和乡村自然环境、乡村人文风貌以及乡村经济发展之间的关系，合理有机地将其结合，使之成为一个整体统一的乡村景观系统。

（3）生态文明原则：乡村景观设计的本质是继承和保护我们祖先与自然和谐共处、对各种自然环境的适应和资源的利用所形成的各种生产生活方式，从而获得的一种可持续性发展的模式。乡村景观设计首先要保证乡村自然环境生态系统的完整性，做到遵循自然优先，以景观生态学理论进行乡村景观的具体实践，为村民创造一种适宜的、温馨的和充满浓郁乡村气息的生活环境。

3.2.3 设计理念

运用有机更新和可持续发展的理念，以推动村庄发展为目标，以提升村民生活品质为目的，进行整体规划设计，提高基础配套服务设施建设水平，实行小规模渐进式推进村庄改造建设的模式，对东许村的生态环境、文化环境、空间环境、建筑环境、视觉环境及以游憩环境等，进行有机更新改造与延续发展的规划设计与建设思路。

3.2.4 主题定位

东许村位于浦江县南山森林景区脚下，有着天然的地理区位优势，依托南山这一优良的生态自然资源优势，将东许村的发展建设与"浦江南山"紧密结合，突出了东许村景色宜人的生态环境并将其标签化和品牌化，当把这种优良的自然资源优势转化为发展乡村旅游产业的自然景观资源时，也就实现了资源与产业之间的转换。

东许村依托周边丰富的旅游资源和优良的生态环境，将其建设为浦江县浦南地区高品质的旅游景区配套服务基地，满足游客食、住、行、游、购、娱多方面的需

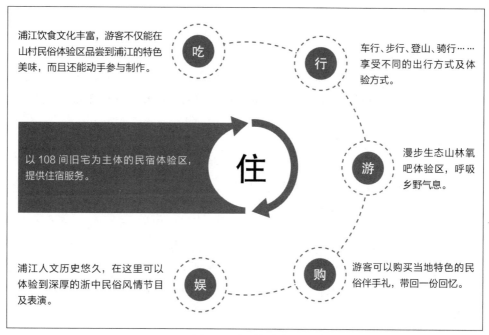

浦江饮食文化丰富，游客不仅能在山村民俗体验区品尝到浦江的特色美味，而且还能动手参与制作。

吃

行

车行、步行、登山、骑行……享受不同的出行方式及体验方式。

以108间旧宅为主体的民宿体验区，提供住宿服务。

住

游

漫步生态山林氧吧体验区，呼吸乡野气息。

浦江人文历史悠久，在这里可以体验到深厚的浙中民俗风情节目及表演。

娱

购

游客可以购买当地特色的民俗伴手礼，带回一份回忆。

图3-17 主题定位分析

求（图3-17），将乡村旅游与乡村生活体验有机结合，打造"东许民宿"乡村旅游服务品牌，并以此为抓手，建设美好乡村，全面推动东许村产业更新和全面发展。

3.2.5 建设目标

凭借东许村优良的生态环境、丰富的旅游资源以及深厚的文化底蕴，以浙江省全面推进"美丽乡村"和"发展全域旅游"建设背景为契机，进一步加大对乡村建设工作的推进力度，力争将东许村打造成为生态型宜居村庄。建设目标着重体现为以下三个方面：

（1）浦江南山脚下的特色生态体验乡村

东许村的发展要以生态、绿色的理念和方式进行，既要让东许村保持青山绿水，又要促进东许村的可持续发展，这就要保持好乡村发展与乡村生态环境承载力的自然平衡，以景观生态学为理论指导，将东许村建设成为特色生态体验乡村，这是东许村经济发展和产业更新的生态基础。

（2）浦江南部旅游景区的游客休闲服务区

东许村地理位置优势较为明显，东临神丽峡景区，西邻白石湾景区，北为浦江县城，城区内人文旅游资源丰富。将东许村建设成浦江南部的旅游配套游客休闲服务区，可为东许村乡村产业更新发展起到重要的支持和推动作用。

（3）浦江南部旅游景区的乡村特色驿站

东许村内有108间木结构老建筑，结合周围旅游产业配套服务的需求，通过对木结构老建筑的价值与文化等进行分析，将其改造为用于服务旅游发展的特色民宿，使其成为兼具休憩和度假功能的乡村特色驿站，增加了乡村旅游和乡村产业结构的密切联系，更有力地推动了乡村的产业更新和发展。

3.2.6 设计要点

（1）促进东许村产业更新与经济发展

基于循环经济和可持续发展的乡村景观环境设计理念指导下的东许村景观设计的实践，旨在保护乡村生态环境，促进乡村产业更新，提升乡村经济活力，提高生活的品质，最终实现乡村的可持续性发展。

（2）全面挖掘村庄价值与特色

系统全面地分析东许村的现状与资源，将乡村产业更新和经济发展与农业景观相结合，大力挖掘村庄传统文化价值，开展民俗生活体验，打造以主题文化为引领的体验型乡村旅游产品，发展以旅游服务为主的第三产业。

（3）探索传统建筑有机更新模式

乡村发展与乡村传统建筑环境保护和再利用密切相关，历史传统和本土文化保护与乡村环境更新建设应该符合现代人的生活方式与品质要求，对待乡村传统建筑应制定保护和可持续发展原则，依靠周边的旅游资源发挥乡村传统建筑的功能和文化价值作用，让传统建筑为乡村的发展作出新贡献。

（4）建设旅游服务型的新型乡村

东许村有着突出的发展优势，将东许村建设为旅游服务型的新型乡村，对发展乡村经济和配套服务的地区旅游产业具有重要作用，符合多元主体利益的诉求，同时也是实现城乡统筹发展的重要路径。

3.3 规划布局

3.3.1 空间格局

本方案运用有机更新和可持续发展的理念，以提升村民生活品质为目的，在改造更新108间旧住宅的基础上，对东许村的景观环境进行有机更新与延续发展的规划设计，重点打造服务于周边景区的民宿体验区，并配套农业观光与采摘体验和民俗文化体验旅游项目。按照东许村目前的发展现状和乡村空间结构，规划设计后的东许村空间构成是以乡村主路为轴线，串连沿线的各功能区块，使空间结构可概括为"一带、五区、六点"（图3-18～图3-20）。

3.3.2 功能分区

根据建设目标和功能需求，规划设计后的东许村各个空间区域呈现突出不同的功能特点和块状分布的格局，在原有居住生活区、遗址保护区、农业和手工业生产区的基础上将功能空间结构调整为主入口及采摘体验区、次入口及农家乐体验区、南山东许民宿体验区、生态山林氧吧体验区、村庄生活区五个空间区域（图3-21、图3-22）。

图 3-18　东许村规划鸟瞰图

图 3-19　东许村总平面图

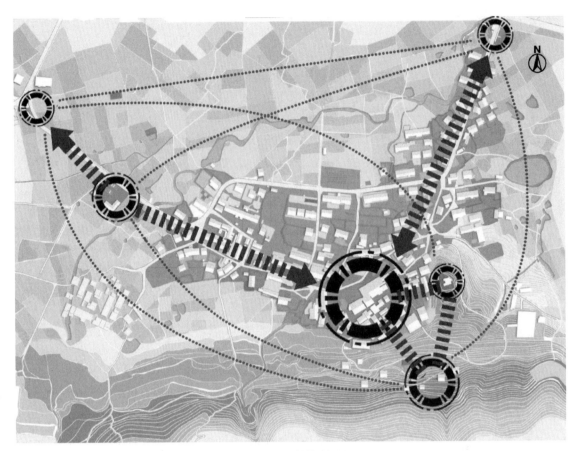

图 3-20　空间结构分析图

图 3-21　功能示意图

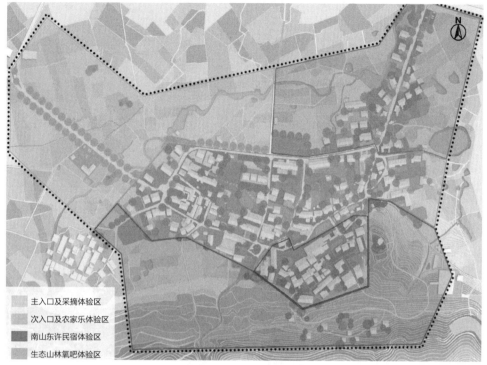

图 3-22　功能分区图

图例：
主入口及采摘体验区
次入口及农家乐体验区
南山东许民宿体验区
生态山林氧吧体验区

　　主入口及采摘体验区：该区域位于东许村中心的西北方，是东许村农业的主要种植区域，种植的农作物为水稻，果树类有桃形李、柑橘、梨、葡萄等。根据该区域的区位现状和产业定位，将其规划并形成以农业为基础的衍生产业功能区域，形成功能明确的主入口及采摘体验区（图 3-23 ~ 图 3-25）。该区域主要采用生产型景观的设计方法，在原有农业空间格局的基础上进行优化，以适应新的农业生产方式的需要。首先，根据产业定位，该区域主要以观光采摘为主，因此空间优化后的格局应体现采摘生产的特点；其次，在农作物种类选择上应大力发展适宜采摘的瓜果蔬菜型，适当缩减或改变水稻等粮食作物的种植；最后，在整体性的规划和设计中要注重该区域视觉体验景观的打造，着重表现该区域中大地景观的呈现。

图 3-23　主入口节点平面图

图 3-24　主入口村标

图 3-25　采摘园及休息凉亭

次入口及农家乐体验区：该区域位于东许村的东北方（图 3-26、图 3-27），与村庄主道路相连，并且有一条小溪流伴随路旁，沿着道路两侧为村民的自住房以及农业用地，该区域对东许村发展"农家乐"产业提供了极为便利的场所条件。在进行次入口及农家乐体验区的规划设计时，注重周边农业用地与建筑之间的关系，确保能及时为"农家乐"提供新鲜的蔬菜和瓜果，同时着重强调不同"农家乐"之间的差异性，以便为食客的体验带来不同的感受。

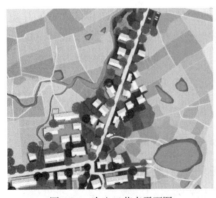

图 3-26　次入口节点平面图

图 3-27　次入口村标

南山东许民宿体验区：该区域位于东许村的南部（图 3-28、图 3-29），是在东许村 108 间空闲荒废的旧住宅的空间格局基础上，结合当地历史人文资源、生态自然环境及各种乡村特色生产生活活动，重点发展服务于周边景区的民宿聚居区，并衍生出茶楼、作坊、民艺、展示等乡村民俗文化活动体验，以此促进东许村的产业更新和乡村旅游经济发展。

生态山林氧吧体验区：该区域位于东许村南部的南山脚下（图 3-30）。生态山林氧吧体验区有着十分优良的森林资源优势和较高的负氧离子浓度，绿色植被覆盖的

图 3-28　民俗体验区节点平面图

图 3-29　民俗体验区效果图

图 3-30　生态山林氧吧体验区平面图

图 3-31　森林木屋

南山地区，植物的光合作用效应产生，有益人体健康的高含量负氧离子及植物挥发性保健因子是该区域的生态优势特色。生态山林氧吧体验区的形成是充分利用南山森林资源的结果，也是东许村新增加的一个功能区域。在产业定位方面，以山林小憩、运动休闲的产业发展内容为主，同时辅以各类简约、朴素且与环境格调相一致的休闲活动平台和森林木屋等游憩设施（图 3-31）。

村庄生活区：该区域位于东许村的村中心，遵照东许村村民生活规律和习惯，是在原来居住生活区的基础上，通过对人居环境整体的改造，以及功能空间的有机更新实现乡村生活环境品质的提升（图 3-32、图 3-33），该区域承载着东许村的传统文化和风俗乡情的传承与展示功能。通过对该区域环境的改造以及基础设施的建设和完善，提升该区域的活力，为村中其他区域的功能产业运行提供基础服务和后勤保障。

图 3-32　村庄生活区平面图

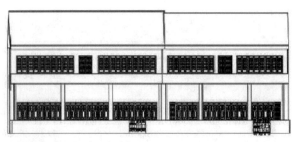

图 3-33　民居风貌改造效果示意

3.3.3　交通流线

规划后的东许村道路系统设计共分三级（图 3-34）。一级道路东西贯穿村庄，可供车辆通行。二级道路为村内主要步行路。三级道路则为宅间小路连通村内各级道路。其中按照不同的游览方式将旅游路线分为车行路、步行路、登山路和骑行路四种（图3-35）。其中以车行路连通主次入口，村内则以步行路为主，并辅以森林公园的登山路和桃花园的骑行路。

3.3.4　公共服务设施布局

公共服务设施是东许村景观提升的重要组成部分，在功能性和景观性方面对村庄发展乡村旅游产业有着重要意义。拥有完整的公共服务设施有利于乡村持续性发展，乡村公共服务设施为乡村旅游产业更新和景观环境营造奠定了基础，对于公共服务设施的打造要兼顾功能性和艺术性的结合。村庄原本公共服务设施并不完善，甚至还很欠缺，通过发展旅游产业来实现东许村景观环境更新发展，要完善和推进公共服务设施的建设，如垃圾场、篮球场、卫生间等。布局上，将公共服务设施与景观节点布置相结合（图 3-36），使其发挥更佳的使用效率，服务于更多的人群，同时保证这些公共服务设施与东许村整体环境相协调，合理控制其尺度、比例、色彩、造型和材料，形成富有地域特点和艺术美感的造型与景观。乡村公共服务设施作为乡村景观的组成部分，既要体现乡村区域的文化特色，又要与乡村建筑和环境完美协调，形成一套符合东许乡村特色的公共服务设施。

3.4 标志性节点设计

东许村内共有 6 处标志性景观节点（图 3-37），其中以山村民俗体验为核心景观节点，并与南山东许民宿区的观景平台——浦阳阁和生态山林氧吧体验区的自然生态池塘，形成重要的景观节点组团；另外 3 处景观节点沿村主路分布，分别是主入口景观节点、停车接待景观节点和次入口景观节点。

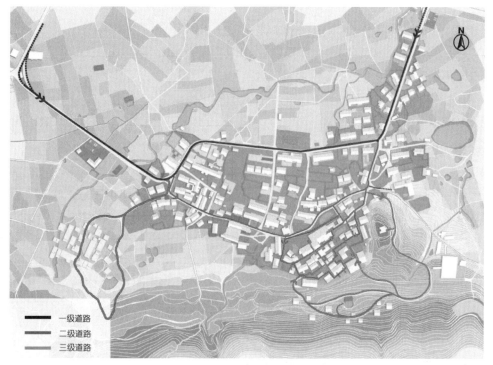

图 3-34　三级道路系统

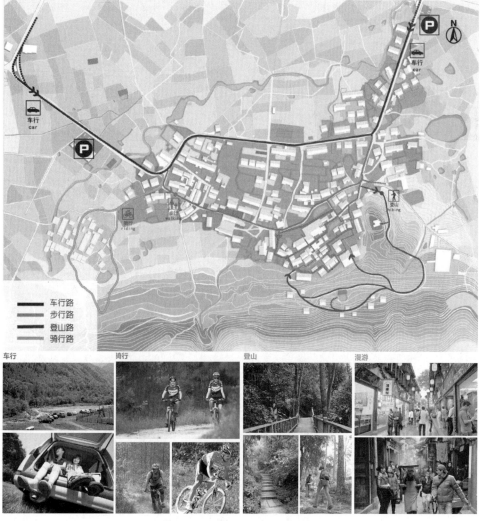

图 3-35　游览方式与旅游路线分析

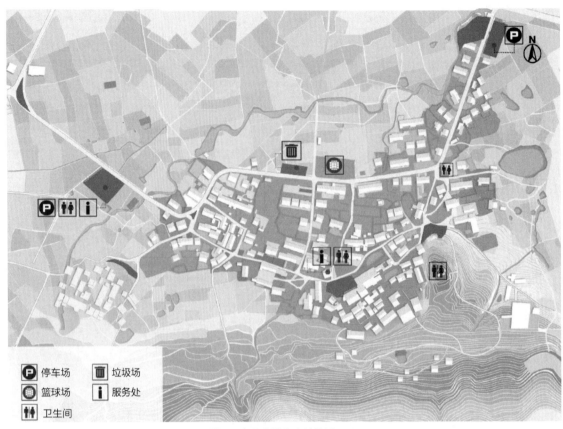

图 3-36　公共设施布局分析

P 停车场　　垃圾场

篮球场　　i 服务处

卫生间

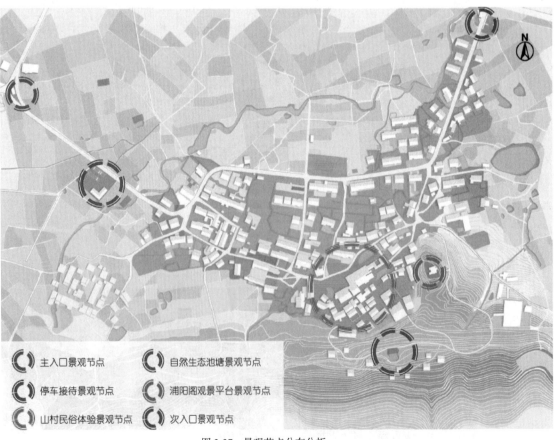

主入口景观节点　　　自然生态池塘景观节点

停车接待景观节点　　浦阳阁观景平台景观节点

山村民俗体验景观节点　次入口景观节点

图 3-37　景观节点分布分析

乡村民俗体验景观节点由各个不同功能的体验式建筑组成,内部空间按照各体验活动的主题内容进行适宜的布局:浦阳阁观景平台节点在实现远眺风光的同时,整体风貌上与周边环境相融合(图3-38);自然生态池塘景观节点主要体现出生态自然的场所氛围,同时具有美观性和一定程度的神秘感(图3-39);主入口景观节点是进入东许村的第一站,起到入口形象地标的作用,因此要打造成具有视觉识别性的景观;停车接待景观节点要注重功能性与文化性的结合,做到既实用又体现当地文化特色;次入口景观节点在设计时应与主入口景观节点有一定的呼应,在视觉上保证其完整性。

图3-38　浦阳阁

图3-39　生态池塘

3.4.1　地形设计

东许村整体的空间结构为"依山造屋,傍水结村",村庄南靠南山,北接浦江盆地,地势平坦开阔且视野良好,地势由南向北逐渐下降,与自然山脉、水体等相呼应与联系。本次设计充分利用场地的地理位置优势,注意设计与原有地形之间的关系(图3-40)。依据地形变化的节奏分别设置了观景平台、生态池塘、山林木屋等,

图3-40　竖向设计分析

图 3-41　景观视线分析

并充分考虑视点、视距等因素（图 3-41），合理设置驻留休憩空间，引导观者的视线与动线，促成空间参与性行为的发生。这些景观环境的营造不仅强化了原有的山地自然景观，也充分利用这些自然资源，并在此基础上，创造自然与人文相结合的乡村新景观。

3.4.2　铺装设计

铺装设计属于景观设计的基础组成部分，东许村的铺装设计以延续村落原有铺装肌理为主，对一些过度硬化的道路进行适当改造，采用当地乡土材料为主，通过传统材料运用，留存乡村历史记忆。道路规划方面，设计时既要考虑各种不同的交通方式，又要考虑各类不同使用者的需求。不同的路径有不同的功能，有些是用作缓慢迂回的游览路线，有些是快速便捷的交通路线，应组织处理好这些不同种类的交通体系，并采取不同的道路铺装材质区分这些道路以便指引人的活动方向。东许村道路体系共分为三级，一级道路以现状混凝土道路为主，可供机动车通行，连接村内村外，并将村内重要节点连通起来。同时为软化界面的生硬感，结合路侧绿化带进行有针对性的植物配置设计。二级道路为村内主要步行路，连通村内各个重要节点。三级道路为宅间小路，将各家各户串连起来，二、三级道路均以碎石铺装，具有自然淳朴的乡村气息。主次道路相互交织，形成丰富多样的道路体系，让村民出行更加便捷，并在交汇处形成重要的交流性场所，成为村民停留驻足、小憩、等待以及聚会休闲的空间环境。

3.4.3 植物景观设计

植物是大自然中重要的组成部分，也是一个地区最直观的大地风貌特征，同时植物的多样性对于该地生态环境也起到十分重要的作用。东许村各主路和支路带中景观植物相对较少，而且也缺乏观赏性，所以在植物配置上适当调整和增加景观植物的种类和种植面积，形成富有当地特色并适应当地自然生态环境的植物景观。在植物的选取方面应以当地物种为主，以体现地域特色，在不同地点可采取不同手法的种植形式，如靠近东许祠堂附近的植物景观以强调庄严肃穆氛围的方式来进行营造，通过有针对性的植物选择、配置，表现出场所氛围，增加乡村环境的观赏和体验性。

3.4.4 水景设计

东许村村域范围地形复杂，水资源丰富，周边分布着大大小小的水库、水潭和河流等水资源，春至初夏，水量充沛。山溪河流沿岸以及周边环境建设完全具备设置亲水空间的条件，因此在适宜位置可适当进行水景营造。水景设计一方面充分利用村庄原有的水景资源，对其进行改造提升，使其与周边的民居建筑相互融合，成为村民、游客社交的重要场所（图3-42）；另一方面在村庄生态山林氧吧体验区设置自然生态池塘（图3-43），运用生态型景观的设计方法，结合天然的南山森林环境，营造出生态自然的场所氛围。

图 3-42　后泉塘改造提升效果图　　　　　图 3-43　生态池塘效果图

3.4.5 构筑物设计

东许村背靠南山，拥有天然的地形起伏空间，形成错落有致的风貌，构筑物设计时应尽量与环境条件相结合，在选址、布局和造型等方面均优先考虑自然环境因素。在山坡视线开敞、面向浦江县城处设置浦阳阁观景平台（图3-44），让游人可以在此远眺自然和城镇风光。在设计手法上尽量对环境产生最低程度的干扰和破坏，主要材质为木材，共有三层平台，造型上一方面与周边山体走势相结合，呈现出优美的轮廓线，另一方面与东许村传统建筑结构方式相结合，使其整体风貌与周边建筑环境相互融合。此外，结合天然的南山森林资源，设置山林木屋作为附属配套空间（图 3-45），树屋造型朴素、简约，属于东许村民宿设计中的一种原生态类型。

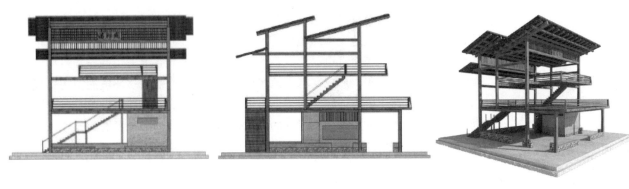

图 3-44　浦阳阁观景平台

图 3-45　山林木屋

3.5 民宿设计

3.5.1　总体布局

民宿设计是东许村景观设计的核心组成部分，承载着东许村乡村旅游产业更新和推动经济发展最重要的作用。针对东许村的产业现状以及未来发展的相关研究，通过对已废弃的 108 间木结构老房子的实地调查分析（图 3-46），决定对其中建筑和历史价值不高、存在安全隐患和坍塌废旧的老房子（图 3-47），结合地域建筑风貌特征和现代风格与材料技术进行改造，将这个区域集中建设为服务周边景区的乡村旅游民宿基地。

图 3-46　建筑状况分析

新建建筑（9栋）　　破损建筑（9栋）
保存较完好建筑（16栋）　破败建筑（8栋）

图 3-47　破败老房子现状照片

　　根据地形高差、空间位置以及功能业态需求将民宿设计划分为两个部分：即民宿体验区和民俗体验区，满足游客吃、行、游、购、娱方面的需求（图 3-48 ~ 图 3-51）。民宿体验区以住宿服务为主，将其打造为以"融入乡间生活，感受村庄印记"为主题的特色民宿，培育和发展东许村的民宿产业。民俗体验则以乡村饮食文化、民俗风情参与体验为主（图 3-52），配套茶楼、手工、民艺等民俗文化体验空间。通过上述方式，既保护了原有建筑的风貌，又赋予了该区域新的产业功能，在促进城市和乡村交融的同时，促进东许村的可持续发展。

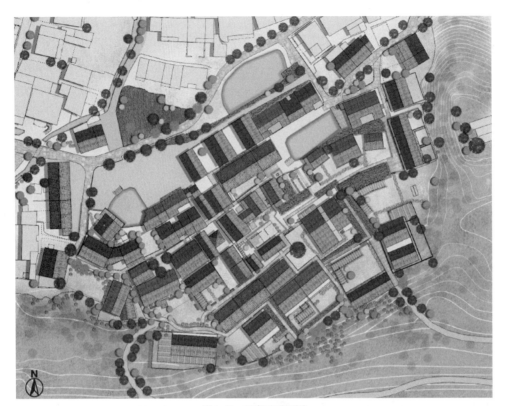

图 3-48 民宿区平面图

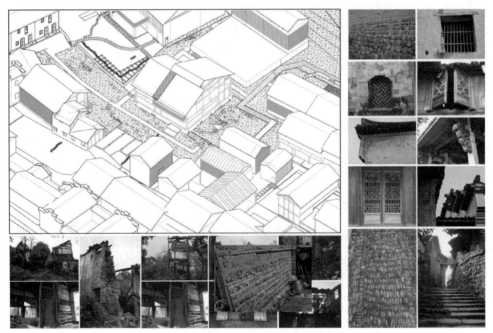

图 3-49 民宿区建筑现状

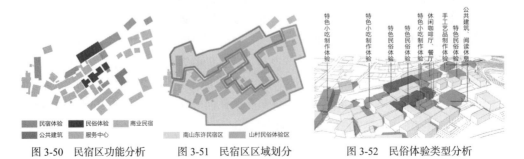

图 3-50 民宿区功能分析　　图 3-51 民宿区区域划分　　图 3-52 民俗体验类型分析

3.5.2　民宿分类设计

　　鉴于现状的108间木构建筑大多都已经破损坍塌，只有少量建筑经过改造后可直接利用，所以在建筑坍塌的原址上采用新建的方式，通过新旧建筑结合的设计营造手法来承载东许村产业功能空间的更新升级，共设计了四种建筑类型的民宿：原貌修复民宿、新旧结合民宿、新建民宿和山林木屋民宿（图3-53）。

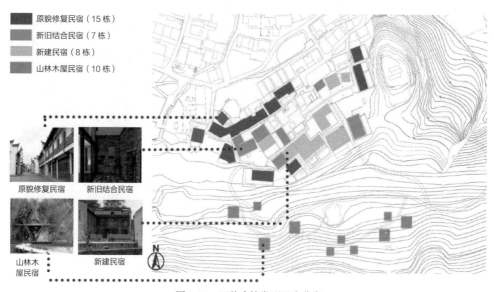

图3-53　四种建筑类型民宿分布

　　原貌修复民宿：针对保存状况较好的民居建筑，对其破损处进行适当修复，内部空间进行合理划分，并对院落景观空间进行梳理，增添一些纳凉休憩设施，使其既能保留村庄历史文化印记，又能满足游客的住宿需求（图3-54、图3-55）。

图3-54　原貌修复民宿1

图 3-55　原貌修复民宿 2

　　新旧结合民宿：针对保存状况较差的民居建筑，对其保存价值的部分进行修缮保护，合理规划其内部空间布局，并结合现代建筑的一些设计手法，对乡村建筑的外立面进行设计和改造，如传统材料与现代材料结合使用等，使其拥有更好的形式感，将传统与现代进行较好地融合，最终使其建筑形态符合当地的地域文化特征并有机融入周边环境（图 3-56）。

图 3-56　新旧结合民宿

　　新建民宿：针对 108 间中严重破损的建筑，民宿设计参考东许村原有民居建筑的比例尺度和外观形态，包括建筑立面、颜色和纹理等，并在建筑结构上进行适当创新，采用坡屋面交错的一种屋面形式，可以使建筑拥有更好的通风和采光效果，并提升建筑的形式感。建筑材料以当地材料为主，结合一些现代玻璃材质。采用木构形式，以符合当地的建筑风貌特点，通过对建筑空间的合理组织，满足旅游住宿对不同空间功能的需求（图3-57）。

图 3-57　新建民宿

山林木屋民宿：将住宿与自然森林环境有机结合起来，造型上为简洁的单坡屋面形式，采用木构架营建方式既能缩减建造周期又能节省建造成本；材质上选择木材与玻璃结合的材料组合，玻璃的通透性既亲切自然又能与周围环境很好地融合；结构上采用干阑式，以适应潮湿的森林环境，提高人的舒适感，成为游客放松身心的特色小屋（图3-58）。

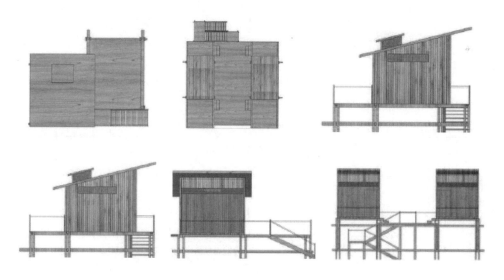

图 3-58　山林木屋民宿

3.5.3　街巷院落设计

街巷院落方面，注重街巷与地形之间的关系，尊重原有街巷布局，按照地形的节奏变化进行街巷布局的相应调整（图3-59～图3-61），在保留原有街巷院落走向的基础上，合理增加了街巷空间节点，并控制节点的位置和形态。考虑各个空间节点与街巷院落的互补及融合关系，串联起各个建筑单元及其他场所。街巷的空间尺度方面，严格按照东许村聚落形态规模控制，使其符合人性化的空间尺度规模。

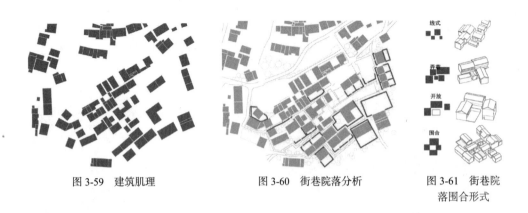

图 3-59　建筑肌理　　　　　图 3-60　街巷院落分析　　　　图 3-61　街巷院落围合形式

　　对于院落与村落间的交通流线组织，保留东许村原有的道路结构和街巷空间，结合新的功能将部分断头路打通，更改为新的道路，更好地连通整个区块（图 3-62），形成层次分明的三级道路系统，实现村中交通的便捷与通达性（图 3-63）。

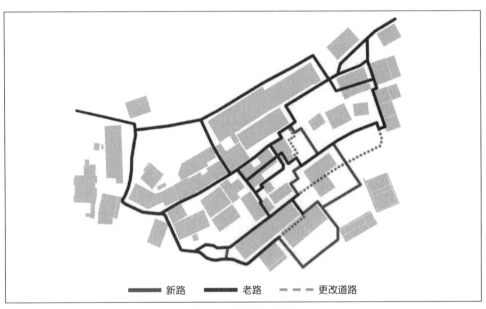

　　　　　　 新路　　　　 老路　　- - - - 更改道路

图 3-62　道路类型分析

　　　　　　 二级道路　　　　 三级道路　　　　 一级道路

图 3-63　三级道路系统分析

乡村景观设计

190

针对街巷两侧的植物景观营造，通过对种植的合理有序的布置来打造本区域丰富的空间效果（图3-64）。根据街道空间特点，增加街道绿化面积和品种，使本区域街道与各个空间之间形成良好的有机衔接，同时使不同产业功能空间之间相互渗透；在院落方面，根据本区域的自然肌理，充分运用植物的空间围合功能，结合建筑营造的院落空间，形成丰富的景观节点（图3-65），增加建筑与院落的内外过渡与联系，同时强化场所的沟通交流功能。

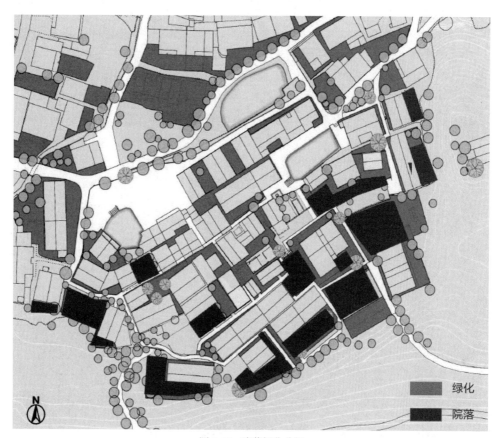

绿化

院落

图 3-64　院落绿化分析

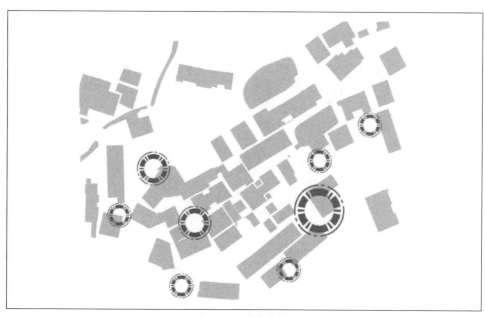

图 3-65　院落节点分布

大小
王村

笋山竹海中的竹韵山村

4 大小王村乡村景观设计

4.1 乡村背景
4.1.1 区位条件
4.1.2 自然条件
4.1.3 经济条件
4.1.4 人文历史
4.1.5 上位规划

4.2 路径定位
4.2.1 设计分析
4.2.2 设计原则
4.2.3 设计理念
4.2.4 主题定位
4.2.5 建设目标
4.2.6 小结

4.3 规划布局
4.3.1 总平面图
4.3.2 功能分区
4.3.3 道路交通
4.3.4 景观结构

4.4 标志性节点设计
4.4.1 小王村标志性节点设计
4.4.2 大王村标志性节点设计

4.5 整体景观设计
4.5.1 地形设计
4.5.2 铺装设计
4.5.3 植物景观设计
4.5.4 水景设计
4.5.5 构筑物设计
4.5.6 公共艺术设计

4.6 公共服务设施设计

4 大小王村乡村景观设计

4.1 乡村背景

4.1.1 区位条件

　　位于安徽省宣城市广德县卢村乡笄山行政村的大王村自然村与小王村自然村，为安徽省级美好乡村建设示范点。广德素有"三省通衢"之美誉，位于苏、浙、皖三省八县交界处，东邻杭州、嘉兴、湖州三市，北依苏州、无锡、常州三市，是安徽经济"东向"接轨"长三角"的门户。区位具有东连江浙、西承皖中的特点，处于三省交界之地，距杭州120公里，距南京150公里，距上海210公里，2小时车程可覆盖长三角三大中心城市。因此两村的旅游开发能够形成较强的市场辐射力（图4-1）。

4.1.2 自然条件

　　当地属于北亚热带季风气候，气候温和，四季分明，雨量充沛，无霜期长，日照充足。夏季盛行偏南风，冬季盛行偏北风，全年平均温度15.4℃，年均降水量1328毫米。大王村与小王村两个自然村由竹海大道串连，两村位于风光秀丽的皖南山区，自然植被完好，具有极其优越的生态环境。尤其是紧邻笄山竹海核心景区，拥有丰富竹林资源。笄山主峰海拔489.8米，在皖南山区中一枝独秀，整个笄山竹海景区享有"万亩竹海"的美称（图4-2）。

　　场地周边地形多为低山丘陵，作为广德南部山区自然生态环境保护最好的生态乡，环境优美，山清水秀，自然植被（主要是竹林）保存完好。两村掩映在青山环抱中，拥有极其优越的自然生态环境（图4-3）。

4.1.3 经济条件

　　目前，大小王村产业构成中第一产业占有较大的比例。由于周边地形以山地丘陵为主，可耕作的土地面积有限，基本依靠种植毛竹为主要经济收入来源（图4-4）。其主要产业是竹材与竹笋的生产，目前全村70%的收入来自竹业。其出产的竹笋尤其是冬笋，因笋体白嫩、肥硕、鲜润，是笋中上品，一直享誉省内外。相传从明代开始，大小王村的笋就作为"山珍"，年年大批运往京城供皇室享用，被列为广德四大贡品之一。当地村民还依托笄山笋，成立了笄山竹笋产销合作社，注册了"笄山"商标。近年来先后又推广种植"无害化"农产品，吊瓜和食用菌"竹荪"，产品远近闻名，供不应求。

至于当地的乡村旅游业，虽然地处笄山竹海旅游景区，但并不发达。村中仅有两处农家乐，满足不了日益增长的游客需求（图4-5a、图4-5b），这样的现状造成了旅游接待能力不足等问题。导致这一现象的主要原因，一方面，大王村紧邻经济发达地区，受到了明显的磁吸作用影响，年轻人口大多外出务工，留在村里的多为老弱妇孺，他们通常会选择传统的生产方式在家务农；另一方面，大王村现有村容村貌并不具备服务和发展乡村旅游的基本条件，地方特色不鲜明，无法对游客产生吸引力（图4-5c）。

目前，大小王村所在的广德县，正在加速转变经济增长方式，优化调整产业结构，加快第三产业的发展。基于这一有利条件，大小王村可以通过乡土景观建设，进一步提升旅游产业的水平，吸引青壮年劳动力回流，推进当地旅游业的发展。

图4-1 大小王村区位图

图4-2 笄山竹海景区风景

图4-3 大小王村自然生态环境

图4-4 大小王村毛竹笋用林丰产培育示范区

（a）村内农家乐1　　　　　　（b）村内农家乐2　　　　　　（c）村口景观

图4-5　现有旅游产业和村容村貌

4.1.4　人文历史

4.1.4.1　移民文化

广德县有着两千多年的历史，大小王村在元代已有先民活动踪迹，此后由于受到战乱、时代变迁等因素的影响，大王村迎来了大量的难民。在文化上主要经历了徽文化与近现代移民文化两个发展阶段。清朝末年到民国初年这半个多世纪中，大量河南与湖北的移民在政府政策影响下来到广德开荒垦植、安家落户，由此带来了中原文化与西楚文化，与广德本土文化发生了交流与碰撞。如今大小王村的居民，其先祖来自于河南。当地人深受广德移民文化的影响，这种影响表现在既对先祖们带来的中原文化有所保留，又吸取了当地的生活习俗与民间宗教信仰。

4.1.4.2　竹文化

在广德的山林间，遍布着青翠的毛竹。广德人以竹为邻、以竹为友，竹已经从单纯的经济作物升华为他们生活中不可或缺的一部分，更可以说他们把竹当作一种精神支柱。这体现在广德人不仅衣食住行离不开竹，更把竹以手工艺的方式提升到了精神文化的层面上来，形成了具有当地特色的竹艺术。

然而在近年来，竹业加工逐渐工业化，竹手工艺趋于凋敝。大小王村正处于这样的时期，当地如今主要是作为竹的生产地，对竹的深加工不足。这使得以竹艺术为代表的竹文化的传承面临着严峻挑战，更是在乡土景观设计与营造过程中需要深思的问题。

4.1.4.3　祠山文化

当地流传着祠山文化，目前大王村村口新建了一座祠山庙，而老庙仅留砖石柱础等遗存（图4-6）。祠山文化以与自然和谐相处、适应并改造自然的观念为核心，其来源于对治水英雄——张渤的推崇。传说太湖流域曾经连年水患，民不聊生，时为部落领袖的张渤带领人民疏通河道、兴修水利，为农耕生产与社会进步作出了巨大贡献。张渤晚年曾试图在长兴与广德之间开凿运河，期望贯通南漪湖和太湖两大水系，根据《祠山志》中所记载，广德东亭乡多地确实留有当年开凿"圣渎河"的痕迹，后可能因张渤年迈或其他政治经济原因导致该工程不得不废止，但这并不影响张渤作为治水英雄在广德人民心目中留下的光辉形象，祠山文化也得以流芳百世，时至今日仍被人所推崇。

纵观祠山文化，它所包含的善待众生、善待自然、与自然和谐共存、改造并适应自然等思想理念都与乡土景观设计的理念十分契合。因此，保护发展祠山文化不仅仅是传承优秀传统文化的需要，也是乡村振兴和建设发展乡村旅游产业，打造特色乡土景观的需要。

图4-6 祠山庙和老庙留下的砖石柱础

4.1.5 上位规划

以美好乡村建设为契机，在乡村建设中有效整合文化资源和生态资源，精心打造竹文化休闲旅游区。以此改善农村环境面貌，集中配置中心村公共服务设施，充分展现原生态的村落景观，大力发展生态工业、特色农业及生态休闲旅游，同时把握乡村旅游发展契机，实现全域景观化。

（一）《宣城市美好乡村建设规划（2012-2020年）》；

（二）《广德县国民经济和社会发展第十二个五年规划纲要》；

（三）《广德县卢村乡笄山村美好乡村建设规划（2013-2020）》；

（四）《广德笄山休闲旅游区总体规划》。

4.2 路径定位

4.2.1 设计分析

中共中央、国务院印发的《国家新型城镇化规划（2014-2020年）》强调"以人为本，公平共享""生态文明，绿色低碳""文化传承、彰显特色"；安徽省政府印发的《安徽美好乡村建设规划（2012-2020年）》提出了以优化人居环境、加快产业发展和加强社会建设为重点，要突出新型农村建设、产业提升、风貌塑造和文化保护等内容；广德县各级领导高度重视旅游业发展，广德县正式出台的《关于进一步加快旅游业发展的实施意见》和《广德县促进旅游发展优惠政策》等政策性文件。这一系列自上而下的规划与政策，从乡村聚落建设与乡村产业结构升级两个角度入手，形成了强大的政策优势，对于促进大小王村乡土景观建设和旅游产业发展起到了政策引导和顶层设计的作用。

通过对大小王村现状进行梳理（图4-7），可以归纳出以下五方面的主要问题：

（1）由于城市化发展，年轻人大多进城工作，留守村民的老龄化问题严重，导致乡村没有人气活力，发展后劲不足。

（2）由于观念落后，开拓创新意识不强，村民对身边的自然资源与文化资源挖掘不够，缺乏自主创业致富的主动性。

图 4-7　大小王村现状照片

（3）由于不良陋习,没有形成良好的注重整洁、卫生的生活习惯,有碍观瞻的垃圾、污水、杂物等脏乱差现象随处可见。

（4）由于文化缺失,乡村建设未能够较完整和真实地体现地方特色、民俗风情、传统乡村面貌以及自然景观风貌。

（5）由于缺乏设计,没有专业人员对乡村人居环境建设进行具体引导,导致村庄景观环境建设品质不高,可持续性差。

总体而言,大小王村整体村容村貌的基础较优,具备进行景观环境提升的基础条件。由于缺乏整体性的规划设计,目前村中的栅栏、路灯、垃圾桶等生活设施,现代化痕迹明显,与自然景色格格不入,需要通过系统性的景观设计进行有效把握。村中虽有一定的绿化植被分布,但因植物种类繁杂,缺少修剪,且杂草丛生,无法形成美观的绿化景观。至于民居建筑方面,最显著的问题就是建筑形式的"欧陆化",即大量的民居建筑都是以"小洋楼"的形式存在,缺乏地域性建筑风貌的体现。此外,还存在新旧建筑交替出现的现象,使得整体建筑风貌十分混杂。

村内景观风貌具有可塑性,由于当地地形起伏较大,建筑用地多有抬高,在处理手法上采用了夯土堆台作为建筑地基并用砌石挡土的做法。这种石块堆砌的挡土墙,形成了别具一格的风貌特征,值得在乡土景观更新建设中加以利用和保护。

本案以美好乡村建设为契机,在乡村建设中要有效整合文化资源和生态资源,着重改善农村环境,集中配置中心村公共服务设施,充分展现原生态的村落,大力发展生态工业、特色农业及生态休闲旅游,同时把握旅游发展契机,实现全域景观化。大小王村景观更新设计中应当注重对地方性景观元素符号进行提炼概括,多利用这种成本低且又有地方特色的手法。此外大小王村还存在诸如挡土墙、菜畦、田埂等一些带有强烈乡土景观特色的元素,在设计的过程中,这些景观元素同样需要加以利用,值得保留的予以保留,不宜保留的则加以改造利用,力求保持乡村聚落的自然肌理。

4.2.2　设计原则

大小王村的景观设计以美好乡村建设为契机,在乡村建设中有效整合文化资源和生态资源,精心打造竹文化休闲旅游区。同时改善农村环境面貌,集中配置中心村公共服务设施,充分展现原生态的村落,大力发展生态工业与特色农业旅游,同时把握旅游发展契机,实现全域景观化下的生态休闲旅游业的健康发展（图 4-8）。

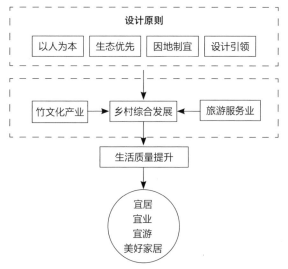

图4-8 大小王村的乡村建设设计原则

遵循的设计原则是"以人为本、生态优先、因地制宜、设计引领"。在此原则指导下进行大小王村的景观环境设计和建设。

4.2.3 设计理念

按照深入推进新型城镇化和美好乡村建设的要求，以深化农村人居环境建设内涵和水平提升为核心，以建设生产发展、生活富裕、自然人文特色彰显的农村新环境为目标，着力通过优化设计、挖掘地域资源、营造特色风貌、提升基础设施、改善生态环境等措施，努力建设具有地域特色、生态特色和人文特色的美好乡村。

"美好乡村"是我们对乡村聚落整体发展的新思考。"美好"二字体现在功能上不能止步于满足现阶段村民的基本生活需要，更要深入挖掘探寻当地人的精神世界，提升村民的审美水平。要达到这一目标，需要在设计大小王村乡土景观的过程中尽可能地美化村落景观，提升人居环境质量。同时，在大小王村乡土景观设计时必须要让当地村民成为乡土景观实际的参与者与维护者，通过现阶段的乡土景观设计来提升他们的乡土意识、审美情趣，共同维护与发展乡土景观。这才是真正能够推进美好乡村、提升人居环境的有效途径。

大小王村地处笋山竹海，其主要经济作物为毛竹。这些毛竹在产生经济价值的同时也形成了当地特有的景观风貌。竹是当地极易获得，且非常具有地方代表性的一种材料。以符号化的手法对竹元素加以利用，运用于乡土景观设计中。设计方案以竹元素所承载的竹文化引领设计，促进大王村和小王村旅游资源的开发、利用和环境保护；引导以竹产业为主的各种生产要素合理地集聚，提高村庄旅游接待服务质量，解决村民就地就业，吸纳本地和外地劳动力就业，创造旅游经济效益，促进村民增收，实现可持续发展。

本设计力求实现由单一环境设计向复合型人居环境设计转变，设计的核心目的是引导村民的生产和生活行为方式。通过完善乡村旅游服务功能，置入现代旅游休闲业态，为乡村经济可持续发展奠定产业基础，实现以村民生活水平提升为目标的美好乡村建设（图4-9）。

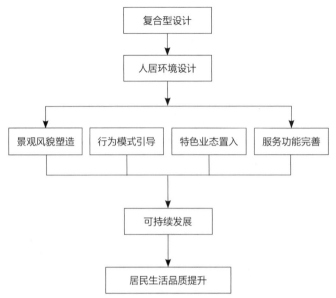

图 4-9　大小王村的乡村建设设计理念

4.2.4　主题定位

本案主题定位：笄山竹海中的"竹韵山村"

建设以竹文化、竹元素为乡村意象的特色现代新农村。依托竹资源，引导村庄竹文化的生产、生活特色发展；依托自然资源和历史文化，加快从建设新农村向经营新农村转变，打造乡村生活文化型和乡村休闲旅游型特色村，以生态观光、休闲农业和手工艺加工为附加产业的田园经济，推动美好乡村人居环境建设与乡村可持续发展。

小王村主题形象定位——竹海近旁的农家小村

内涵表述：绿色竹海；农家气息

内涵释义：竹景与民居交融，自然生态与生活气息并重。清风摇曳、竹叶沙沙，在热情好客的老乡家中洗去一路的风尘。屋外，流水潺潺，倏忽一两声啾啾鸟鸣，满眼俱是绿竹野花，在恬静闲适的乡村中品茗着竹林随风而释的潜香。

大王村主题形象定位——生活着的竹文化博物馆

内涵表述：竹韵文化；生活展示

内涵释义：竹文化是生活文化、生态文化和精神文化高度统一的一种文化形态。经过改造升级的大王村最大的区别就在于以竹文化贯穿于村庄建设及生活哲学。它首先是个以竹为鲜明特征的村庄，其次又是由人的生活所构成的实景展示竹文化的博物馆。未来，它将成为艺术家们描绘皖南竹乡的圣地、专家们研究竹文化的基地和游客们躲避尘嚣、释放压力的生活驿站。

4.2.5　建设目标

（1）建设成"笄山竹海"旅游景区中乡村旅游的特色景点；

（2）建设成"笄山竹海"旅游景区的配套游客休闲服务区；

（3）建设成"笋山竹海"旅游景区突出竹文化的生态村庄；

（4）建设成为安徽省美好乡村的标志性样板工程和示范村。

4.2.6　小结

可持续发展是乡村人居环境建设的最高原则。乡村人居环境实质是乡村生态环境、社会环境和经济环境的综合体现。乡村人居环境建设是以乡村居民点建设为中心，融合了人文景观与自然景观的乡村整体景观的打造。卢村乡大王村和小王村基于竹文化的乡村人居环境建设与乡村可持续发展是对乡村在传统与现代、自然与人文、科学与艺术等多个层面的有机整合。由此乡村的时空多重性、乡村传统的历史文化价值、乡村自然的生态功能都将在大小王村的人居环境建设中得到体现。

本设计旨在通过乡土景观建设，挖掘、保护、发展大小王村特有的文化内核，使之成为乡村发展的内在动力和景观形态表现的载体。以旅游开发的方式将本土文化展示在公众面前，使游客在感受田园风光、乡土气息的同时了解大小王村的本土文化，领略其独特的文化魅力。通过乡村人居环境的建设促成乡村产业转型，带动当地与周边村落的经济发展。大小王村不仅是承载旅游服务功能的景区，也是当地村民生产生活的栖息之地。本设计在考虑创造经济效益的同时，力求改善居民生活环境，提高生活质量，满足村民精神文化需求，加强对家园的认同感与归属感。最终把大小王村打造成为美丽宜居的精品示范村，实现"宜居""宜游""宜业"的愿景。

4.3 规划布局

4.3.1　总平面图

小王村以宜居、富民、和谐为重点，以"竹海近旁的农家小村"为设计主题，本着以人为本、生态特色、可持续发展等原则进行设计，强调人、生活、自然三位一体的和谐关系。小王村的景观设计与营造主要由入口村标、竹索亭、赏月亭、文体活动中心、竹器坊、竹雕坊、竹家生活小院、月亮湖农家乐、月亮湖休闲区、观鱼廊和桑竹亭等景点与设施贯穿其中（图4-10）。

大王村同样以宜居、富民、和谐为重点，以"生活着的竹文化博物馆"为设计主题，本着以人为本、竹文化体验、可持续发展等原则进行设计，强调人、生活、竹文化三位一体的和谐关系。主要由入口村标、青梅亭、竹马亭、翠竹湖、水竹桥、云竹廊、云竹亭、竹山堂、笋山竹园、竹闲亭和竹笼探趣等景点与设施穿插其间（图4-11）。

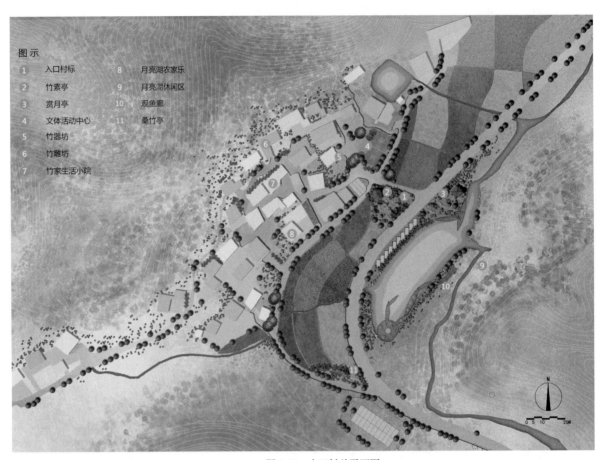

图示

1	入口村标	8	月亮湖农家乐
2	竹素亭	9	月亮湖休闲区
3	赏月亭	10	观鱼廊
4	文体活动中心	11	桑竹亭
5	竹器坊		
6	竹雕坊		
7	竹家生活小院		

图 4-10　小王村总平面图

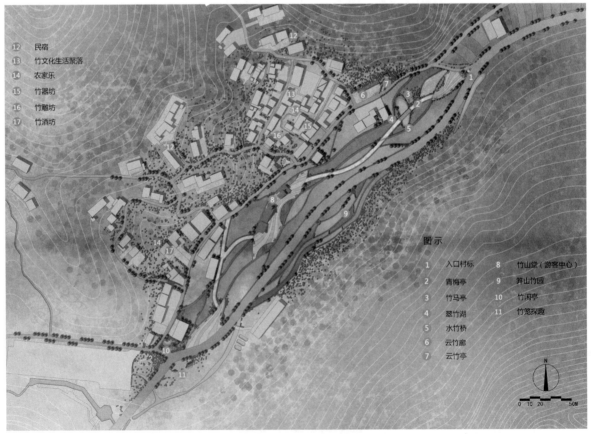

图示

12	民宿		
13	竹文化生活聚落		
14	农家乐		
15	竹器坊		
16	竹雕坊		
17	竹酒坊		

1	入口村标	8	竹山堂（游客中心）
2	青梅亭	9	弄山竹园
3	竹马亭	10	竹闲亭
4	翠竹湖	11	竹笼探趣
5	水竹桥		
6	云竹廊		
7	云竹亭		

图 4-11　大王村总平面图

4.3.2 功能分区

小王村在功能分区上主要包括以北部的乡村民宅院落为主的聚落区及以南部田野竹林为主的游园区（图4-12）。

大王村的功能分区与小王村类似，包括北部以民居宅院为主的聚落区及南部以乡村广场为核心的梯田式游园区。此外，在场地西南部包含一个以游客集散为主的游客服务集散区（图4-13）。

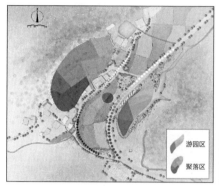
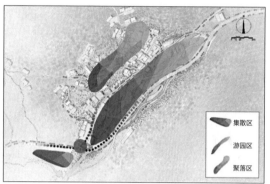

图4-12　小王村功能分区图　　　　图4-13　大王村功能分区图

4.3.3 道路交通

小王村以竹海大道为主干道沟通对外交通，内部则以主路、辅路、小径交织而形成三层道路交通体系，基本适应村民生活生产及未来旅游发展的需求。而在主干道与村主路交会处形成了村头、村尾的重要景观节点（图4-14）。

大王村同样以竹海大道为主干道形成对外交通，由于村域面积广阔，内部则以主路、辅路、园路及小径交织而成四层道路交通体系。园路主要分布于梯田式游园区，用以串联其周边景观节点，完善现有路网体系。这样的道路交通体系能够适应与满足村民生产生活及未来旅游发展的需求。而在主干道与村主路交汇处形成了村头、村尾的重要景观节点。

新增的村中园路采用富有动势的曲线线型，暗喻溪流，以契合传统风水学说中对村落选址前山后水的布局要求。这种曲线形式，配合园路两侧的田野景观，可以产生丰富的空间感受，同时也可以避免直线所带来的沉闷、单调、漫长的空间体验。路面铺装采用卵石与石板铺地相互交错铺设的方式，在视觉上也可以产生视觉感受的变化，同时这种乡土材料的使用，会使游客更具有乡村体验感（图4-15）。

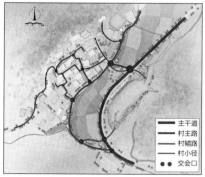
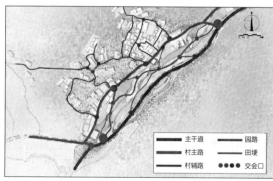

图4-14　小王村道路交通图　　　　图4-15　大王村道路交通图

4.3.4 景观结构

在小王村景观结构上，以村口的入口景观为营造的核心，并辅以两翼的生态游园及文化活动中心，作为次要景观节点。其中，形象入口（村口）、生态游园、亲水游钓等是主要打造的景观节点（图4-16）。

大王村的景观结构设置主次两个景观轴，主景观轴是在南北两处形象入口之间串连起供游人体验的乡村活动广场，其中包括了活动中心生态水域和亲水游钓等景观节点；次景观轴同样以南北两处形象入口串连起民居聚落区，主次轴构成动静不同分区的环形乡村体验的景观结构关系（图4-17）。

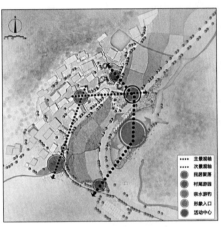

图4-16　小王村景观结构图

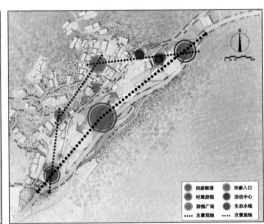

图4-17　大王村景观结构图

4.4 标志性节点设计

对大小王村乡土景观中的节点设置，主要选取了几处位于村内道路交汇处或是整体景观视觉中心的节点进行重点设计。在大小王村标志性节点具体设计上注意合理利用地形，保持田园风光，结合民俗民风，体现乡土气息。

4.4.1　小王村标志性节点设计

4.4.1.1　村口景观
村口是入村主要道路与村庄连接处，是展示乡村景观面貌的重要窗口，在整个乡村景观设计中起着开篇的作用。村口景观节点追求自然、亲切、宜人的感受，通过小品配置、植物造景、活动场地等，突出景观视觉效果，体现村庄风貌与标志性特色（图4-18～图4-20）。

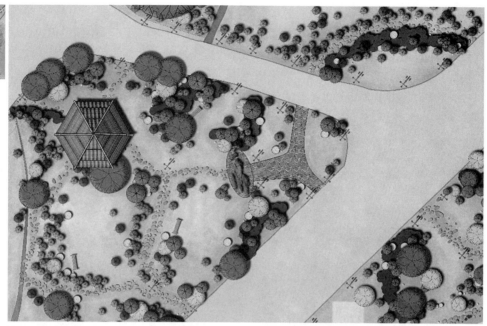

图 4-18　小王村村口景观平面图

图 4-19　小王村村口村标效果图

图 4-20　小王村村口景观立面效果图

4.4.1.2　水体景观

整治疏通河道水系，改善水质环境。河道坡岸尽量随岸线自然走向，采用自然斜坡形式。滨水驳岸以生态驳岸形式为主，尽量不采用硬质驳岸。生态驳岸具有可渗透性，有助于保持生物多样性的延续。滨水绿化以喜湿、耐水湿植物构成滨水植物群落，丰富河岸景观（图 4-21）。

4.4.1.3　绿化景观

　　村庄绿化景观以村口、道路两侧、宅院周边、滨水地区以及开放空间的周边为绿化重点，同时注重保护古树名木。道路两侧绿化以当地的乔木为主、灌木为辅，宅院周边绿化景观以具有观赏性花灌木和果树为主。滨水地区以及不宜建设的空地应做到"见缝插绿"。绿化景观植物以竹类和乡土植物为主，不采用维护成本高的绿化树种。

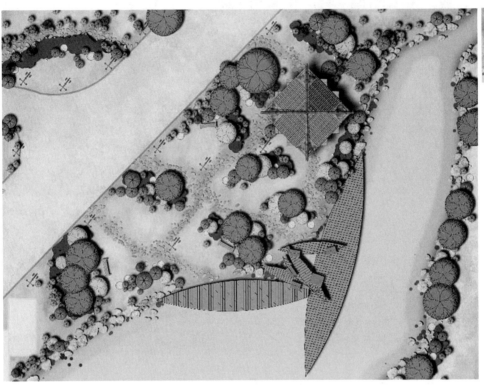

图 4-21　小王村滨水景观平面图

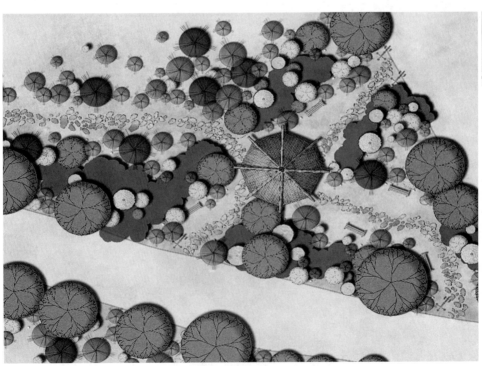

图 4-22　小王村村庄休闲空间平面图

图4-23 小王村村庄休闲活动空间效果图

4.4.1.4 村庄休闲活动空间

结合乡村居民生产生活习惯和民风民俗,布置休息、健身和文化设施。注重营造和谐宜居的邻里交往空间,丰富群众文化生活。结合发展农业观光旅游业设置游客休闲与配套服务设施(图4-22、图4-23)。

4.4.1.5 庭院环境

庭院环境注重运用竹材制作竹围墙、绿篱等围合空间,进行庭院出入口的美化处理。村中道路和开放空间不采用大面积的硬质铺装;植物配植采用乔、灌、草结合的方式。鼓励村民积极美化庭院,营造户户皆美景的环境效果。例如在道路旁增加灌木和木质花池,小院里增加休息亭和艺术盆景;在建筑外立面增加垂直绿化,墙角添加低矮植被,丰富空间层次感;院子里放置低矮竹茶几及座椅,营造休憩小环境;篱笆上增加爬藤植物,点缀街道绿意,屋子墙角处放置盆栽,丰富室内景观;屋子入口两侧增加绿化,美化街道;屋子门面增加盆栽,点缀绿意,增加情趣(图4-24)。

(a)庭院美化意向设计图1

（b）庭院美化意向设计图 2

（c）庭院美化意向设计图 3

图 4-24　小王村庭院环境设计方案图

4.4.2　大王村标志性节点设计

4.4.2.1　村口景观

规划的村口景观节点处原为菜地，在靠近竹海大道一侧有少量植被，村内主路由此接入竹海大道。在村口景观节点设计中，考虑到营造整体村落文化形象和地标识别的需要，设置了一处村名石，配以竹艺雕塑，彰显大王村当地的竹文化符号。其后为一处过渡空间，设置有座椅、灯具等公共设施，材质上均采用了竹材（图 4-25、图 4-26），通过村入口景观节点的打造，提升了游人对大王村第一印象的认知水平，突出强调了村入口的地标性作用。

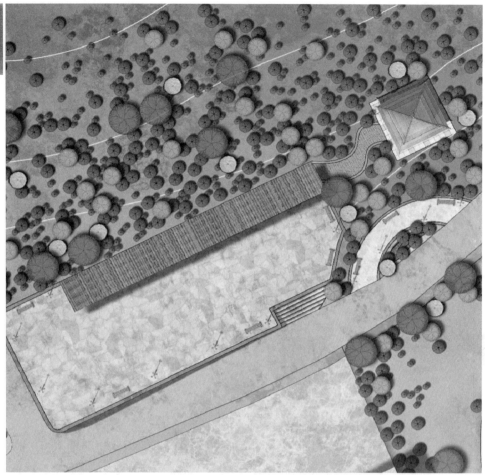

图 4-25 大王村村口景观平面图

图 4-26 大王村村口村标效果图

4.4.2.2 水体景观

在村口附近有一处水塘，用作积蓄经过处理后的净化水，该水塘造型呈矩形，混凝土驳岸，显得十分生硬呆板，与周边山林竹海的自然环境风貌不符。因此，在设计过程中，对该水塘进行了优化，整体造型改为自然不规则的形式，驳岸采用草坡入水与砌石驳岸相结合的方式，驳岸边种植水生植物，力图营造出与周边自然环境相融合的水景景观。并且于水塘之上，设置竹桥一座，作为沟通村口景观节点与中心景观节点的重要通道。竹桥采用拱形造型，整体采用竹材为主要材料。竹桥一侧，依托水景设置了一座双亭，名为青梅亭与竹马亭，两亭相互错落，别具趣味。双亭同样采用竹为主要材料，周围配以凤尾竹密植，在保证景观视线良好的同时，提供了一定的私密性（图 4-27、图 4-28）。

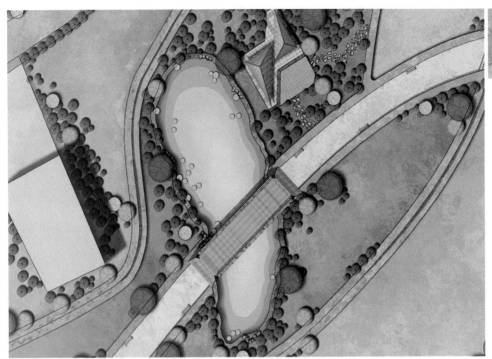

图 4-27　大王村水体景观设计平面图

图 4-28　大王村水体景观设计效果图

4.4.2.3　中心节点

大王村的中心景观节点位于村庄的中心区域，是大王村乡土景观设计中最为重要的一处景观节点。原址本为村民的菜田，春天有着大片的油菜花，田园景观的特色非常鲜明。由于村内缺少具有吸引力的活动场所，规划中该场地边缘设置一组构筑物，以廊棚形式构成一处可供村民和游客聚集活动的场地。该景观节点定位为村民集会交流与举办节庆活动游人在此休憩和观景的场所。廊棚采用传统建筑中坡屋顶的造型设置了一组或相对或向背、参差不齐、高低错落的构筑物作为交流聚会的空间，同时也是作为场地的标志性景观，以产生吸引力与凝聚力。这一造型体现出传统村落中民居建筑的特征和意象，而背景中山势走向与竹林造型的走势也相映成趣。廊棚以竹材作为主要结构支撑，下配砌石基座。构筑物本身为开放式的空间，景观视线通透，廊棚内部配有座椅等相关公共设施，以供村民与游客在此聚会、休息和逗留（图 4-29、图 4-30）。

4.4.2.4　村尾景观

大王村村尾处原有一处旧凉亭，但其造型和用材与以竹文化为代表的乡土景观氛围格格不入。因此对其加以改造，按照整体景观构筑物的风格，同样采用竹作为主要材料，造型在原有凉亭基础上进行了优化。

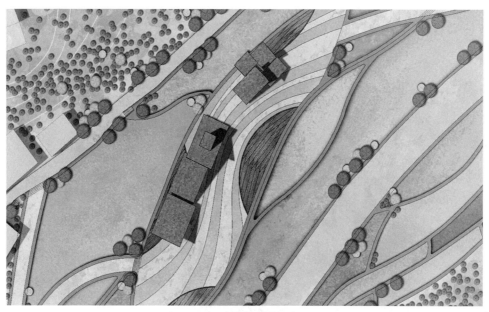

图4-29 大王村中心景观设计平面图

图4-30 大王村中心景观设计效果图

4.4.2.5 庭院环境

村民生活的庭院环境注重对竹围墙、绿篱等围合空间和庭院出入口的美化处理，减少大面积的硬质铺装，增加观赏性的植物；植物配植采用乔、灌、草结合的方式。鼓励村民积极美化庭院，营造户户皆美景的环境效果。例如对凌乱的绿植进行梳理修整，使街道清新整洁；在墙角设置小树池。建筑周边放置盆栽绿植，采用灵活多样的方法美化街道环境；规整建筑立面，增加垂直绿化；屋子周边放置盆栽，点缀绿意；设置带有漏窗的围墙，体现出徽风皖韵（图4-31）。

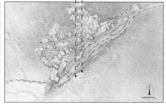

（a）庭院美化意向设计图1

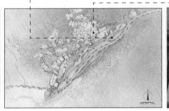

（b）庭院美化意向设计图 2

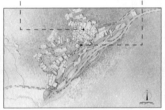

（c）庭院美化意向设计图 3

图 4-31　大王村庭院环境设计图

4.5　整体景观设计

4.5.1　地形设计

　　大小王两村均处于两山所夹的山谷坡地，居民建筑依地形呈现出高低错落的村庄肌理。目前传统民居已荡然无存，但村落传统格局仍基本保持。由于所处地区坡地较陡，高差较大，因此两处村庄均精心开垦出不少梯田供基本农业生产耕种。本设计中对大王村村前耕作区域的梯田进行了保留及景观形式的优化提升，利用其原有高差，通过季相景观植物的种植，形成具有观赏性的大地景观，这种不同高差的梯田式景观不仅维持村落的大地肌理，更是通过强化农耕景观来展现乡村聚落农业生产的场景，延续当地的农业景观。这些不同高差间的边界即梯田田埂按照砌石挡土的传统手法，将居民生活区域与耕作区域间的原有内部边界加以强化，有助于产生连续递进的空间视觉感受，同时在边界近旁孤植或丛植本土植物，缓和砌石挡土手法连续使用所产生的单调感（图4-32、图4-33）。

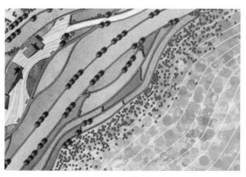

图 4-32　大王村笋山竹园设计平面图　　　　图 4-33　大王村笋山竹园挡土墙做法

4.5.2　铺装设计

　　大小王村的道路以石板和卵石延续村落原有的铺装肌理。对村内主路的改造上，考虑村民实际生活需要，采用沥青路面。在与周边建筑、空地等相连接的部分，增设青砖路牙作为过渡。对于村落内部巷道的改造则采取有机更新的方式，以当地常见的石板和卵石替换原有的水泥路面。

　　此外，对于标志性景观节点和较大面积的广场，地面通过有造型的铺装形式进行调节，避免大面积采用硬质石材，容易造成单调、冰冷的视觉感受。对重要节点设置了一些木质铺装，使人不仅可以依靠视觉更能够依靠触觉感受地面材质的变化（图4-34）。

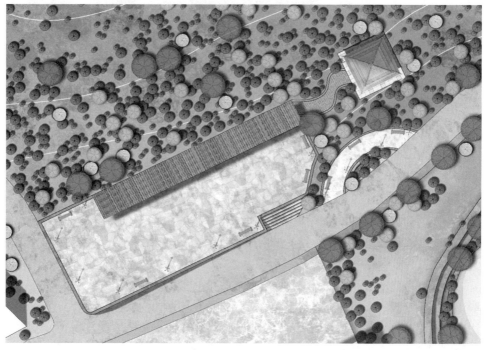

图 4-34　标志性景观节点铺装设计平面图

4.5.3　植物景观设计

由于大小王村是以优越的生态景观为特色的乡村，在景观设计时需对植物景观充分重视。当地具有深厚的竹文化基础，因此在本设计中将突出以竹元素为主的植物景观设计。

在营造乡土植物景观系统时，以竹为基本景观元素，同时坚持"乔灌木相结合，常绿树与落叶树相结合，速生树种与慢生树种相结合"的基本原则，并着重突出以下几个方面：竹林为主并与其他地域性观赏植物相结合，功能要求与视觉景观高度统一；人工修整植物造景与自然植物景观相辅相成；展现村庄的自然生态景观风貌，满足旅游者亲近自然、亲近乡村的心理诉求。在融合自然美、社会美和艺术美的基础上，努力创造具有乡村特色和地域特色的景观环境，为村民创造一个安全、舒适、健康、祥和的生态型美丽乡村。

植物景观除片植的毛竹外，需增加适合生长于当地的其他竹子种类，如矮篱类的大明竹、箬竹、阔叶箬竹、鹅毛竹、鸡毛竹等，高篱类的孝顺竹、慈竹、凤尾竹、花孝顺竹等，孤植独赏类的龟甲竹、金镶玉竹、黄杆京竹、孝顺竹、紫竹唐竹等，地被护坡类的菲白竹、菲黄竹、翠竹、铺地竹、赤竹等。在竹林边缘片植杜鹃花类的马银花、满山红、映山红等，为竹林增加季相变化的色彩。

植物景观中除以竹林为主外，可适当种植该地区其他常绿阔叶林树种，如木荷、苦槠、青冈栎、马尾松、喜树等，并在一些景观节点种植三角枫、五角枫、枫香、金钱松、鹅掌楸等特色鲜明，适合作为视线焦点的乔灌木。

村中池塘和溪流水面开阔处以栽植荷花为主，同时散植萍蓬莲、芡实，水面近岸处散植水生鸢尾、再力花、水蜡烛。临近池塘岸边零星栽植池杉、落羽杉，稍远处散植水杉。村边适当增植果树，如李树、梅树、枇杷、木芙蓉、紫薇、枫香、柿树、桃树及一些乡土景观树种，如合欢、蜡梅、南酸枣、银杏、皂荚、木槿等。村庄区地被采用吉祥草、沿阶草、兰花三七、络石、马蔺、二月兰等植物（图4-35）。

图 4-35　植物景观效果图

4.5.4　水景设计

大小王村地处低山丘陵地形之中，水系较为缺乏，不过在两村村头均有人工挖掘的水塘。在处理水塘及溪流这类景观元素时，强调岸线自然，并形成以乡土材料与工艺营造的生态驳岸。

对现有两处水塘，本设计将其原有的混凝土驳岸予以拆除，改造为自然形态的驳岸。采用草坡入水与堆石相结合的方式，营造自然亲切的氛围。同时，在驳岸周边种植水生植物，并在水塘周边可分设竹亭、竹桥、亲水平台等构筑物，以丰富景观层次。

4.5.5 构筑物设计

对于大小王村的景观构筑物设计按照整体景观风貌的建设原则，同样采用乡土材料竹和石作为主要材料，造型与当地建筑风格相一致，村中的竹山堂、青梅亭、竹马亭、水竹桥等构筑物均以竹材作为主要材料，挡土墙运用砌石挡土的手法使用了不规则石块砌筑。这些构筑物的造型均来自于对大小王村乡土景观符号的提炼与再运用，形成了具有乡土趣味又与周边自然环境相协调的景观风貌（图 4-36、图 4-37）。

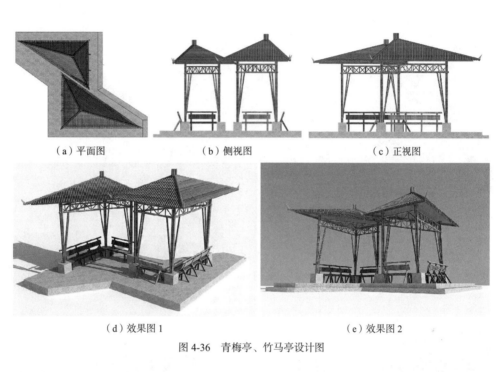

（a）平面图　　　　　（b）侧视图　　　　　（c）正视图

（d）效果图 1　　　　　　　　　（e）效果图 2

图 4-36　青梅亭、竹马亭设计图

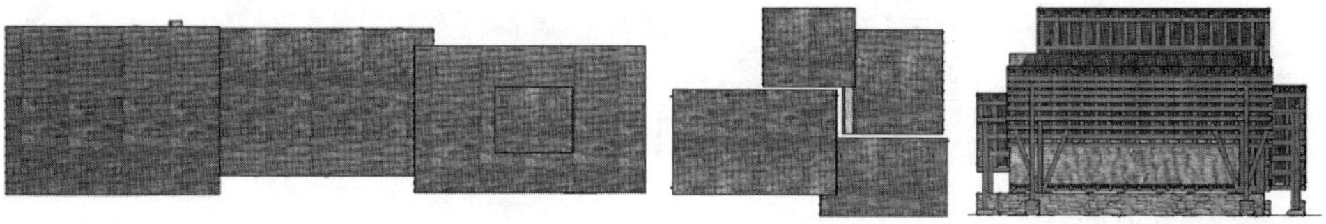

（a）平面图　　　　　　　　　　　　　（b）侧视图

（c）正视图　　　　　　　　　　　（d）效果图

图 4-37　竹山堂设计图

4.5.6 公共艺术设计

在大王村村尾的竹海大道旁有一处供游客集散的空地，在方案设计中考虑到该处具有人流集散功能，又可打造成一处景观节点，在该处设置一组公共艺术作品，题为"竹笼"，该公共艺术作品造型设计灵感来自于当地人日常生活中常见的竹编器物，整体为竹笼的造型，材料亦选用竹材。该景观作品的竹骨架所呈现的镂空造型、孔隙疏密的变化、内外空间的穿插联系等构成形态都吸引着游人在其周围驻足、停留、玩耍（图4-38～图4-40）。

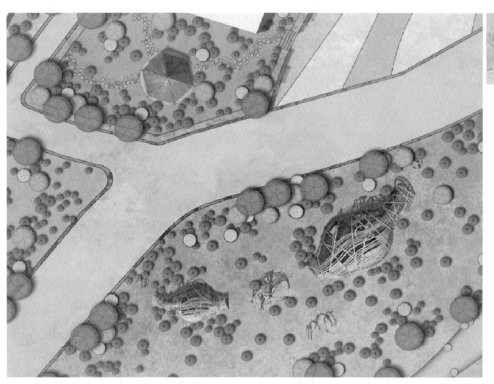

图4-38　大王村竹笼设计平面图

图4-39　大王村竹笼设计立面效果图

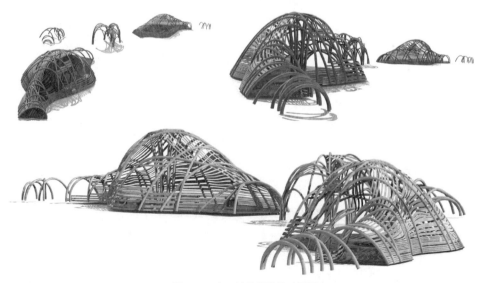

图4-40　大王村竹笼设计透视图

4.6 公共服务设施设计

　　大小王村公共服务设施设计中，同样选取最具当地特色的乡土建筑材料竹材和石材等，并提炼一些乡土形式符号，采用冰裂纹、坡檐、绑扎工艺，将其运用于设施设计与制作中。不仅使得设施具有浓厚的乡土韵味，还能够最大限度与周围环境相融合，运用绑扎等传统手工艺，方便建造施工与维护维修。

　　公共服务设施的系列设计包括以下内容：路灯设计图（图 4-41 ～ 图 4-43），长条椅设计图（图 4-44、图 4-45），四方椅设计图（图 4-46），四方桌设计图（图 4-47），花槽设计图（图 4-48），告示栏设计图（图 4-49），壁挂灯设计图（图 4-50），草坪灯设计图（图 4-51），水槽设计图（图 4-52），垃圾箱设计图（图 4-53），围栏设计图（图 4-54 ～ 图 4-56）。

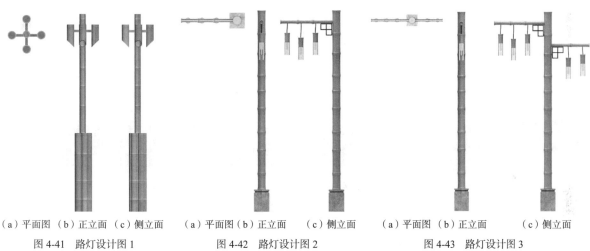

（a）平面图　（b）正立面　（c）侧立面

图 4-41　路灯设计图 1

（a）平面图　（b）正立面　（c）侧立面

图 4-42　路灯设计图 2

（a）平面图　（b）正立面　（c）侧立面

图 4-43　路灯设计图 3

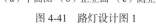

（a）效果图　　　　　　　　（b）平面图　　　　　　　　（c）侧立面　　　　　　　　（d）正立面

图 4-44　长条椅设计图 1

（a）效果图　　　　　　　　（b）平面图　　　　　　　　（c）侧立面　　　　　　　　（d）正立面

图 4-45　长条椅设计图 2

（a）效果图

（b）平面图

（c）侧立面

（d）正立面

（e）后立面

图 4-46　四方椅设计图

（a）效果图

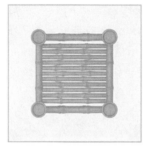
（b）平面图

（c）侧立面

（d）正立面

图 4-47　四方桌设计图

（a）效果图

（b）侧立面

（c）正立面

图 4-48　花槽设计图

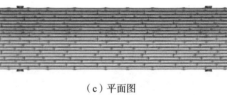
（c）平面图

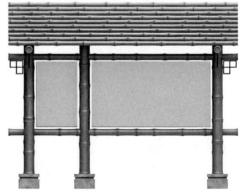

（a）效果图

（b）侧立面

（d）正立面

图 4-49　告示栏设计图

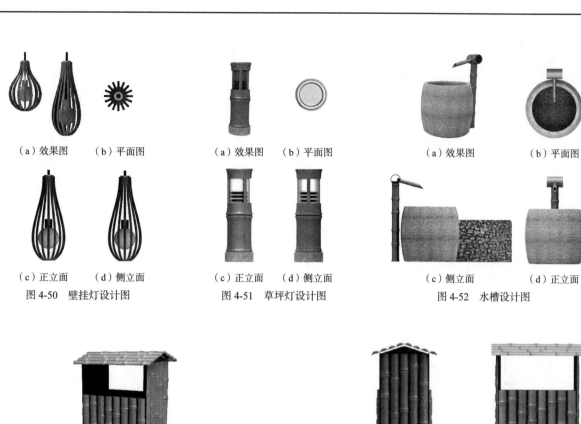

（a）效果图　　（b）平面图

（c）正立面　　（d）侧立面

图 4-50　壁挂灯设计图

（a）效果图　　（b）平面图

（c）正立面　　（d）侧立面

图 4-51　草坪灯设计图

（a）效果图　　（b）平面图

（c）侧立面　　（d）正立面

图 4-52　水槽设计图

（a）效果图　　　　（b）平面图　　　　（c）侧立面　　　　（d）正立面

图 4-53　垃圾箱设计图

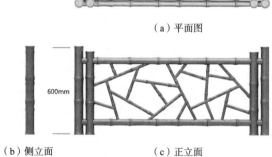

（a）平面图

600mm

（b）侧立面　　　　（c）正立面

图 4-54　围栏设计图 1

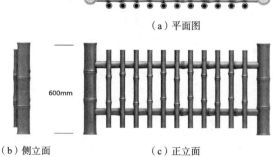

（a）平面图

600mm

（b）侧立面　　　　（c）正立面

图 4-55　围栏设计图 2

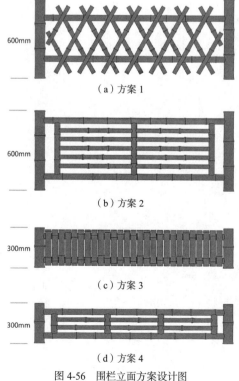

600mm

（a）方案 1

600mm

（b）方案 2

300mm

（c）方案 3

300mm

（d）方案 4

图 4-56　围栏立面方案设计图

石壁湖村

山环水绕的耕读憩居之乡

5 石壁湖村乡村景观设计

5.1 乡村背景
5.1.1 区位条件
5.1.2 自然条件
5.1.3 经济条件
5.1.4 人文历史
5.1.5 上位规划

5.2 路径定位
5.2.1 设计分析
5.2.2 设计原则
5.2.3 设计理念
5.2.4 主题定位
5.2.5 建设目标
5.2.6 小结

5.3 规划布局
5.3.1 总平面图
5.3.2 功能分区
5.3.3 景观结构
5.3.4 道路交通
5.3.5 游线组织

5.4 标志性景观设计
5.4.1 村口景观
5.4.2 沿溪绿带景观

5.5 乐水园设计
5.5.1 项目区位
5.5.2 设计分析
5.5.3 设计方案

5.6 农乐园设计
5.6.1 项目区位
5.6.2 设计分析
5.6.3 设计方案

5.7 石壁湖村 VI 系统设计
5.7.1 乡村 VI 系统
5.7.2 石壁湖村乡村 VI 系统建设必要性分析
5.7.3 石壁湖村 VI 系统设计方案

5 石壁湖村乡村景观设计

5.1 乡村背景

5.1.1 区位条件

 项目地位于浙江省诸暨市陈宅镇石壁湖村，村庄位于诸暨市以"西施之恋"为主题的美丽乡村景观带南线，上接陈宅镇的生态休闲农业旅游线，下连金竹坞龙潭和东白山生态健康游步道等景点，旅游资源丰富。村庄主要对外交通干道为诸东线（S211 省道），石东线（X311 县道）沿村庄东侧和西侧的边缘贯穿而过，石壁湖村距离诸暨市区 30 多公里，对外交通便捷（图 5-1）。

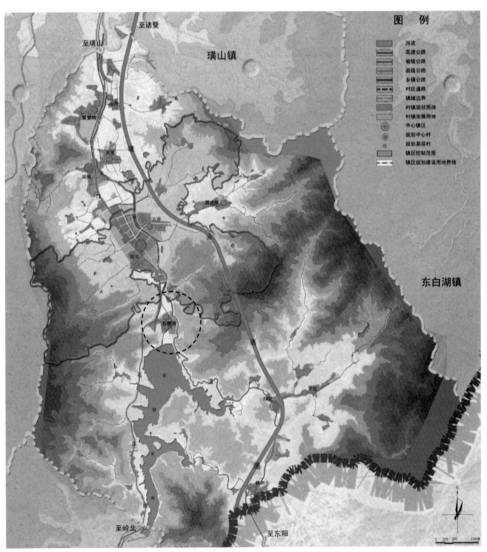

图 5-1 《诸暨市陈宅镇石壁湖村 3A 景区精品村建设规划》石壁湖村区位图

5.1.2　自然条件

石壁湖村属亚热带季风气候，终年温和湿润，酷暑严寒等极端气候较少，气温适中。村域范围7.2平方公里，行政村由石壁脚、新联、理家三个自然村构成。村庄西面为石壁山，东面为夹山，在村庄与夹山之间有石壁江流过，南面为石壁水库，水资源优势尤为突出，1958年建设的石壁水库是一座以防洪为主，结合饮用、灌溉、发电等为主要功能的大型水库。现水库集雨面积108.8平方公里，总库容达1.1015亿立方米。村庄周围山水梯田保护较好，在石壁脚村的西面山上有几片果树林，包括猕猴桃、树莓、板栗等，还种植了一部分茶树，生态环境较好（图5-2）。

5.1.3　经济条件

村域产业以农业为主，服务业还处于起步阶段。全村2017年生产总产值4338万元，其中农业总产值2766万元，工业总产值1500万元，三产产值72万元。2017年人均纯收入19759元。主要农作物为水稻，主要经济作物为猕猴桃与茶叶，耕作面积为1084亩（图5-3）。

（a）夹山

（b）梯田

（c）果园

（d）石壁水库

图5-2　石壁湖村自然条件

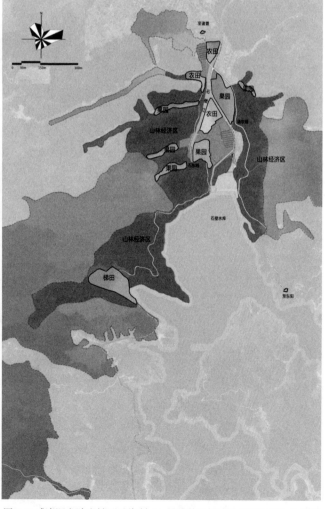

图5-3　《诸暨市陈宅镇石壁湖村3A景区精品村建设规划》产业分布图

5.1.4　人文历史

据史料记载，石壁湖村因村后山南有岩石崭绝，壁立百仞，村处山脚水边，故名。石壁湖村晚清及民国时属三十八都，后属开化乡。石壁蔡氏为周文王五子叔度后裔，叔度封蔡国，后以国为姓，其后繁衍世居洛阳，唐天宝间毕方公为江南东道采访宜使任会稽官署，子蔡本居绍（为绍蔡氏世祖），后与子蔡源后共返洛中，第六世孙蔡宏居乌岩为乌岩世祖，乌岩蔡氏第 13 代庆 81 公蔡本，定居石壁，为石壁世祖，源于明代。

1958 年 3 月经省水利厅与宁波署批准，村南截流始建省中型水库——石壁水库，为全市人民带来福祉，其间隔山街全迁，部分村民迁移外村，诸暨林校兴办，后同村移址，易名石壁中学。汽车站、供销社、邮电所相继落地。1987 年因非常溢洪道开工，部分村民动迁，全村住宅调整，百寸田外、西坞、金家弄新住宅格局形成。

石壁湖村素有崇文传统，以"耕读传家"，修身为本，孝义为先，崇俭朴，嫉华靡，敦本睦族，见义必为，好慷慨施与，"穷则独善其身，达则兼善天下"，众民崇学，送子求学绵绵不绝，早在宣统二年（1910 年）该村就创办"壁联"小学，校誉颇佳，邻乡均有求读。

石壁湖村文化遗存较多，人文景观资源丰富，村西南角多留存传统风貌建筑，东侧均为 20 世纪 80 年代后建造的现代式建筑。村内历史遗存主要是传统台门式建筑，具有代表性的是古宅后新屋台门（图 5-4），前后三进，是蔡姓三位太公在明万历年间（1573 ~ 1620 年）建造，台门由前厅、中厅、后厅及左右厢房组成，悬挂墙头的匾额中有万历年号，其雕栋画梁，惟妙惟肖，结构奇异，至今仍不失其雄姿。另有定期举办各类仪式祭典和庆祝活动的财神庙，也是乡亲联络感情的场所。庙会活动让许多民间流传的曲艺能保存下来，成为最具特色的文化。

（a）浮雕柱础　　　　　　　　（b）牛腿　　　　　　　　（c）厅堂

图 5-4　后新屋台门建筑

5.1.5　上位规划

陈宅镇的发展对石壁湖村景区村庄建设提出了新的要求，根据《诸暨市陈宅镇总体规划（2015-2030）》，陈宅镇走以最有效利用资源和保护环境为基础的循环经济之路，以休闲生态旅游产业、现代生态农业、农林产品加工产业和商贸产业为发展重点。石壁湖村作为水稻、蔬菜、水果种植基地，开展立体生态农业，以农业为基础发展休闲旅游产业，将与陈宅镇协同发展。此外，综合《浙江省深化美丽乡村建设行动计划（2016-2020 年）》《绍兴市美丽乡村升级版行动计划》《加强村庄规划设计和农房设计工作的若干意见》《诸暨市陈宅镇总体规划（2015-2030）》和《诸暨市陈宅镇石壁湖村 3A 景区精品村建设规划》等规划文件，石壁湖村景观设计与建设应充分利用山水自然旅游环境优势，整合发展乡村精品旅游，实现客源共享，联动发展。打造 3A 级景区村庄，力求快速融入区域乡村旅游共荣圈，成为诸暨旅游的关键节点。

5.2 路径定位

5.2.1 设计分析

　　2015 年以来，石壁湖村开展美丽乡村建设已初见成效，前期的美丽乡村建设主要集中在村内市政工程以及沿线主要建筑立面整治上，但村内环境、风貌仍然较差。现状问题主要包括：内部建筑风貌混乱，而且存在危房，亟待新建美丽农居；道路系统分割，地块缺乏联系性；公共空间欠缺，差强人意；景观绿化欠缺，不成体系；河道护岸结构单一，生态和景观功能不足，部分河道水质恶化；农田肌理需要改造提升；旅游无特色产品，未形成独特品牌和旅游产业等（图 5-5）。

　（a）危房较多　　　　（b）道路破损　　　　（c）护岸硬化　　　　（d）绿化不足

图 5-5　现状问题

　　石壁湖村上位规划中将乡村旅游作为村庄的主要发展方向，需要从发展乡村旅游的角度出发，分析研究以上亟待解决的诸多问题，从发展乡村旅游，着重于游憩活动开展的角度来做出解决问题的方案。游憩行为的触发是促进乡村旅游业发展的关键，通过保持一系列游憩活动的有序进行，使乡村旅游产业发展与乡村自然、人文生态形成相互促进的可持续发展的良性循环。

　　石壁湖村是一个由水库主导的、多村联合的村落格局（图 5-6），各个居民点相对独立，缺少道路串连，水在联络沟通整个村庄的同时也提供了游憩线索。而游憩行为本身具有时间和空间上的连续性，从游客的角度出发，游憩往往是较短时间内的一连串活动，从村民角度出发，游憩更倾向于长时间内的习惯性活动，无论是哪种游憩主体，激发其游憩行为都能有效地整合村庄空间与资源。

　　在游憩行为发生的对象空间中，自然景观作为一种游憩情境底图，为游憩质量的好坏奠定了基础。在石壁湖村中，水环境居于自然环境的主导地位，尽管村内总体水质较好，但目前由于河道护岸单一的硬质结构，生态和景观功能有所欠缺。因此在保证水利工程建设规范的前提下，需要对部分河道进行驳岸生态景观化处理，在改善水生态环境的同时也提高视觉美感，提升游憩体验感。

　　人文景观是人类的生活生产活动作用于自然景观后的综合产物，地域性是其突出特点。民居建筑是人文景观的集中体现，是游憩资源中相当重要的一种文化资源。随着石壁湖村的现代化建设进程的不断推进，新建建筑与传统建筑的风貌冲突越来越大，最终形成废弃的老建筑区与新建的现代化建筑区互相对立的情形。传统民居作为一种过往生活痕迹的凝结，是我们追根溯源、培养文化自信与民族凝聚力的重要资源。对传统建筑进行现代化改造，使其在满足当下居民生活需求的同时，保有自身的地域特色，这不仅能传承与发扬传统文化，也能激发游憩动机，产生游憩行为，通过村民与游客的一系列游憩行为为村庄增添活力与更多发展方向。

农田景观是人文景观最直观的体现，更是乡村性的代表。在石壁湖村的现代化建设过程中，由于村庄劳动力流失造成了严重的农田弃耕闲置现象。因此，对农田的改造也需要从村民与游客双方出发，将游客游憩活动与村民耕作活动相结合，进行农业产业转型的新尝试。

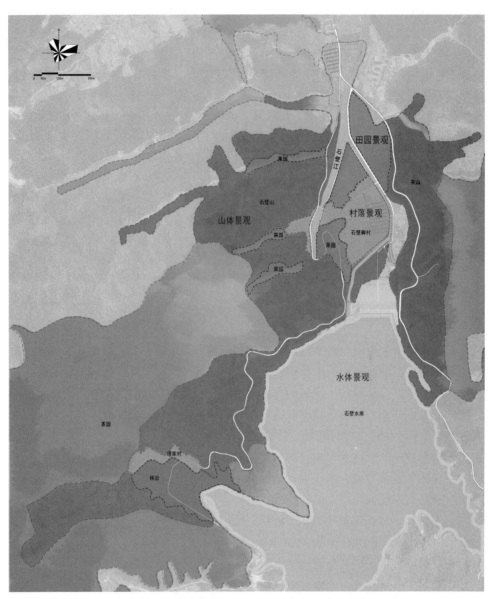

图 5-6　《诸暨市陈宅镇石壁湖村 3A 景区精品村建设规划》石壁湖村村落格局

5.2.2　设计原则

　　在石壁湖村乡村景观的具体设计中，秉承生态可持续原则，以人—自然—社会和谐发展为基本目标，坚持以人为本原则，在游憩活动开发中，更多地去考虑人尺度下的合理性，从而实现游憩体验的适宜性，把握多元融合的发展观及信息时代的全域维度，使乡村游憩发展能够保有活力，有效整合文化游憩资源和自然游憩资源，促进农业产业转型创收，精心打造石壁湖生态旅游产业。

5.2.3 设计理念

本次设计以"水"为主要设计元素，以"游憩"为设计切入点，将水与人的游憩相关联，将村民的游憩与游客的游憩相融合，将体验与观感相合一。

设计方案深入调研当地人居环境现状和风土人情，评估当地自然及文化游憩资源，进行当地居民及游客的游憩期望的调查。以水资源为突出优势的自然游憩资源和以台门式建筑群落为突出特点的文化游憩资源为主要发展对象，结合调研情况，围绕康体、养老、休闲、度假、生态、田园及水库等特定的开发内容，以发展生态游憩活动和特色旅游产业为目的，通过村庄整治、生态保护、游憩拓展、文化挖掘、产业提升等综合措施，展现出具有石壁湖村特色的美丽农村建设的风情韵味，形成自然生态环境优越、游憩休闲活动丰富、村庄特色鲜明及配套服务设施完备的 3A 级景区村庄。

5.2.4 主题定位

诸暨市陈宅镇石壁湖村 3A 级景区精品村建设规划的主题定位为"活水思源、梦回台门"，围绕这一主题进行石壁湖村的景观环境设计和营造。依托水等自然资源，通过滨水游憩、水利旅游等引导村庄发展乡村旅游，促进乡村旅游产业化发展，增加当地就业机会和经济收入；依托传统历史文化，拓展乡土文化内涵，将现代化新农村建设与地域性传统文化传承相结合，使石壁湖村建设呈现多元融合、相互促进的良好态势，致力于达成村庄整体风貌改善、游憩空间合理规划、游憩承载力提高及旅游增收明显等目的，推动美好乡村人居环境建设与乡村可持续发展。

在主题定位的基础上，将石壁湖村打造成山环水绕的耕读憩居之乡，提炼石壁湖村特色，融入美丽乡村景观带，打造以生态农业为基底，康体休闲、养老度假、田园观光为特色的乡村游憩驿站；开展水库观光、环水库骑行、农耕馆参观学习、沙滩河边戏水的山水村庄游；通过建设山间田间村间游步道、养老示范基地、精品民宿、传统农家乐等项目，实现回归自然、享受文化的康体养老的目标；开发农家庭院经济，挖掘山林优势，建设果园、茶园、苗园及生态游园；打造传统文化之乡，夹山老街回归，台门古建筑、蔡氏故里复兴，烘托出重返故乡的情境（图 5-7）。

图 5-7 《诸暨市陈宅镇石壁湖村 3A 景区精品村建设规划》石壁湖村域鸟瞰图

5.2.5 建设目标

（1）建设成自然生态环境优越、村庄特色鲜明、休闲旅游及配套服务设施完备的3A级景区村庄；

（2）建设成安居乐业的美好乐地、康体养老的健康福地、休闲度假的游憩胜地；

（3）建设成诸暨市美丽乡村景观带南线上水文化突出的生态村庄；

（4）建设成为浙江省美丽乡村的标志性样板工程和示范村。

5.2.6 小结

综上所述，石壁湖村的规划建设目标以充分利用村庄及周边的山水资源、历史人文资源和生态环境优势，围绕康体、养老、休闲、度假、生态、田园及水库等特定的开发内容，以发展生态特色旅游为目的，形成自然生态环境优越、村庄特色鲜明、休闲旅游及配套服务设施完备的3A级景区村庄。

通过产业提升、旅游拓展、文化挖掘和村庄整治生态保护等综合措施，展示出具有石壁湖村特色的美丽农村建设的风情韵味，使之成为村民安居乐业的美丽乐土，游客康体养老的健康福地、休闲度假的游憩胜地。

促进以生态游憩活动开发为设计切入点，以改善乡村人居环境、激发乡村产业活力、实现村民增收、加强乡村精神文明建设及提升村民生活品质为设计目标，着力通过挖掘地域人文及自然资源、建设乡村特色游憩区、营造乡村特色风貌和完善公共服务设施等措施，努力建设具有地域特色、生态环境优越、适于居住与游憩的美丽乡村。

5.3 规划布局

5.3.1 总平面图

石壁湖村人居环境设计方案以水文化游憩为设计重点，以"活水思源、梦回台门"为设计主题，本着以人为本，生态游憩、可持续发展等原则进行设计，强调"产、村、人"和"居、业、游"多元合一的和谐关系。在对居住区、水库、农田及山体资源的游憩承载力分析基础上，综合村民及游客的游憩期望和美丽乡村上位规划，生成石壁湖村3A级景区精品村建设规划的场地总平面图（图5-8）。

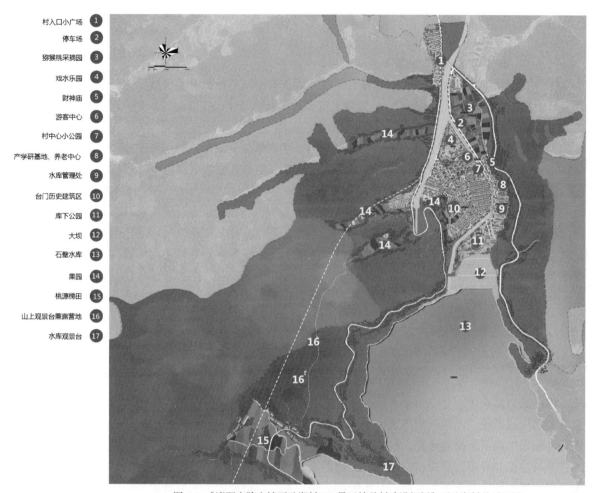

村入口小广场 ①
停车场 ②
猕猴桃采摘园 ③
戏水乐园 ④
财神庙 ⑤
游客中心 ⑥
村中心小公园 ⑦
产学研基地、养老中心 ⑧
水库管理处 ⑨
台门历史建筑区 ⑩
库下公园 ⑪
大坝 ⑫
石壁水库 ⑬
果园 ⑭
桃源梯田 ⑮
山上观景台兼露营地 ⑯
水库观景台 ⑰

图 5-8 《诸暨市陈宅镇石壁湖村 3A 景区精品村建设规划》石壁湖村总平面图

5.3.2 功能分区

依据石壁湖村 3A 景区精品村建设规划，在功能分区上，主要分为民居游憩区、农田游憩区、水库游憩区、山体游憩区四大板块。民居游憩区主要针对石壁脚、新联、理家三个自然村居民点，在不影响居民正常生产生活的前提下，联系村庄居民及外来游客双方，在村域及其周边范围内构建一系列游憩场所及游憩设施，主要内容包括沿溪绿道、健身公园、宅前屋后小庭院、村民活动中心及游客接待中心等。农田游憩区是在不影响正常农事的前提下，在农田果园区域游径周边设置游憩场所，满足相关活动开展，主要包括猕猴桃果园、果品加工厂、农事体验区和农耕百科园等，使游客在体验农事活动的同时学习相关的农耕知识。水库游憩区是石壁湖村重点打造的区域，水库作为蓄积涵养水资源的工程在村庄生产生活中占据重要地位，同时也发挥着重要的景观作用。对水库周边环境的游憩活动场所的开发，主要内容包括环水库游憩区和库下沿溪游憩带。由于水库生态管控的限制，环水库游憩场地仅在观赏层面上做适当开发，提供休憩点作为观景所用。而库下游憩主要指水库泄洪道沿岸，串连民居游憩区的游憩带建设，利用水资源优势，新开辟小型水面作为戏水乐园，丰富游憩项目类型。山体游憩区主要进行了游步道的建设，利用石壁湖村山环水绕的地形特点，以游步道串连观景台，环绕水库，提供多层次、多角度的游憩体验。

5.3.3　景观结构

打造"一轴多片多节点"的景观空间结构。

"一轴"即滨水田园游憩带，对石壁江沿线景观进行空间整治提升及植被绿化处理，打造成村庄主要的景观界面之一；向南沿石壁水库继续延伸，打造具有乡土特色的滨水田园游憩带。

"多片"即村庄各游憩片区，分为山林景观片、生态果园景观片、村落景观片和休闲景观片等，扩大整个村庄的景观视野，使置身其中的游人能够观赏到丰富多样的村庄风景。

"多节点"即滨水田园游憩带沿线的多个景观游憩节点，在村庄入口及主要开敞空间设置景观节点，对游客集散、村庄特色展示起到了重要的作用；围绕村内巷道的公共空间进行人文景观形象的营造以及乡村文化展示，为游客体验乡村文化生活发挥重要作用。

5.3.4　道路交通

村庄的道路系统主要分为车行道、步行道、游步道，形成"依山傍水环田"的全域道路交通系统。路网以利用现状道路资源为主，省道诸东线和县道石东线是村庄对外联系的机动车交通道路。村庄内部车行道主要由几条现状主路构成，其余则通过老村内的巷弄系统解决村内居民的交通需求。老村内部采用步行结合骑行的方式组织交通。游步道包括滨水绿道及田园游步道，滨水绿道设置于滨河处，而在田边设置田园游步道。在路网设计时需要考虑保护石壁湖村内原有的空间格局和尺度，充分保证村落内外的交通可达性，这是提高村民生活质量和旅游发展的基本保障。同时，根据服务半径、游线组织需要，合理安排停车空间。拟在猕猴桃采摘园与游客接待中心各设置停车场一处。

5.3.5　游线组织

根据石壁湖村旅游发展主题定位和自然资源与人文资源现状，本着与周边村庄错位发展的理念，在景观结构的基础上，设计了环水游、田间游、农家游和山上游四条游憩路线。发挥石壁湖村的水资源优势，以环水游作为游憩核心，基于环水游的协同效应，打造田间游、农家游和山上游的游憩综合体。沿水系设立骑行道路，沿骑行道向水面方向设置若干观景点，拓展一系列亲水活动空间；沿骑行道向农田及聚落方向设置两处休闲驿站，为游客提供服务；向山上方向拓展为登山道路，并在视线开阔适于远眺的山顶和山脊区域设立观景平台欣赏乡村美景。发挥健身活动和观赏活动的协同效应，使石壁湖村的综合游憩效益得以提升。

5.3.5.1　环水游

水库作为石壁湖村的主导型景观，构成村庄游憩活动的核心，环水库沿岸和溢洪道两岸形成了游憩重点区域。水系在空间上具有连续性和流通性，通过线状模式串连了大部分的游憩活动。水系构成了石壁湖村一条重要的游憩线索，在整合村庄游憩景观资源和空间方面发挥着重要作用。夏季在观光园举行水上活动，利用泳池和沙滩进行亲子游戏，举办泼水节、沙滩烧烤节、沙雕节等。配套商业服务，提供农家夏日饮品。春秋结合茶室举行茶文化露天品鉴活动，环水库骑行观景，展开滨水休闲垂钓等。在不同季节对水环境进行综合利用，在吸引四方游客的同时，也带来了经济效益。

5.3.5.2 田间游

在石壁湖村周边的山上有大片梯田，结合农耕生产可以开展乡土采摘节，如猕猴桃节、蓝莓节等。举行田园观光活动，如春季梯田摄影采风、冬季蜡梅观赏节，建设四季水果采摘大棚，并与休闲餐饮结合。推进务农体验活动，建设农田骑行线路，提供健康美丽体验。借助全年、全方位的活动，既可吸引游客前往度假，又可推销农产品，使田间游促进乡村农业经济的发展。

5.3.5.3 农家游

石壁湖村丰富的人文资源是发展农家游的基础，当地特有的台门建筑，保留院落格局，修复传统建筑风貌，吸引游客前来参观体验，同时将古建筑作为民宿吸引游客前来游玩。修复夹山老街繁荣的商业景象，作为特色古街吸引八方游客。对原有农家乐进行改进升级，改善建筑风貌，丰富娱乐活动，提高服务品质。以地方特色建筑为载体的农家游，不仅是乡村的一道风景线，也为游客提供全新的村庄民宿体验，为附近的城市居民提供休闲度假场所。

5.3.5.4 山上游

群山环抱的石壁湖村发展山上游具有优越的自然条件，修建山间游览步行道，建立入口文化标志，修建古道亭台景观建筑，美化沿线植物景观，形成丰富的风景观光带。沿途建立观景台和露营地，为游客提供适宜空间。结合旅游开发将山上原有的果园重新整治作为采摘园，以此丰富山上游的体验内容。

图 5-9 《诸暨市陈宅镇石壁湖村 3A 景区精品村建设规划》石壁湖村旅游景观鸟瞰图

5.4 标志性景观设计

5.4.1 村口景观

村口作为乡村游憩起点，是一个村庄的标志性景观节点（图5-10），同时也是向外界传递村庄特色和形象的媒介与窗口。村口景观的打造运用石和水作为设计基本元素。从景观与观景，看与被看的角度进行具体设计（图5-11～图5-13）。

（a）村口节点区位 　　　　　　　　　　（b）村口节点现状

图5-10　村口景观区位现状

5.4.1.1　地形设计

村口的地形设计主要通过一些微地形抬升，增强村口形象标识的识别性。同时增加景观多样性，抬升地标石刻以形成视觉中心，抬升村口地标观景长廊以划分廊棚驻留空间和小广场空间，使村口形成集地标石、村口广场、地标观景长廊等多层次空间，在保证了村口节点的视觉识别性的同时匹配空间尺度感的营造，形成系统的景观序列与功能空间。

5.4.1.2　铺装设计

村口场地的铺装以朴实的天然材料为主，注重石壁湖村特有的乡村肌理呈现与重塑。材料主要包括毛石、卵石、细砂石以及植草砖等。

在铺装方式上，细砂石作为村名地标石的基底铺装，运用枯山水的造景手法抽象地表达出水的意象，材质上呼应地标石的同时，在铺装方式上通过水纹造型软化坚硬的质感，营造质朴平和的空间环境。地标石与长廊之间的村口广场采用不规则毛石铺装，场地边缘采用有机的流线形式，表达出水波的意象。停车场采用植草砖铺装。

5.4.1.3　植物景观设计

植物景观主要是配合地标石、长廊和村口广场进行造景，增强村口节点的视觉识别度。植物在软化场地边界的同时也起到空间分隔的作用，强化空间的层次感，植物的作用还体现在分隔村口停车场、广场和道路的处理上。

5.4.1.4　水景设计

在村口节点空间中对沿溪原有的涉水石阶基础进行改造，新增亲水平台。游人可在水边近距离观赏石壁岩石和湖水交融的自然景观。

5.4.1.5　构筑物设计

村口构筑物主体为地标性的中式长廊，设计中将村中建筑装饰元素进行提取作为长廊装饰构件，使村庄入口景观更多地体现出当地人文内涵。石壁湖水库大坝作为标志形景观，这里是最佳观景点，在设计长廊时，除了考虑廊和广场及地标石的关系之外，通过视线分析确定长廊的方位与角度，创造最佳观景位置，进行人的视线设计，营造"近景—中景—远景"的观景层次，丰富游憩中的观景体验。

❶ 村口地标石
❷ 村口地标廊
❸ 村口广场
❹ 亲水平台
Ⓟ 停车场

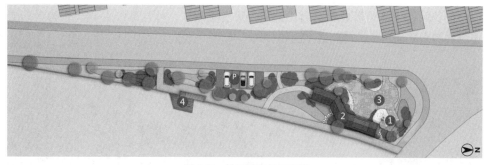

图 5-11　村口景观总平面图

图 5-12　村口景观鸟瞰图

图 5-13　入口效果图

5.4.2　沿溪绿带景观

石壁湖村沿溪绿带是村内游憩线中的重要路段，村中重要的人文景观——台门老建筑群、石壁湖水库大坝以及石壁江支流等分布在沿溪绿带的两侧。在景观视线上形成丰富的景观层次关系。在设计中不仅要考虑行进中的游憩体验，还要为游憩观赏对象提供在此驻足欣赏古建筑和水库大坝景观的观景亭廊，同时提升该地段的景观品质。

现状问题主要是场地景观形式单一，尺度感缺失，外轮廓线僵直，作为台门老建筑群的南立面前景亟待改造（图 5-14）。

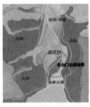   

（a）沿溪绿带区位　　　（b）道路　　　（c）沿溪建筑立面　　　（d）绿化

图 5-14　沿溪绿带区位现状

5.4.2.1　铺装设计

场地现状铺装为单一的混凝土铺装，道路与周边绿化及公共服务设施衔接生硬，不符合生态可持续的设计原则，在视觉上也缺乏美感，导致游憩和体验感较差。基于以上现实问题的考虑及有效发挥景观绿带促发游憩行为的考量，在铺装设计上，首先，考虑丰富该路段铺装类型，同时通过增加绿地比例，软化单一的硬质铺装。其次，通过增加毛石铺装，自然地衔接周边建筑与相关构筑物，同时通过铺装划分空间，丰富景观层次和游憩体验的多样性。

5.4.2.2　植物景观设计

沿溪绿带的植物配置主要是为了软化硬质场地，丰富沿溪景观层次，通过立面的适当遮挡强化沿溪立面的节奏感。在植物种类的选取上，首先考虑本地乡土树种，在乔灌草结合的种植模式下适当补充树种，并采取自然式种植方式，以打破僵直的场地轮廓线，避免行道树式的行列种植，增加行进中的趣味性与观赏性（图 5-15）。

5.4.2.3　水景设计

在原场地东端的三角形菜地引溪流水新增一个小型水面（图 5-16、图 5-17），丰富景观形式，增强人们在此游憩体验的丰富性。在水景驳岸的营造方式上，采用自然式驳岸的设计手法，软化僵直的岸线，突出自然生态的景观营造理念，建设符合乡村景观总体意向的游憩景观环境。

5.4.2.4　构筑物设计

沿溪绿带中的构筑物设计了一曲一直两处廊架（图 5-18 ~ 图 5-20），为村民和旅游者提供在此休憩赏景和聚集交流的场所。廊架为钢木结构，防腐木的格栅和座椅形成通透和具有围合感的小环境，成为户外活动的重要节点。

❶池塘
❷石桥
❸漫步道
❹曲廊
❺直廊

图 5-15　沿溪绿带总平面图

图 5-16　石桥效果图

图 5-17　休闲桌椅效果图

图 5-18　曲廊效果图

图 5-19　直廊立面图

图 5-20　曲廊立面图

5.5 乐水园设计

5.5.1 项目区位

项目地位于石壁湖村北端，是石壁湖水库泄洪道与石壁江交汇所形成的一个坝口三角地带，为进村后一个面积较大的开阔地带，东西两侧均为渠化水道，南边紧临居民区，北端与村口节点遥相呼应。由村口进入后视线聚焦于此处开阔地，其呈现出山环水绕半岛状的独特视觉效果，所以旧时俗称"断头坝"（图5-21a）。

项目基地现状为弃耕状态的农田，生态系统脆弱。由于泄洪道的功能需求，场地轮廓线由石砌驳岸构成生硬的直线，观赏性不佳。经由石桥进入场地，只有唯一道路通向村内，道路状况及交通通达性不佳（图5-21b）。

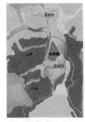

（a）乐水园区位　　　　　　　　　　　　　　（b）乐水园现状

图5-21　乐水园区位现状

5.5.2 设计分析

利用断头坝低洼地势和开敞的空间特性，将水引入场地形成新的水域，相应产生与溢洪道硬质驳岸相对应的自然驳岸，从而弥补环水游憩带中自然亲水空间不足的缺憾，以此打造乐水园游憩节点。自然式驳岸可开展的滨水游憩活动较多，通过塑造驳岸亲水活动场所，构成乐水园可游憩的空间边界，在形成领域感的同时，保留景观视线的通畅性和空间的开敞性。

原本荒芜、平淡的场地通过开辟新水域形成了一系列滨水游憩空间，由亲水平台、汀步、石岸、沙滩和浮桥等元素组成，并结合滨水游乐设施，可因地制宜开发多种类游憩活动，提供多样化的亲水体验。充分考虑季节对游憩活动的影响，在夏日营造活力四射的水上游乐氛围，在冬日营造平和静谧的滨水休憩氛围。

从游憩活动开发的角度，这里定位为戏水乐园，以戏水活动为主要设计内容，结合石壁湖村景观特点进行园区滨水游憩景观设计，园区内水域及驳岸景观设计均采用自然式的设计手法，与园区外侧的硬质驳岸形成对比，提供多种亲水设施，更多地考虑到"人—岸—水"三者间的互动，设计中注重戏水空间的营造，同时反映当地乡土风貌，不违背乡村设计中的原真性原则。以自然式的沙滩、护岸、石桥、木栈道和亲水平台为主要设计内容，尽可能契合自然风貌，营造具有石壁湖村特色的乡村水环境游憩场所。

5.5.3 设计方案

5.5.3.1 地形设计

现状地形是中间低周围高的洼地地形，场地大部分为弃耕状态的低洼平坦的农田，与周围道路存在 3~4 米的高差。在地形设计中，打造周边高、中间低的场地高差形态，在原有农田基础上向下挖掘出深水区域，形成缓坡水域，同时在湖心区及近岸处通过堆土营造小岛或半岛，所有的地形以及岸线均模拟自然形式，以此作为乡村滨水游憩活动的场地（图 5-22、图 5-23）。

5.5.3.2 铺装设计

乐水园的硬质铺装主要集中在游园路和园区入口汇集处的小广场上（图 5-24），考虑到园区整体的自然式设计，广场和园路铺装大部分采用当地石板等天然材料。同时为了保证行走的舒适感，采用增加表面粗糙度的面层处理技术，主要包括青石板路和泥结碎石路两种形式。园区入口小广场位于坝口，承担了人流疏散、驻留和集会的功能性需求，在此基础上考虑观赏性及乡村性表达，以不规则毛石碎拼为主要铺装方式。

除道路广场铺装之外，在驳岸游憩区的铺装中，采用砂石铺装分别模拟了沙滩及石滩的效果，为游人增添了更多滨水游憩体验的感受。

5.5.3.3 植物景观设计

乐水园属于重新改造的场地，由于土壤及地形发生了较大的变化，需结合现状水域综合考虑场地中的植物配置。从生长适宜性和改善水土环境生态的角度，宜于选取本地植物种植，重点配置滨水植物和岸边的水生植物，植物配置的合理性也极为重要。因此，乐水园的植物景观设计以水土保持和生态恢复为基本目标，结合功能性与观赏性进行植物设计。乐水园是除农田游憩区外最接近自然的游憩区，同时也是本次项目设计的主题游憩区，设计时注重乡土野趣的表达，不过分雕琢，顺其自然适当修整，营造一种返朴归真的乡野景观空间。

5.5.3.4 水景设计

水景是乐水园的核心景观，占据场地较大比重，水作为一种常见的景观要素，可塑性强，造景形式多样。本次设计从亲水、戏水及观水等相关的游憩活动出发，从大片水面观景到小片滨水驳岸游憩，关注视野收放及游憩尺度合宜，动静结合，发挥石壁湖村水资源优势，尤其要避免过度开发及乡村景观城市化的倾向。

园内水景主要集中在驳岸区域，驳岸作为水陆缓冲地带，提供了更多的游憩活动可能，根据水的特点及游人的游憩期望开发出不同的亲水活动。园内有出于亲水需要的木栈道及亲水平台（图 5-25）；而北面浅滩设计为踩水区，形成水波及涌泉，增添戏水趣味；西面缓坡区设计为沙滩及石岸，可涉水游戏也可驻留休憩；南边深水区设有浮桥、石桥和木桥，除作为景观桥的功能外，更重要的是让游人在桥上感受不同的水上体验（图 5-26）。

5.5.3.5 构筑物设计

乐水园构筑物主要包括石桥、木桥、浮桥、石壁亭和湖心亭及其他一系列遮阴避雨构筑物。石壁亭处于坝口，与村口廊相呼应，具有一定的景观标志性作用。综合驻留观景需要，石壁亭屋顶不宜设计得太厚重，整体结构强调轻巧简洁。场地中的桥和其他构筑物，要与主导性景观石壁亭在造型、材料和构造上相统一。整体上，这一系列构筑物造型均提取自石壁湖村传统建筑文化中的相关元素，材料选用当地的材料，并结合实际需求，最终综合确定乐水园构筑物的方案设计。

① 石壁亭
② 亲水平台
③ 沙滩戏水区
④ 石桥
⑤ 湖心亭
⑥ 木栈道
⑦ 深水浮桥
⑧ 西入口
⑨ 林荫漫步区
⑩ 南入口
⑪ 东入口
⑫ 猕猴桃采摘区

图 5-22　乐水园总平面图

图 5-23　乐水园效果图

图 5-24　乐水园入口效果图

图 5-25　乐水园亲水平台效果图

图 5-26　乐水园浮桥效果图

5.6 农乐园设计

5.6.1 项目区位

项目位于村庄中心位置，占地面积约 5660 平方米，为一个内向型的公共空间，西面和南面紧邻居民房舍和院落，东面为临溪道路，北面是村委会建筑。场地地势较为平坦，西侧有贯穿村庄的水系溪流，东侧有石壁湖村人工开凿的河道水系。场地中的植被种类单一，生态系统有待完善（图 5-27）。

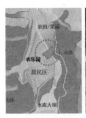

（a）农乐园区位　　　　　　　　　　（b）农乐园现状

图 5-27　农乐园区位现状

5.6.2 设计分析

位于村中心的农乐园由于区位的特殊性，其受众群体主要由村民构成，空间塑造以村民的游憩需求和活动为出发点，打造以健身休闲为主要功能的农乐园游憩节点，同时兼作外来游客的休憩场所。场地是半围合半开敞的空间，在此基础上，在文化礼堂和游客中心对面设置小广场，形成主入口；周边设四个次出入口，方便人们进出农乐园。沿道路一侧开辟健身场地，通过健身设施和长廊构筑物，以及塑造部分微地形，进一步加强边界的围合性，分隔道路空间和游憩空间，减少对游憩活动的干扰，缓解游客和村民的活动冲突（图 5-28、图 5-29）。

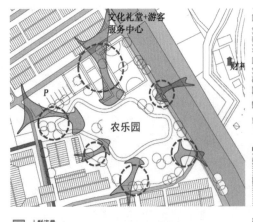
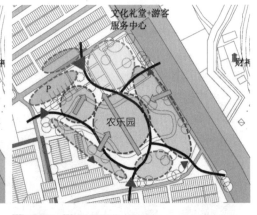

图 5-28　农乐园人流分析　　　　　　　　图 5-29　农乐园功能分区

乡村景观设计

5.6.3　设计方案

5.6.3.1　地形设计

农乐园的地形设计主要是通过微地形起伏来达到丰富景观形式和分隔空间的作用，场地中地形高差保持在 1.5 米以下，避免遮挡视线。还依地形开挖一条小溪流贯穿场地，形成多变的地形空间（图 5-30）。

5.6.3.2　铺装设计

农乐园铺装取决于不同空间的功能需求，村委会门前的集会广场由于集会活动的需要，采用大面积的硬质铺装，同时考虑到乡村的场地特征，选择毛石为主要铺装材料，表现其粗糙质朴的肌理感；中心娱乐区和临近民居休憩区，主要以一些碎石小径穿梭在草坡和树丛之间；健身活动区出于安全性和舒适性的考虑，选择细砂铺装（图 5-31、图 5-32）。

5.6.3.3　植物景观设计

农乐园的植物设计是由适宜当地生长的乔灌木构成农乐园的空间场地框架，以具有观赏性的农作物分布种植在其中（图 5-33）。植物种植密度取决于不同空间的场地需求，在南边临近民居区，为了保证居民生活的私密性，采取密植；东南公共健身场地，需要保证视线交流，采取疏植，以确保交流的有效展开；场地中央及其周边控制种植的疏密节奏，营造有画面感的景观构图；村北边集会广场属于开敞式空间，周边适量种植可标识出这个空间性质的地标性和视觉性的植物。总之，植物的种植方式依托于地形，服务于空间功能（图 5-34）。

5.6.3.4　水景设计

农乐园水景观结合地形设计，通过小型沟渠分隔各空间，形成场地中的溪流和小水面，驳岸边和水中种植水生植物构成溪水景观，使游者在此产生静谧的游憩感受。

5.6.3.5　构筑物设计

农乐园构筑物分为亭和廊两部分，更多地考虑到村民的日常游憩需求，设置了多处休憩用的长廊。进行具体设计时，提取当地传统建筑文化特色，综合乡村现代化生活需求，与场地周边民居建筑相协调。休憩亭位于公园中心位置，具有一定标

① 村民广场
② 有氧健身活动区
③ 儿童娱乐区
④ 沿街休闲活动区
⑤ 休闲娱乐交流区
⑥ 绿荫休憩区
⑦ 停车场
⑧ 村民委员会
⑨ 财神庙前广场
⑩ 财神庙
⑪ 农乐园沿街休憩连廊
⑫ 农乐园休憩景亭
⑬ 农乐园藤架

图 5-30　农乐园总平面图

图 5-31　农乐园入口效果图

图 5-32　农乐园休闲空间效果图

图 5-33　农乐园设计意向

图 5-34　农乐园鸟瞰图

志性，以满足村民静态的休闲娱乐活动为主（图5-35）。沿街休憩连廊除作为休憩观景场所之外，还承担了界定公园空间的作用，采用多段式直廊，并在线性排列上有所变化。由此农乐园沿溪立面能够呈现出一定的韵律变化，营造出丰富的乡村园林景观风貌（图5-36、图5-37）。

图5-35 农乐园景观亭效果图

图5-36 农乐园健身空间效果图

图5-37 农乐园廊架立面图

5.7 石壁湖村 VI 系统设计

5.7.1 乡村 VI 系统

乡村形象视觉传达系统即乡村 VI 系统，是村庄特色形象展示的重要手段，作为村庄名片发挥着重要作用，是当下发展乡村旅游产业必不可少的有机组成部分，有助于乡村在发展旅游过程中强化其独特性，并以视觉形式传达发展理念，同时吸引人们的注意力并留下印象，提高对乡村文化的认同感和凝聚力。乡村 VI 系统主要由两部分组成，第一部分是基本系统设计，包括了标志设计、字体及色彩标准制定和辅助图形制定等内容；第二部分内容是在基本系统设计基础上的应用系统设计，包括了办公应用系统、产品应用系统和环境应用系统三部分内容。

5.7.2 石壁湖村乡村 VI 系统建设必要性分析

5.7.2.1 石壁湖村 3A 景区的建设要求
石壁湖村 VI 系统建设基于 3A 级景区的建设任务，针对村庄视觉环境的现状问题，根据《浙江省 A 级景区村庄服务与管理指南》和《绍兴市农村"五星达标、3A 争创"评价验收管理办法》，3A 级景区需配备游客中心、公共休憩空间与设施、导向系统、标志标牌、公共厕所、隐患地段设置安全警示标志、乡村形象标识和宣传口号等。

5.7.2.2 石壁湖村视觉环境现状问题
村庄目前还未形成体系化的导视系统，现有导视牌指引性不强；各类宣传牌和介绍牌风格不统一，与村庄整体风貌冲突较大，观赏性不佳；保存完好或修复完成的古建筑的宣传介绍不充分，不能满足乡村旅游开发和环境建设的需要；水库及泄洪道等危险区域周边缺乏有效的警示提醒和防范措施等（图 5-38）。

（a）宣传栏　　　　　　（b）垃圾桶　　　　　　（c）导向牌

（d）广告牌　　　　　　　　　（e）垃圾回收点

图 5-38　石壁湖村视觉环境现状

乡村景观设计

5.7.3　石壁湖村 VI 系统设计方案

5.7.3.1　基本系统设计

（1）标志

对石壁湖村具有代表性的景观进行概括和提炼，提取传统台门建筑中的马头墙、匾额、柱基柱础；以传统水波纹样表达石壁水库水元素，将自然景观元素与人文景观元素相结合，构成石壁湖村标志，传达"活水思源，梦回台门"的设计主题（图5-39、图5-40），标志作为主要的形象标识应用在乡村办公、产品、环境等对外宣传、展示等传播方面。

图 5-39　标志

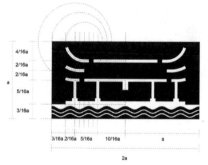

图 5-40　标准制图

（2）辅助图形

石壁湖村 VI 系统中的辅助图形设计分别由字体设计形成图形（图5-41）；由村中代表性景观元素"水"形成二方连续的水图形构成（图5-42）。

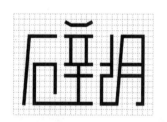

图 5-41　辅助图形 A 及图形解读

图 5-42　辅助图形 B

（3）标志与标准字组合

图 5-43　标志与标准字组合

（4）标志色

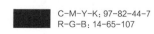
C-M-Y-K: 97-82-44-7
R-G-B: 14-65-107

C-M-Y-K: 34-18-14-0
R-G-B: 182-198-210

图 5-44　标志色

5.7.3.2 应用系统设计

（1）办公应用系列

将石壁湖村 VI 设计的基本系统设计元素应用在办公系列用品中，形成对外办公的整体形象（图 5-45 ~ 图 5-51）。

图 5-46　名片

图 5-45　信封、信纸

图 5-47　纸杯

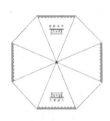

图 5-48　邀请函　　　　图 5-49　纸袋　　　　图 5-50　雨伞

图 5-51　电脑、手机、IPAD

（2）产品应用系列

将石壁湖村 VI 设计的基本系统设计元素应用在乡村农副产品包装与营销宣传载体上，对打造产品品牌、促进产品销售发挥重要作用（图 5-52 ~ 图 5-59）。

图 5-52　封条

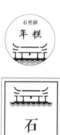

图 5-53　封签

图 5-54　包装示意

图 5-55　环保袋

图 5-56　旗帜

图 5-57　T 恤

图 5-58　农产品包装盒

图 5-59　茶叶罐

（3）环境应用系列

　　将石壁湖村 VI 设计的基本系统设计元素应用在乡村环境的公共设施和导视系统中，形成乡村景观的有机组成部分，对塑造乡村形象品质，引导游人出行，传播与识别信息等发挥重要作用（图 5-60 ~ 图 5-68）。

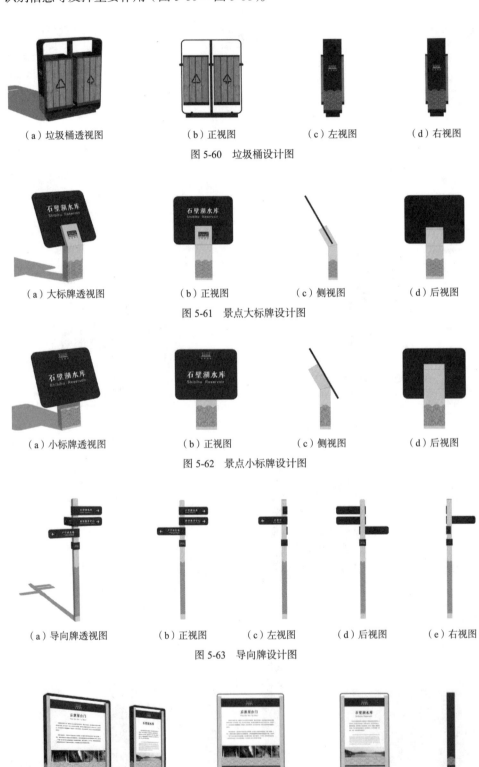

（a）垃圾桶透视图　　　　（b）正视图　　　　（c）左视图　　　　（d）右视图

图 5-60　垃圾桶设计图

（a）大标牌透视图　　　　（b）正视图　　　　（c）侧视图　　　　（d）后视图

图 5-61　景点大标牌设计图

（a）小标牌透视图　　　　（b）正视图　　　　（c）侧视图　　　　（d）后视图

图 5-62　景点小标牌设计图

（a）导向牌透视图　　　（b）正视图　　　（c）左视图　　　（d）后视图　　　（e）右视图

图 5-63　导向牌设计图

（a）宣传牌透视图　　　　（b）大宣传牌正视图　　　（c）小宣传牌正视图　　（d）侧视图

图 5-64　宣传牌设计图

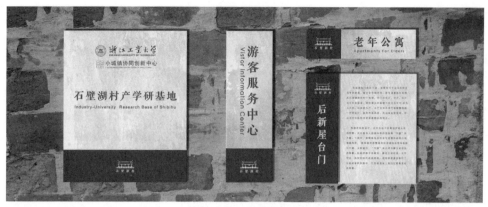

图 5-65　各类门牌

图 5-66　厕所、WIFI 牌

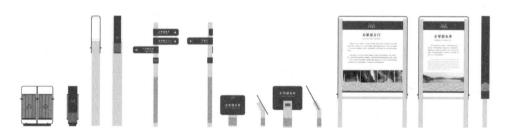

图 5-67　环境应用组合立面

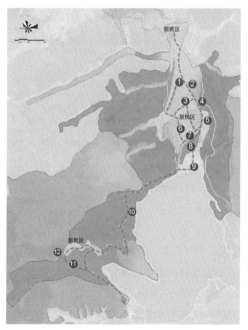

❶	乐水园	景点介绍牌（立式）
❷	猕猴桃采摘园	景点介绍牌（立式）
❸	游客中心	门牌
❹	财神庙	景点标牌
❺	产学研基地	门牌
❻	后新屋台门	景点介绍牌（挂式）
❼	沿溪绿道	景点标牌（安全警示牌）
❽	库下公园	景点介绍牌（立式）
❾	水库观景台	景点介绍牌（立式）
❿	环水库骑行道	景点标牌（安全警示牌）

图 5-68　环境应用空间分布图

参考文献

[1] 中华人民共和国中央人民政府.中共中央国务院关于实施乡村振兴战略的意见 [N/OL].[2018-1-2].
http://www.gov.cn/zhengce/2018-02/04/content_5263807.htm.

[2] 中华人民共和国中央人民政府.中共中央国务院关于深入推进农业供给侧结构性改革加快培育农业农村发展新动能的若干意见 [EB/OL]. [2017.02.05].
http://www.gov.cn/zhengce/2017-02/05/content_5165626.htm.

[3] 魏红鹏.浙江省东许村产业更新视角下的景观设计研究 [D].杭州:浙江工业大学,2017.

[4] 赵良.景观设计 [M].武汉:华中科技大学出版社,2009:3-4.

[5] 俞孔坚,李迪华.景观设计:专业学科与教育 [M].北京:中国建筑工业出版社,2003:6-7.

[6] 范建红,魏成,李松志.乡村景观的概念内涵与发展研究 [J].热带地理,2009（3）:285-289,306.

[7] 吕勤智,于稚南.以人文景观创造为主体的景观设计 [J].城市建筑,2007（5）:89-91.

[8] 王伟,杨豪中,陈媛,等.乡村生态景观的构建与评价研究 [J].西安建筑科技大学学报（自然科学版）,2015（3）:448-452.

[9] 沈清基.论基于生态文明的新型城镇化 [J].城市规划学刊.2013（1）:29-36.

[10] C.O.Sauer.The morphology of landseape.University of California Publietion in Geography,1925,2:19-5.

[11] 吕勤智,杨欣雨.以发展乡村旅游产业为目标的半山村景观环境设计实践 [J].浙江工业大学学报（社会科学版）,2017（3）:259-265.

[12] 吴良镛.北京旧城与菊儿胡同 [M].北京:中国建筑工业出版社,1994:25-68.

[13] 吕勤智,丁于容.论传统村落景观形态整体性保护与发展的作用与意义 [J].浙江工业大学学报（社会科学版）,2017（1）:17-21.

[14] 陈安华,宋为,周琳.乡村风貌的城市化现象及其影响因素分析 [J].浙江工业大学学报（社会科学版）,2017（1）:22-26.

[15] 邱玥,陈恒.传统村落保护困局如何破 [N].光明日报,2017-01-07（4）.

[16] 住房和城乡建设部文化部财政部.关于加强传统村落保护发展工作的指导意见 [N/OL].[2012-12-12].
http://www.cityup.org/policy/ministry/20130104/92217.shtml.

[17] 黄焱,宋扬.生态美学语境下的乡村可持续发展研究 [J].浙江工业大学学报（社会科学版）,2017（1）:27-31.

[18] 陈秋华.乡村旅游规划理论与实践 [M].北京:中国旅游出版社,2014:3-7.

[19] 中华人民共和国中央人民政府.国务院关于加快发展旅游业的意见 [N/OL].[2009-12-1].
http://www.gov.cn/gongbao/content/2009/content_1481647.htm.

[20] 吕勤智,赵千慧,王一涵.基于审美体验的乡村旅游景观营造探究 [J].浙江工业大学学报（社会科学版）,2019（3）:293-297.

[21] 程雅璐，张卫．膜结构的基本形态分析 [J]．南方建筑，2004（05）：80-81.

[22] 刘沛林．中国传统聚落景观基因图谱的构建与应用研究 [D]．北京：北京大学，2011.

[23] （英）康泽恩著．城镇平面格局分析：诺森伯兰郡安尼克案例研究 [M]．宋峰，等译．北京：中国建筑工业出版社，2011.

[24] 李凯．苏南传统村落的外部空间特色研究——以溧水县和凤镇张家村规划为例 [D]．南京：东南大学，2008.

[25] Charles，V. Essential Psychology for Environmental Policy Making[J]. International Journal of Psychology，2005，35：152-167.

[26] 黎峰六．基于视知觉原理的临街建筑立面改造研究 [D]．重庆：重庆大学，2014.

[27] 王楠．视觉图像的心理规律初探：从阿恩海姆的"图"到贡布里希的"图式" [D]．上海：上海师范大学，2010.

[28] 单霁翔．实现文化景观遗产保护理念的进步（一）[J]．北京规划建设，2008（5）：116-121.

[29] 刘滨谊，陈威．中国乡村景观园林初探 [J]．城市规划汇刊，2000（6）：66-68.

[30] 彭一刚．传统村镇聚落景观分析 [M]．北京：中国建筑工业出版社，1992.

[31] 俞孔坚．生存的艺术：定位当代景观设计学 [J]．城市环境设计，2007（3）：12-18.

[32] 吴家骅．景观形态学：景观美学比较研究 [M]．叶南，译．北京：中国建筑工业出版社，1999.

[33] 闫艳平，吴斌，张宇清，等．乡村景观研究现状及发展趋势 [J]．防护林科技，2008（3）：105-108.

[34] 张薇．韩国新村运动研究 [D]．长春：吉林大学，2014.

[35] 赵勇．中国历史文化名镇名村保护理论与方法 [M]．北京：中国建筑工业出版社，2008.

[36] 杨新平．我国乡土建筑遗产保护及其转型 [C]．全球视野下的中国建筑遗产——第四届中国建筑史学国际研讨会论文集（《营造》第四辑）．中国建筑学会建筑史学分会，同济大学，2007：4.

[37] 吴志宏．中国乡土建筑研究的脉络、问题及展望 [J]．昆明理工大学学报（社会科学版），2014，14（1）：103-108.

[38] 陈望衡．乐居——环境美的最高追求 [J]．中国地质大学学报（社会科学版），2011（1）：120-124.

[39] 中华人民共和国住房和城乡建设部．中华人民共和国文化部．国家文物局．关于做好中国传统村落保护项目实施工作的意见 [N/OL].[2014-9-5].
http://www.mohurd.gov.cn/wjfb/201409/t20140912_218993.html.

[40] 周建明．中国传统村落——保护与发展 [M]．北京：中国建筑工业出版社，2014：36.

后记

在我国乡村振兴战略实施与加快乡村人居环境建设的时代背景下，乡村建设在各地正蓬勃发展，美丽乡村现代化建设成为当下社会热点。浙江省作为我国新农村发展建设的先行区，在全域范围内率先推进美丽乡村建设，已取得丰硕的成果。浙江工业大学吕勤智教授主持的乡村人居环境建设·乡村景观设计与实践研究课题组，围绕发展乡村旅游产业，提升乡村景观环境建设品质，结合当地以及其他地区不同乡村的资源条件，进行理论联系实际的乡村可持续发展设计与建设实践研究工作。团队成员经过五年多的研究与实践，着重在提升乡村人居环境品质方面，以乡村景观设计与实践研究为重点，强调保护生态环境，传承乡土文化，提高乡村在社会中的地位和村民生活的环境品质、促进和带动乡村振兴与发展。

在乡村景观环境设计研究与实践中，强调关注乡村人居环境和乡村旅游景观营造中对村落自然资源和人文资源的保护、传承与再利用。强化生态意识，优化自然资源，提升乡村文化景观品质，进一步整合、优化村庄的空间环境，营造乡村特色景观意象，打造具有地域特色的乡村景观。突出强调要按照有机更新和可持续发展的建设理念，制定长远目标和规划，充分利用当地优越的自然和人文条件，遵循生态优先、绿色发展和以人为本的原则，协调历史传统环境保护、乡村旅游发展和当地居民生活改善三者之间的关系。实现生态环境、文化环境、空间环境和视觉环境的改造更新与提升发展，将乡村建设成为一个能够留住村民生活、提供村民创业、吸引游客观光的现代乡村人居环境，达到有机更新和可持续发展的乡村建设目标。

在乡村景观设计与实践研究中，浙江工业大学小城镇协同创新中心给予了全力支持，本团队与协同中心的乡村规划和建筑等团队积极配合，形成全方位、全过程、系统化的咨询引导、规划设计、建设监制、现场服务等协同创新服务模式，努力探索了一条从乡村规划与设计到建设与实施的协同创新体系与方法，收到可喜的效果，得到村民和乡村领导的肯定和好评。《乡村景观设计》一书正是在协同创新模式下针对乡村景观设计的实践研究成果。在本书的撰写和设计实践过程中，课题组全体成员协同创新，共同努力，充分发挥集体的智慧与力量，圆满完成阶段性的研究工作与成果，在此感谢大家的努力与付出。希望《乡村景观设计》一书对指导乡村环境品质提升和美丽乡村建设，实现乡村可持续发展发挥积极的作用。

乡村人居环境建设·乡村景观设计与实践研究课题组

团队负责人：吕勤智

团队主要成员：黄焱、宋扬、王一涵、朱慈超、冯阿巧

团队工作人员：肖思远、魏红鹏、丁于容、胡梦丹、吴丹蓉、夏欣、杨欣雨、马凯杰、陈秋萍、卢倩雯、邱丽珉、朱元铭、沈茹羿、高煊、赵千慧、汪洋、朱家立、莫可怡、章佳祺等。

微信扫一扫，享彩色增值服务